NEW WCDP 新文京開發出版股份有限公司

新世紀．新視野．新文京 — 精選教科書．考試用書．專業參考書

New Wun Ching Developmental Publishing Co., Ltd.

New Age · New Choice · The Best Selected Educational Publications — NEW WCDP

第五版

生物統計學

林美玲 ── 編著

Fifth Edition

BIOSTATISTICS

林美玲

國立彰化師範大學特殊教育博士

中臺科技大學護理系副教授

目錄

01 Chapter 生物統計學緒論

02 Chapter 抽樣方法

03 Chapter 敘述統計

04 Chapter 常態分配與 Z 分配

05 Chapter 機率與樣本比例

06 Chapter 假設檢定

07 Chapter 單一樣本 Z 檢定

12 Chapter 單因子變異數分析

13 Chapter 卡方檢定

14 Chapter 相　關

15 Chapter 迴歸分析

16 Chapter 峰度與偏態

Appendix 附 錄

01 生物統計學緒論

Biostatistics

1-1 統計學與生物統計學

統計學(statistics)就是依據目的將觀察或測量到的資料，加以處理以及利用處理後的資料加以分析，以便做判斷及推論的一門學問。

應用在生命科學或醫護臨床學科方面稱生物統計(biotatistics; biometry)。

以功能來分，可分為二個主要部分：**敘述統計**(descriptive statistics)及**推論統計**(inference statistics)。

統計學領域常用的試算表和資料庫軟體：包括 Excel、SAS(statistics analysis system)、SPSS(statistics package for the social science)等。

1-2 概念與變項

1-2-1 概念與變項

概念(concept)是指對某一現象所做象徵性描述成為大眾可認識的意象。

變項又稱尺度(variable)是指**具體可測試**的的意象、感覺或概念。在概念操作化之前必須先確認一些指標、反應概念的一組標準，可將其轉換成變項。

概念	指標	變項
社經地位	a.收入 b.資產	a.每月收入________元 b.資產__________元 =房子總值____元+汽車總值____元+投資總值____元

1-2-2 概念轉化成變項（問卷）

抽象的概念轉化成能以問卷問題具體測量的變項，將每一變項的每一選項編碼(coding)並設定數值。

編號		訪問日期：民國　年　月　日	
一、基本資料			
1. 姓　名：			
2. 性　別：1☐男	2☐女		
3. 出生日期：民國___年____月____日 ；年齡________（實歲）			
4. 籍　貫：1☐閩南	2☐客家	3☐山地	4☐外省
5☐外籍			
5. 教育程度：1☐不識字	2☐國小	3☐國中	4☐高中
5☐大專／大學	6☐研究所及以上	7☐其他	
6. 婚姻狀況：1☐未婚	2☐已婚	3☐離婚	4☐分居
5☐喪偶	6☐其他		
7. 宗教信仰：1☐無	2☐民間信仰	3☐佛教	4☐一貫道
5☐基督教	6☐天主教	7☐回教	8☐其他

1-2-3 自變項與依變項

從因果關係的觀點來看：

1. 自變項：**自變項**(independent variables)是指主要會對現象帶來改變，所以自變項又稱為原因變項、預測變項、獨立變項、解釋變項。
2. 依變項：**依變項**(dependent variables)是指自變項的結果，所以依變項又稱為結果變項、被預測變項、相關變項、被解釋變項。
3. 外在變項：**外在變項**(extraneous variables)是指影響自變項及依變項間的連結，此影響著自變項及依變項間關係的變項又稱為影響變項。
4. 中介變項：**中介變項**(intervening variables)是指在特定的情況下自變項及依變項間關係的建立，必項透過此種變項，此連結自變項及依變項間關係的變項又稱為連結變項。

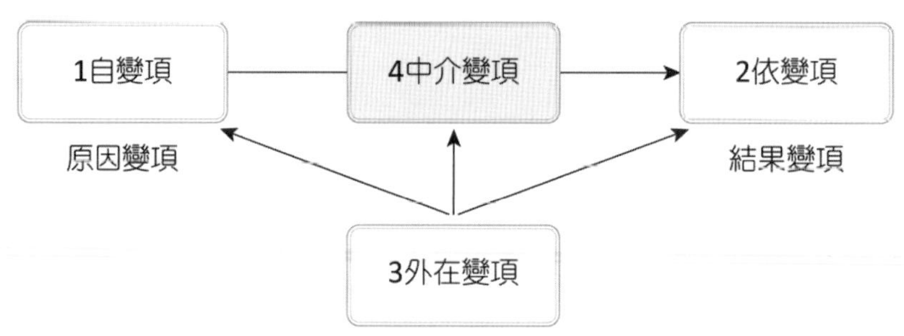

圖 1-1　因果關係中變項類型

5. 研究架構：

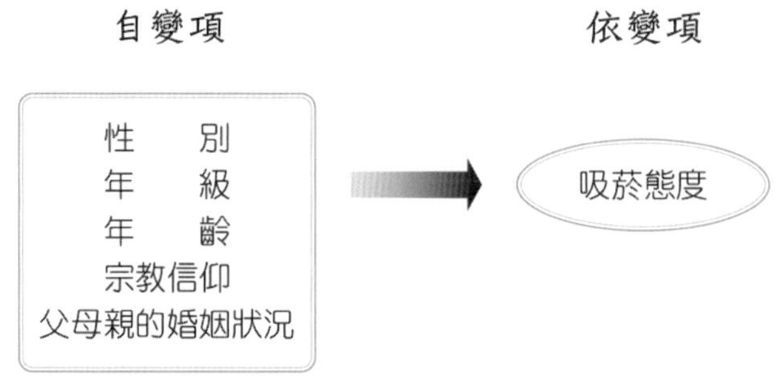

圖 1-2　國中生吸菸知識吸菸行為吸菸態度探討之研究架構

6. 依照研究架構的研究變項編制問卷：

國中生吸菸知識吸菸行為吸菸態度問卷

編號＿＿＿＿＿＿＿＿＿＿＿＿＿＿　　訪問日期：民國＿＿＿年＿＿＿月＿＿＿日

一、基本資料

性　　別：1□男　　2□女

年　　級：1□一年級　　2□二年級　　3□三年級

年　　齡：出生日期民國＿＿年＿＿月＿＿日；年齡＿＿＿（實歲）

宗教信仰：1□無　　2□民間信仰　　3□佛教　　4□一貫道

5□基督教　　6□天主教　　7□回教　　8□其他

父母親的婚姻狀況：1 □父母共同生活　　2 □父母分居

3 □父母離婚　　4 □父親過世　　5 □母親過世

6 □父母皆過世　　7 □其他（請說明）：＿＿＿＿＿＿＿

例題 吸菸態度問卷

說明 下列問題並沒有標準答案，你可以依自己的想法，選擇和自己想法相同的選項口中打勾。

➲ 範例 當題目為『吸菸危害健康』。

- 如果你的想法是非常同意，請在非常同意下方的選項口中打勾；
- 如果你的想法是同意，請在同意下方的選項口中打勾；
- 如果你的想法是非常不同意，請在非常不同意下方的選項口中打勾。

題目 吸菸……	非常不同意	不同意	同意	非常同意
看起來比較帥	□	□	□	□
流行的表現	□	□	□	□
是膽小的表現	□	□	□	□
破壞一個人的形象	□	□	□	□
味道會使人感到難受	□	□	□	□
危害健康	□	□	□	□
可醒腦	□	□	□	□
幫助交友	□	□	□	□

1-3 資料分類

1-3-1 統計上資料類別

整理如表 1-1。

表 1-1　統計上資料類別

資料簡化分成兩類	資料分成四類
一、不連續變項： 由有限個可能數據或可計數的可能數據產生（像數學的整數）	**1. 類別變項**(nominal variable)：數值只能做分類，不可比大小，如性別（男、女）、血型(A、B、O)
	2. 序位變項(ordinal variable)：數值只能做分類，可比大小，這類數值的差是無意義的故加減乘除無意義，如滿意度（1=非常不滿意，2=不滿意，3=滿意，4=非常滿意）
二、連續變項： 由有限個可能數據產生，這些數值對應的點密集分布在一連續線段上	**3. 等距變項**(interval variable)：數值可分類、比大小、因這類數值的差是有意義的故加減有意義，沒有絕對零，如溫度
	4. 等比變項(ratio variable)：數值可分類、比大小、因這類數值的差和比值是有意義的故加減乘除有意義，有絕對零，如身高、血壓

1-3-2　資訊豐富度

不同變項的數值在資訊豐富度是不同，類別變項的數值包含的資訊最少，屬於最低層。等比變項的數值屬於最高層，因為包含資訊最多。高層變項的數值可轉換成低層變項的數值，但低層變項的數值卻不能轉為高層變項的數值。當數值從高層變項轉換為較低層變項時，會造成資訊的損失。

1. 類別變項 ← ↛ 序位變項 ← ↛ 等距、等比變項
2. 範例：10 個人的體重為例：

44.8	52.1	52.4	52.5	55.8	56.3	58.6	58.7	62.3	62.5
1	2	3	4	5	6	7	8	9	10
1	1	1	1	2	2	2	2	2	2

例如：收縮壓(SBP)屬等比變項，可採用的敘述統計有平均數、標準差等。若 SBP 從等比變項轉換成序位變項，所能採用的敘述統計就只有血壓高、正常和低出現的次數及百分比。變項因為資訊豐富度不同及其轉換性，影響後續推論統計分析方法。因此等距與等比變項的資料在編碼時，不要隨意轉化否則會損失很多訊息。

1-3-3 判別問卷題目歸屬統計上哪一種變項類別

例題 調查下列基本資料：

編號________________			訪問日期：民國　　年　　月　　日	
一、基本資料				
性　　別：	1 □男	2 □女		
出生日期：	民國　　年　　月　　日；年齡　　　　（實歲）			
籍　　貫：	1 □閩南	2 □客家	3 □山地	4 □外省
	5 □外籍			
教育程度：	1 □不識字	2 □國小	3 □國中	4 □高中
	5 □大專／大學	6 □研究所及以上	7 □其他	
婚姻狀況：	1 □未婚	2 □已婚	3 □離婚	4 □分居
	5 □喪偶	6 □其他		
宗教信仰：	1 □無	2 □民間信仰	3 □佛教	4 □一貫道
	5 □基督教	6 □天主教	7 □回教	8 □其他 ________

請判別問卷題目歸屬統計上哪一變項類別：

性別	屬於___1___變項（四類）或___2___變項（兩類）
年級	屬於___3___變項（四類）或___4___變項（兩類）
年齡	屬於___5___變項（四類）或___6___變項（兩類）
宗教信仰	屬於___7___變項（四類）或___8___變項（兩類）
婚姻狀況	屬於___9___變項（四類）或___10___變項（兩類）

答： 1.類別　2.不連續　3.序位　4.不連續　5.等比　6.連續　7.類別　8.不連續　9.類別　10.不連續

1-4 統計方法

統計方法分為敘述統計及推論統計。

1-4-1 敘述統計(descriptive statistics)

敘述統計提供資料的集中趨勢(平均數(值)、中位數、眾數)、變異趨勢(如全距、四分位距、變異數、標準差)、表(如次數表)和統計圖(如直方圖、莖葉圖、盒形圖、長條圖)的相關資訊(請見第三章)。

表 1-2 同變項類別所適合的敘述統計

變項分類	敘述統計
連續變項(連續型)	1. 集中趨勢:平均數(值)、中位數、眾數 2. 變異趨勢(變異量):全距、四分位距、變異數、標準差
不連續變項(類別型)	次數、比例或百分比

1-4-2 推論統計(inferential statistics)

在寫研究報告一定先使用敘述統計來表達資料的特性,才進行下一步的推論統計分析。

本書介紹常用之母數統計方法有單一樣本 Z test(σ已知)、單一樣本 Z test(σ未知)、單一樣本 t-test、兩組獨立樣本 *t* 檢定、配對 *t* 檢定/成對 *t* 檢定、ANOVA、相關、簡單迴歸和複迴歸。依照所欲驗證研究假設中自變項及依變項種類,判定採何種特定推論統計方法(請見表 1-3)。

表 1-3　從自變項與依變項類別，判定進行何種特定推論統計方法

自變項種類	依變項種類	推論統計
1 個自變項分成 1 組：不連續變項	1 個依變項為連續變項（σ已知）	單一樣本 Z-test（請見第七章）
1 個自變項分成 1 組：不連續變項	1 個依變項為連續變項（σ未知）	單一樣本 Z-test（請見第七章）
1 個自變項分成 1 組：不連續變項	1 個依變項為連續變項（σ未知）	單一樣本 *t*-test（請見第八章）
1 個自變項分成 2 組：不連續變項	1 個依變項為連續變項（σ未知）	兩組獨立樣本 *t*-test（請見第十章）
1 個自變項分成 2 組（前後測同一人）：不連續變項	1 個依變項為連續變項（σ未知）	配對 *t* 檢定／成對 *t* 檢定 /Pair-*t* test（請見第十一章）
1 個自變項分成 3 組及以上：不連續變項	1 個依變項為連續變項（σ未知）	ANOVA（請見第十二章）
1 個自變項分成 2 組及以上：不連續變項	1 個依變項分成 2 組及以上：不連續變項	χ^2 test（卡方檢定）（請見第十三章）
1 個自變項為連續變項	1 個依變項為連續變項（σ未知）	相關（請見第十四章）
		簡單迴歸（請見第十五章）
多個自變項為連續變項或不連續變項	1 個依變項為連續變項（σ未知）	複迴歸（請見第十五章）

1-5 課後實作

1. 有關不連續變項的敘述何者有誤：(A)由有限個可能數值或可計數的可能數值產生　(B)類別變項屬於不連續變項　(C)等距變項屬於不連續變項　(D)不連續變項這類數值可分類。
2. 有關序位變項的敘述何者有誤：(A)序位變項這類數值可分類　(B)序位變項這類數值可比大小　(C)序位變項屬於不連續變項　(D)序位變項這類數值的差是有意義的，故加減有意義。
3. 性別是屬於下列何種變項：(A)類別變項　(B)序位變項　(C)等距變項　(D)等比變項。
4. 溫度是屬於下列何種變項：(A)類別變項　(B)序位變項　(C)等距變項　(D)等比變項。
5. 有關敘述統計的敘述何者有誤：(A)提供資料的集中趨勢　(B)提供資料的變異趨勢　(C)提供資料統計圖的相關資訊　(D)得到推論母體的答案。

解答：1.C　2.D　3.A　4.C　5.D

02 抽樣方法

Biostatistics

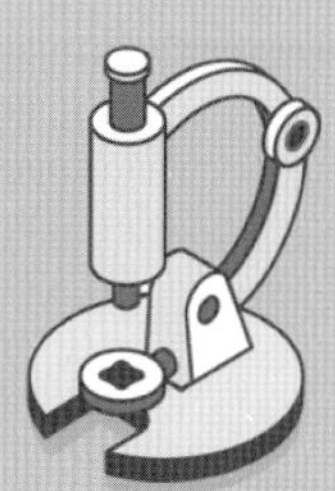

2-1 母體與樣本

母體(population)是指研究者真正想了解的對象。母體特性的指標稱為母數或**參數**(parameter)，母數或參數是用來描述母體之特徵。例如：母體平均數(μ)、母體標準差(σ)等。

樣本(sample)是指實際上去觀察、測量的對象。樣本體特性的指標稱為統計量(statistic)，統計量用來描述樣本之特徵。例如：樣本平均數($\bar{X}$)、樣本標準差(S)等。

抽樣(sampling)是從母體中找出所要的樣本，此步驟稱為抽樣。

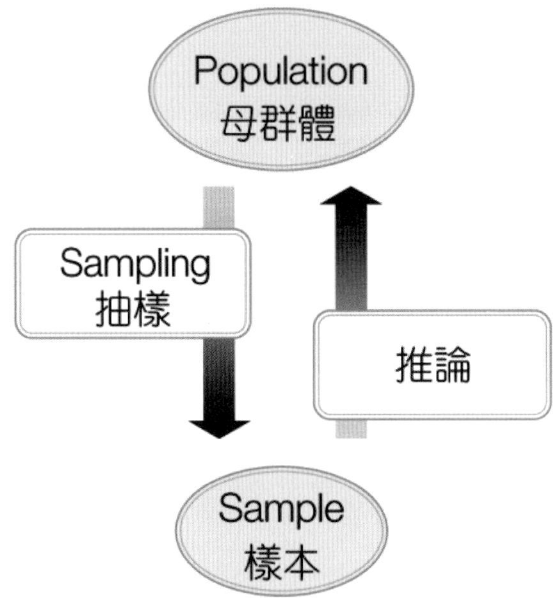

2-2 抽樣方法

抽樣的步驟如下：

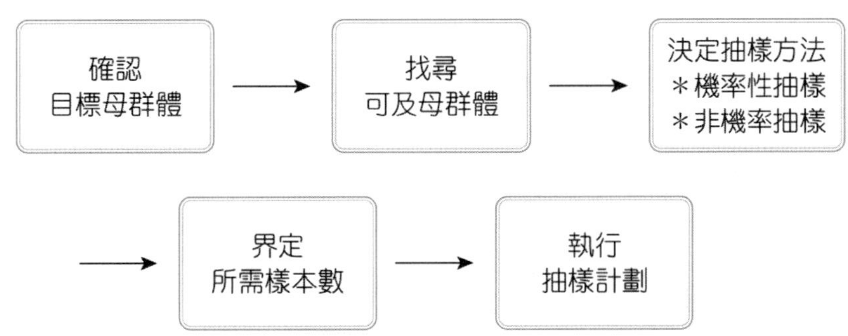

抽樣方法分為機率性抽樣與非機率性抽樣，分別說明於下。

2-2-1 機率性抽樣(probability sampling)

又稱隨機性抽樣，在群體中抽取若干個體為樣本，母體每一個體都有一個已知，且大於零的被抽到的機會，而且每一個體被抽中的機會是隨機。在抽樣過程不受人為因素的影響，純按隨機方式取樣，如此取得的樣本較為客觀和具代表性，可以用來推論母體。分為簡單隨機抽樣、分層抽樣、集束抽樣與系統（等距）隨機抽樣。

2-2-1-1 簡單隨機抽樣(simple random sampling)

只適用小的母體，將母體每個個體均編一個號碼，以抽籤方式、隨機號碼表（亂數表）獲得所要的號碼數字即為樣本。隨機號碼表也稱亂數表，是由隨機生成的從 0 到 9 十個數字所組成的數表，每個數字在表中出現的次數是大致相同的，0 到 9 十個數字出現在表上的順序是隨機的。

表 2-1 亂數表

	1~5	6~10	11~15	16~20	21~25	26~30	31~35	36~40
1	96785	80611	34685	65191	72368	19084	66191	32084
2	10825	76142	38134	45677	95470	64884	97107	53488
3	86859	49239	79498	56836	54556	94973	89702	52496
4	23404	37047	39263	31466	78460	31158	73571	15200
5	87554	92226	77595	64579	45630	17678	97310	61950
6	19859	58322	48283	11556	69630	44655	98076	28645
7	20460	31353	93940	42581	95901	77839	52420	94286
8	36478	67663	82434	83289	49766	64573	48341	24745
9	50632	38030	44608	31677	85697	86030	98620	92817
10	21136	78012	83198	31287	37805	25679	55380	74513
11	12822	14547	23045	80602	51618	14019	75914	11580
12	69536	18815	62535	58718	57070	29557	19754	40315
13	97750	55325	86302	77254	62777	96019	26991	96585
14	31466	17280	69157	78523	11531	85851	27837	37121
15	98332	98164	41299	29941	97066	29928	73459	87062
16	17041	49607	64755	84689	12058	33531	48039	83736
17	95951	25486	41068	78633	97390	68586	22103	36712
18	92968	42263	70256	73483	72657	92127	77081	24075
19	66691	35599	11001	56207	27925	41029	51137	54968
20	68776	63205	42087	54705	76735	62989	16233	78389

2-2-1-2 分層抽樣(stratified random sampling)

分層抽樣主在確保每個階層「次母體」都有足夠樣本數，將母體中每個階層（次母體）分開抽樣，可使每個階層（次母體）均能隨機抽到一定數目的樣本。

例如社區對高血壓知識的認知，因為教育程度可能會影響高血壓的知識，所以研究者可能會以教育程度做為分層的依據。但各階層（次母體）所抽出來的樣本數不一定要完全相同。

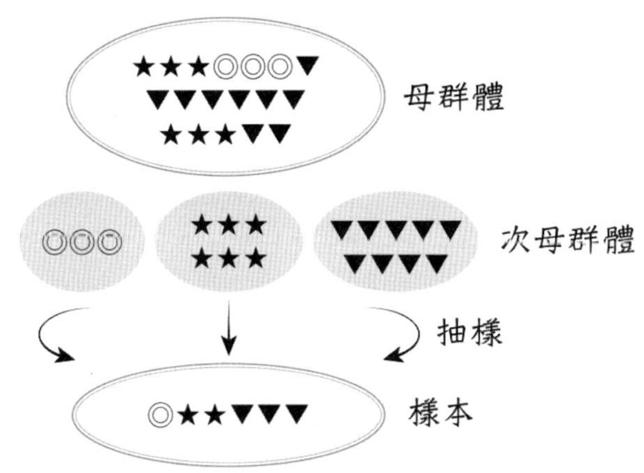

次母群體間同質性低、次母群體內同質性高

圖 2-1　分層抽樣

2-2-1-3　集束抽樣(cluster random sampling)

不以單一個體為單位，而以一小群、一堆、小團體為單位。用隨機的方式，抽取母體內各個小團體。抽到的小團體內的全部個體均為樣本。集束抽樣和分層抽樣均把母體看成數個子母體。集束抽樣是在「小團體內差異大，小團體與小團體差異小」的情況下採用，一次只抽一小團體，即能代表母體之特性。分層抽樣是在「層內差異小，層與層差異大」的情況下採用，每層各別抽出，其樣本才能對母體有代表性。

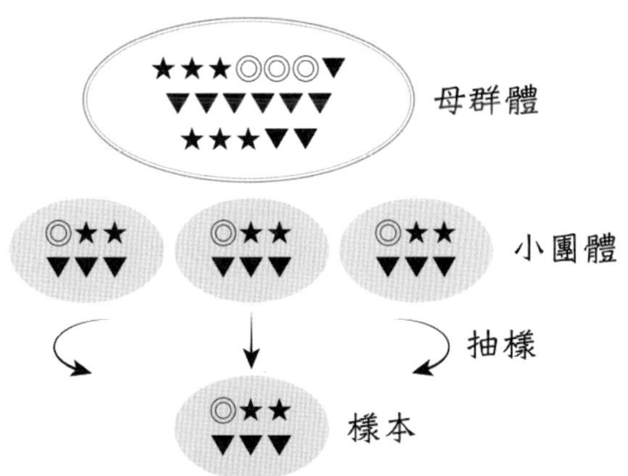

小團體間同質性高、小團體內同質性低

圖 2-2　集束抽樣

2-2-1-4　系統（等距）隨機抽樣(systematic random sampling)

特別適用於個體已排成列（但不一定要編號）或卡片裝成箱（最好每箱的數目一樣）。以隨機抽樣方式，抽一個小於或等於某一間隔（例如 100）的隨機號碼（例如 68），再每隔一間隔抽一張（例如 168、268、368）。

當母體排列變化週期與抽樣間隔距離相等時，樣本雖是隨機樣本，但仍會產生偏差例。例如：全校每班成績均由高至低排並編成每班的座號，該校每班各有學生 40 人，每班的座號 1-40 號。若抽樣間距恰巧是 40，假設第一個隨機樣本為 1 號，若調查某校學生成績則整體樣本成績會偏高。若抽樣間距恰巧是 40，假設第一個隨機樣本為 39 號，調查某校學生成績則整體樣本成績會偏低。

2-2-2　非機率性抽樣(nonprobability sampling)

2-2-2-1　方便抽樣(convenience sampling)

方便抽樣是所有抽樣方法中，樣本代表性最弱的方式，乃以手邊現有的人或物為研究對象。

樣本可以是志願回答問卷的人、研究者在街上碰到的人、研究者自己任職的機關取樣，以方便為主，研究結果無法推論整個母體。若欲研究對象彼此間有極大差異時，則不適和採用方便抽樣。

2-2-2-2　雪球抽樣(snowball sampling)

雪球抽樣是從少數、可掌握的研究對象開始進行，再藉由這些研究對象轉介取得更多的樣本數，樣本數像滾動雪球般愈來愈大。

雪球抽樣通常用在不易取得或掌握的群體，例如：罕見疾病個案、愛滋病同性戀者或藥物成癮者。樣本不具代表性，研究結果無法推論整個母體。

2-2-2-3　配額抽樣(quato sampling)

配額抽樣為了避免樣本差異，在了解母體的分層後（性別、地區等…），決定分層的比例，從各層次中抽取與母體相類似特性的樣本。配額抽樣與分層抽樣有些雷同都先將研究群體分層，但配額抽樣採非隨機取樣，分層抽樣是隨機取樣。配額抽樣的優點是取樣容易、方便、省錢、省時，缺點是樣本不具代表性，特別是研究者以自己方便而取得樣本。

例如：探討國中生學生對性知識的認知，研究者選擇自己任教的學校班級為研究群體，共有學生 150 名，其中男生 60 名，女生 90 名，首先依學生性別不同，將男、女學生先行分層，決定男學生抽取比例 30%，女學生抽取比例 20%，也就是男、女學生各抽取 18 人為樣本。

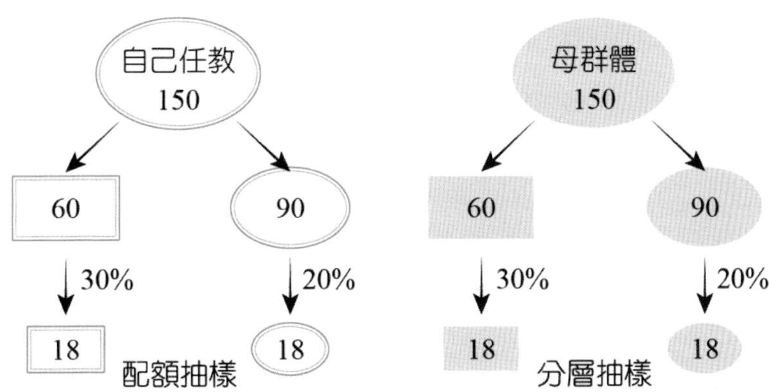

2-2-2-4 立意抽樣(purposive sampling)

立意抽樣是研究者基於對某一母體的了解，知道容易由哪些特定群體中取得研究對象（透過專家的判斷），又稱判斷抽樣法。立意抽樣之研究對象的選擇是依研究者設立的條件而定，因此較為主觀。立意抽樣通常用於樣本小、無法採用簡單隨機抽樣。例如要調查紅斑性狼瘡患者的自我概念，就從「蝴蝶俱樂部」中選取樣本，但是未加入俱樂部的個案就無法被選為樣本。

2-2-3 機率性抽樣與非機率性抽樣優缺點之比較

機率性抽樣的優點是可得具代表性樣本、可估計出抽樣誤差，缺點是耗費時間與金錢、需特殊技巧、耗費時間與金錢。

非機率抽樣的優點是方便、較經濟、花費時間較少，缺點是不能把握母體每個元素都有被取樣的機會、樣本代表性差、做結論或推論要小心、無法推論至目標母體。

2-3 樣本大小(sample size)

最理想的研究樣本數等於母群體數。護理研究對象大多為人，而「人」不是均值、特異性較大，樣本數多少才足以代表母群體？

一般說來，研究每個變項（性別、年級等）至少需要 10 個以上的樣本。

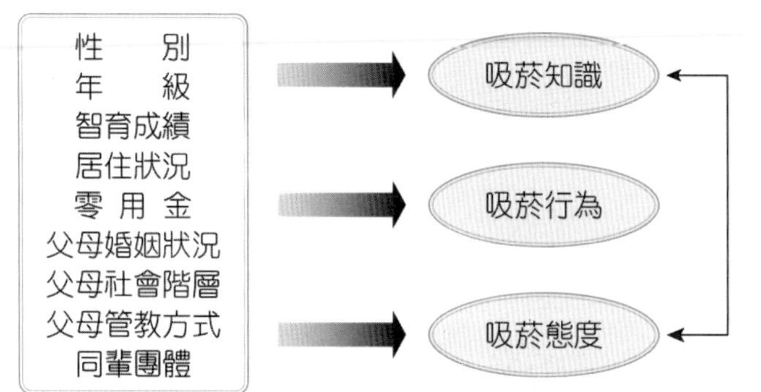

研究架構：國中中學學生吸菸知識吸菸行為吸菸態度之探討

也可以利用 G power 統計軟體分析樣本數。一個研究至少要有 30 個樣本以上，樣本的代表性遠比樣本數來的重要（樣本大並不一定具代表性）。

2-4 抽樣 Excel 應用

2-4-1 「資料分析」設定

步驟一 確認功能列「資料」是否有「資料分析」選項。

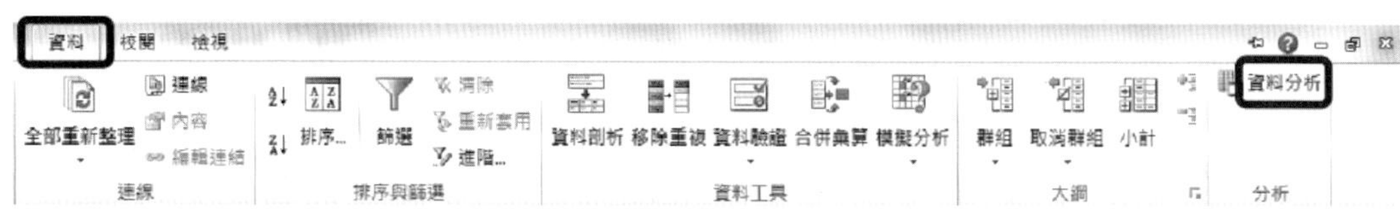

步驟二　若無「資料分析」選項時需先設定，點選功能列「檔案」，然後按一下「選項」，再按一下「增益集」。按一下「管理」方塊中的「Excel 增益集」，然後按一下「執行」。

步驟三　跳出「增益集」視窗，勾選「分析工具箱」，按「確定」。

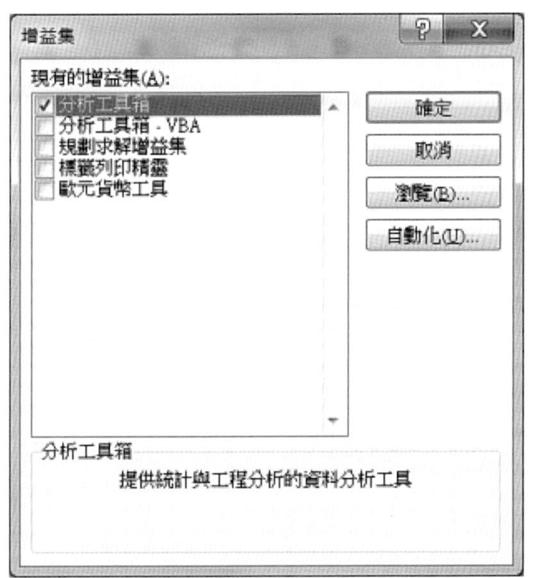

2-4-2 亂數表產生器-Excel 應用

RAND 函數來產生隨機亂數，有小數點不方便使用。Excel 亂數表產生器的步驟如下：

步驟一 點選工具裡面的「資料」，開啟「資料分析」的視窗後，選「亂數產生器」，按「確定」。跳出「亂數產生器」視窗。

步驟二 在「變數個數」的右邊空格內輸入"15"，「亂數個數」右邊空格輸入"15"。「分配」欄內選「均等分配」。「參數」欄「介於」右邊兩個空格內分別輸入"1"到"2013"。「亂數基值」空格內保持空白。「輸入選項」欄內選「輸出範圍」並且在空格內輸入「$A$1」，再按「確定」。

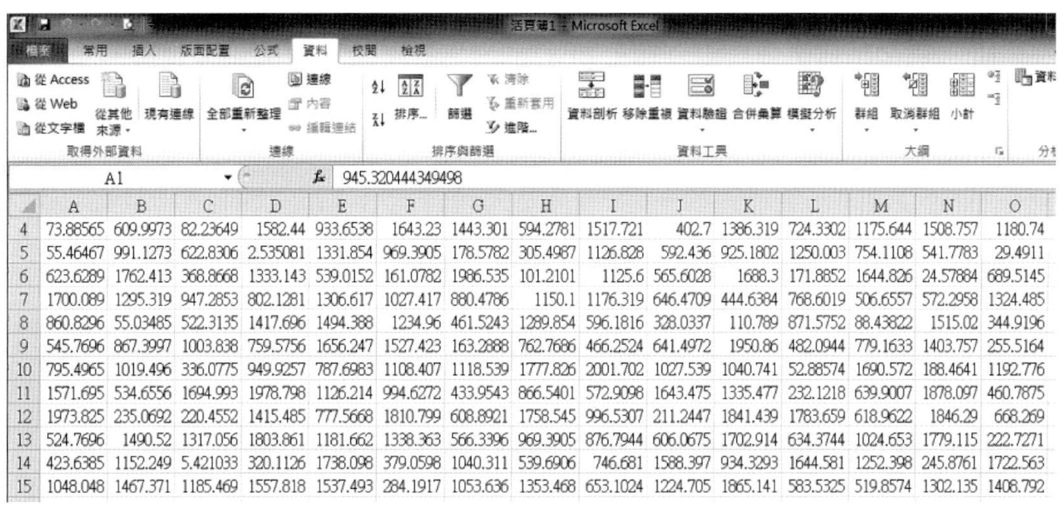

步驟三　進行亂數表數據格式的設定，選取亂數表範圍後按滑鼠右鍵，選擇儲存格格式。

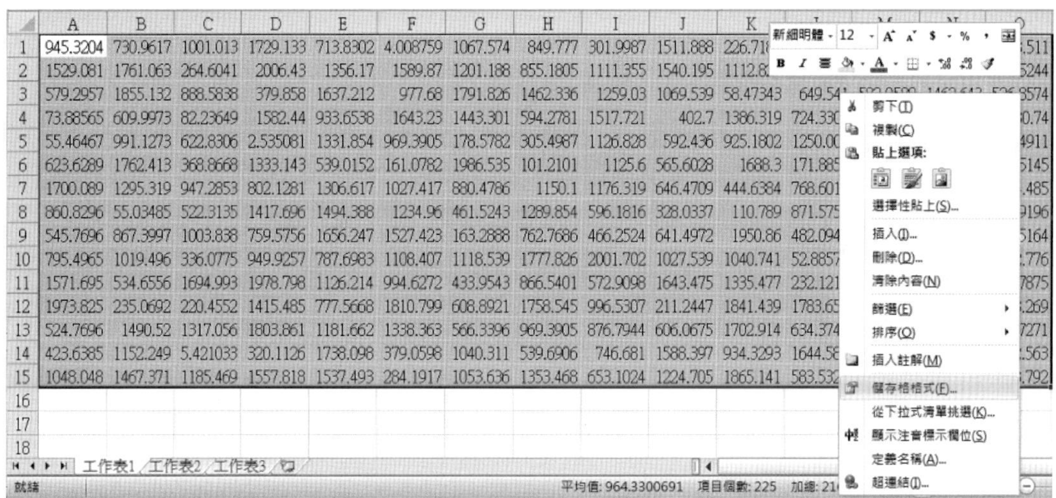

步驟四　選擇數值，選自訂，類型輸入 0000（代表當數據未滿 4 位數時，將於前面自動補 0，且自動四捨五入，僅呈現整數），按確定。

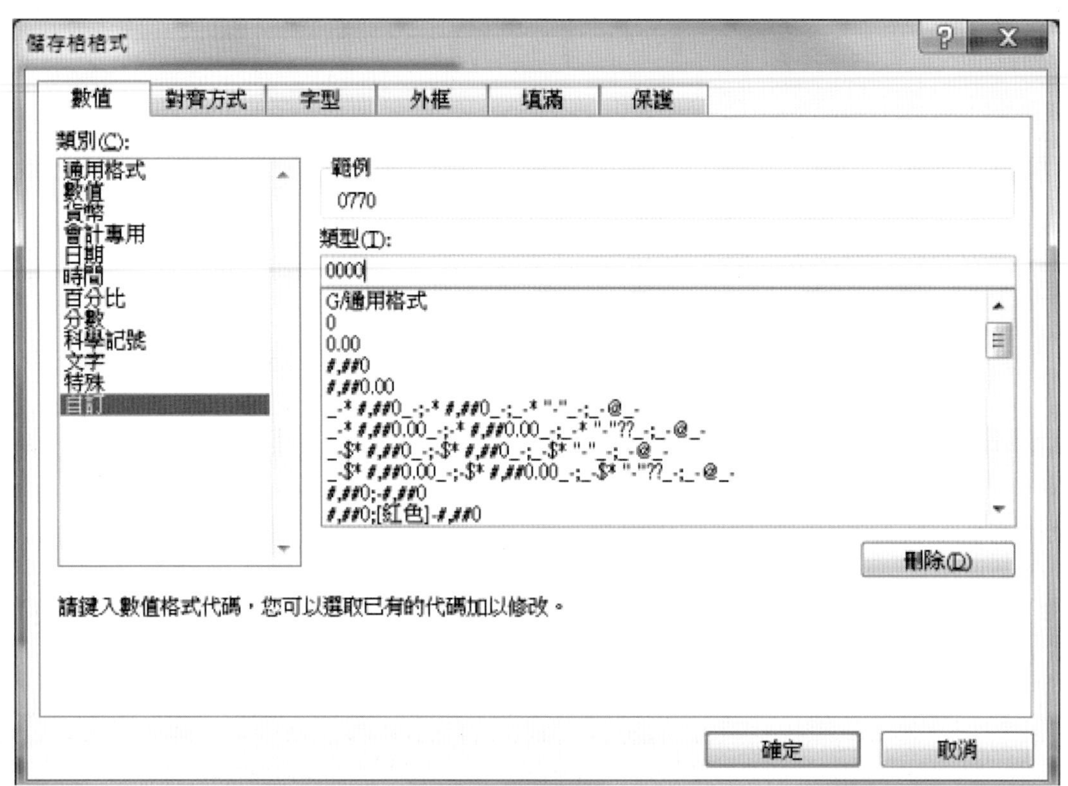

步驟五　完成數據範圍"1"到"2013"，欄數 15，列數 15 之亂數。

	A	B	C	D	E	F	G	H	I	J	K	L	M	N	O
1	0945	0731	1001	1729	0714	0004	1068	0850	0302	1512	0227	0958	1440	0992	1439
2	1529	1761	0265	2006	1356	1590	1201	0855	1111	1540	1113	1553	0567	0037	0434
3	0579	1855	0889	0380	1637	0978	1792	1462	1259	1070	0058	0650	0582	1463	0527
4	0074	0610	0082	1582	0934	1643	1443	0594	1518	0403	1386	0724	1176	1509	1181
5	0055	0991	0623	0003	1332	0969	0179	0305	1127	0592	0925	1250	0754	0542	0029
6	0624	1762	0369	1333	0539	0161	1987	0101	1126	0566	1688	0172	1645	0025	0690
7	1700	1295	0947	0802	1307	1027	0880	1150	1176	0646	0445	0769	0507	0572	1324
8	0861	0055	0522	1418	1494	1235	0462	1290	0596	0328	0111	0872	0088	1515	0345
9	0546	0867	1004	0760	1656	1527	0163	0763	0466	0641	1951	0482	0779	1404	0256
10	0795	1019	0336	0950	0788	1108	1119	1778	2002	1028	1041	0053	1691	0188	1193
11	1572	0535	1695	1979	1126	0995	0434	0867	0573	1643	1335	0232	0640	1878	0461
12	1974	0235	0220	1415	0778	1811	0609	1759	0997	0211	1841	1784	0619	1846	0668
13	0525	1491	1317	1804	1182	1338	0566	0969	0877	0606	1703	0634	1025	1779	0223
14	0424	1152	0005	0320	1738	0379	1040	0540	0747	1588	0934	1645	1252	0246	1723
15	1048	1467	1185	1558	1537	0284	1054	1353	0653	1225	1865	0584	0520	1302	1409

2-4-3 Excel 應用

某班有 67 位學生的資料，請抽 6 個學生所構成的簡單隨機樣本。

步驟一 在A1 欄位輸入「序號」，分別輸入 67 位的序號。

步驟二 選「資料」，選「資料分析」，在「資料分析」對話方塊中，按一下「抽樣」，然後按一下「確定」。

步驟三 在「抽樣」對話方塊中的「輸入範圍」，鍵入「$A$1:$A$68」勾選「標記」，選取「隨機」，在「樣本數」輸入「6」。在「輸出範圍」，鍵入「$B$1」，按確定。

2-4-3 Excel 應用

某班有 67 位學生的資料，請抽 6 個學生所構成的系統隨機抽樣的樣本。

步驟一 在A1 欄位輸入「序號」，分別輸入 67 位的序號。

步驟二 選「資料」，選「資料分析」，在「資料分析」對話方塊中，按一下「抽樣」，然後按一下「確定」。

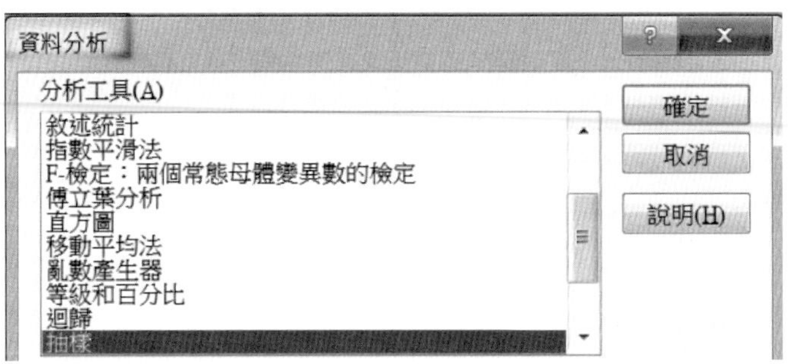

步驟三 在「抽樣」對話方塊中的「輸入範圍」，鍵入「\$A\$1:\$A\$68」勾選「標記」，選取「週期」，在「樣本數」輸入「12」。在「輸出範圍」，鍵入「\$B\$1」，按確定。

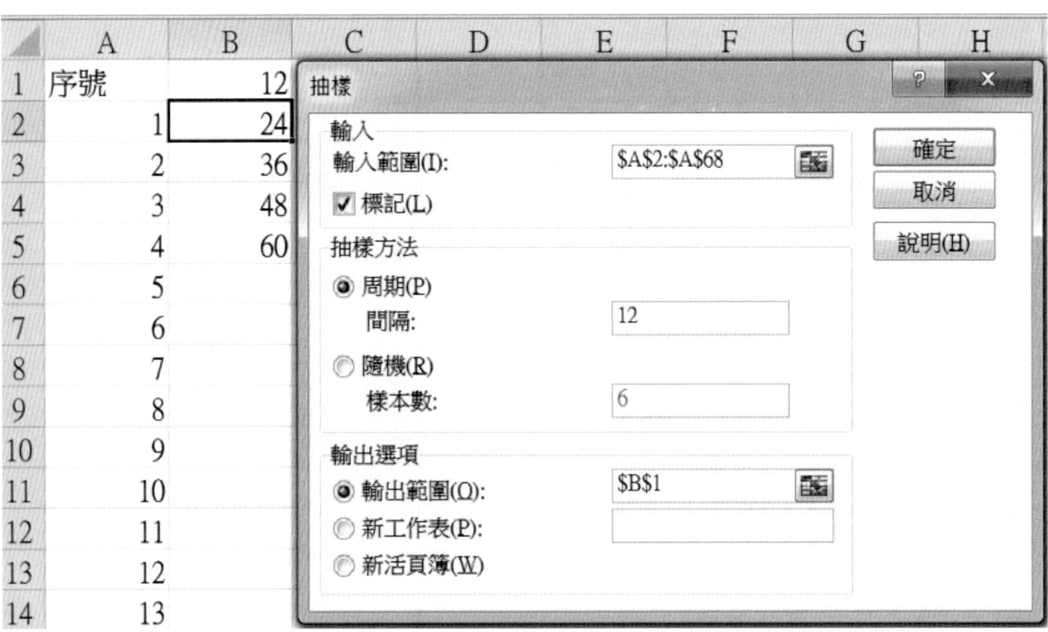

2-5 課後實作

1. 有關機率性抽樣的敘述何者有誤：(A)在群體中抽取若干個體為樣本，母體每一個體都有一個未知被抽到的機會 (B)抽樣過程不受人為因素的影響，純按隨機方式取樣 (C)機率性抽樣取得的樣本較為客觀和具代表性 (D)機率性抽樣取得的樣本可以用來推論母體。

2. 何者非機率性抽樣？(A)簡單隨機抽樣 (B)分層抽樣 (C)集束抽樣 (D)配額抽樣。

3. 研究者基於對某一母群體的了解（專家的判斷）稱為何種抽樣法？(A)簡單隨機 (B)分層抽樣 (C)集束抽樣 (D)立意抽樣。

4. 先由少數、可掌握的研究對象開始進行，再藉由這些已掌握的研究對象轉介而取得更多，稱為何種抽樣法？(A)滾雪球抽樣 (B)分層抽樣 (C)集束抽樣 (D)立意抽樣。

5. 所有抽樣方法中，樣本代表性最弱的方式：(A)滾雪球抽樣 (B)方便抽樣 (C)集束抽樣 (D)立意抽樣。

解答：1.A 2.D 3.D 4.A 5.B

MEMO

Biostatistics

03 敘述統計

3-1 集中趨勢

3-2 集中趨勢例題-Excel 應用

3-3 變異趨勢

3-4 變異趨勢-Excel 應用

3-5 敘述統計-Excel 應用

3-6 統計表

3-7 統計圖

3-8 統計圖-Excel 應用

3-9 課後實作

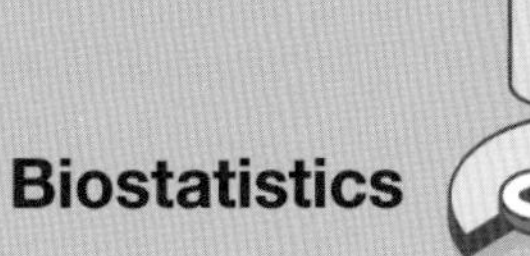

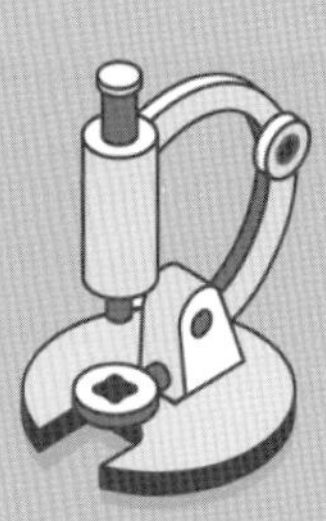

3-1 集中趨勢

敘述統計可提供資料的集中趨勢（平均數（值）、中位數、眾數）、變異趨勢（如全距、四分位距、變異數、標準差）、表（如次數表）、統計圖（如直方圖、莖葉圖、盒形圖、長條圖）的相關資訊。

所謂集中趨勢(central tendence)是指連續數據的**集中位置**，或能代表數據的一典型的數值。三種最常用的集中趨勢量值是平均數（值）、中位數、眾數。

3-1-1 平均數(mean, M)

母體平均數：$\mu = (\mu_x) = \frac{\sum_{i=1}^{i=N} X_i}{N} = \frac{X_1 + ... + X_N}{N}$

（X 為母體觀察值；i 是第幾個母(群)體；N 為母體個數）

樣本平均數：$\overline{X} = \frac{\sum_{i=1}^{i=n} x_i}{n} = \frac{x_1 + ... + x_n}{n}$

（x 為樣本觀察值；i 是第幾個樣本；n 為樣本個數）

例題 請計算**樣本平均數**：1, 5, 6, 6, 6, 8, 9, 10, 12

$$\overline{X} = \frac{\sum_{i=1}^{i=n} x_i}{n} = \frac{x_1 + ... + x_n}{n} = \frac{1+5+6+6+6+8+9+10+12}{9} = 7$$

3-1-2 中位數(median, Me)

中位數是指一組數字的中間數字；即是有一半數字的值大於中位數，而另一半數字的值小於中位數。

步驟一 將數據由小排到大，或由大排到小。

步驟二

1.當個數為單數時，選中間的數值：

3 4 5 (6) 7 8 9

2. 當個數為偶數時，則中間兩數相加除二：

4 5 (6 7) 8 9

$$Me = \frac{6+7}{2} = 6.5$$

例題 5, 6, 6, 6, 8, 9, 10, 12, 1 這組中位數為何？

排序為 1, 5, 6, 6, 6, 8, 9, 10, 12，此樣本共 9 個觀察值，中位數是 6。

3-1-3 眾數(mode, M_0)

眾數是指出現最多次數的值。

3 4 5 6 6 (7 7 7) 8 8 9

3-2 集中趨勢例題-Excel 應用

3-2-1 請計算樣本平均數：1, 5, 6, 6, 6, 8, 9, 10, 12

步驟一 在 A1-A9 欄位分別輸入 1, 5, 6, 6, 6, 8 , 9, 10, 12。

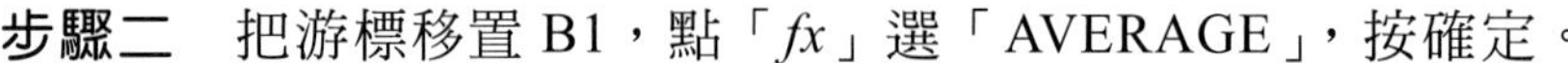

步驟二　把游標移置 B1，點「*fx*」選「AVERAGE」，按確定。

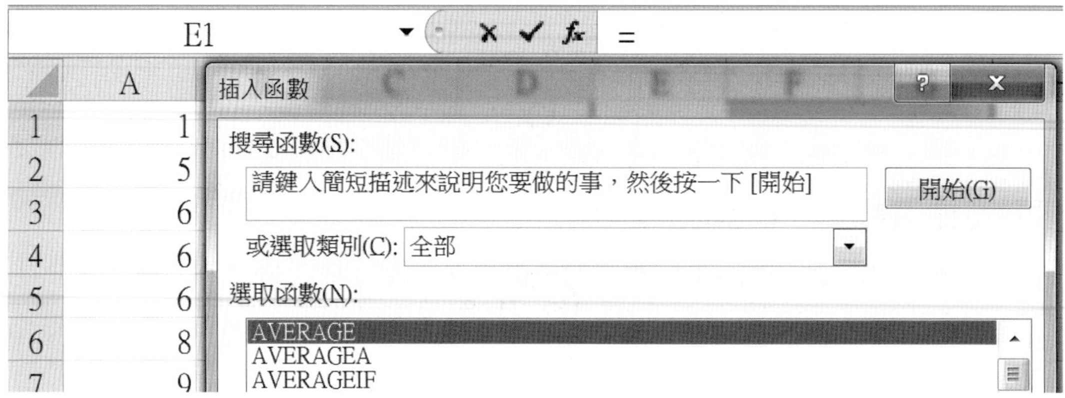

步驟三　在「AVERAGE」對話方塊中的「Number 1」，按「 」輸入「A1：A9」，按「 」。在「AVERAGE」的對話方塊中得知平均數「7」。

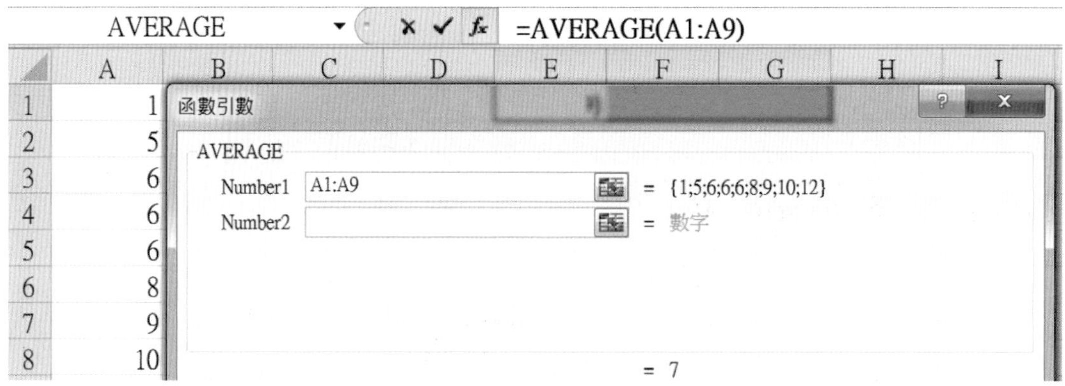

3-2-2　例：5, 6, 6, 6, 8, 9, 10, 12, 1 這組中位數為何？

步驟一　在 A1-A9 欄位分別輸入 1, 5, 6, 6, 6, 8, 9, 10, 12。

步驟二 把游標移置 B1，點「*fx*」選「MEDIAN」，按確定。

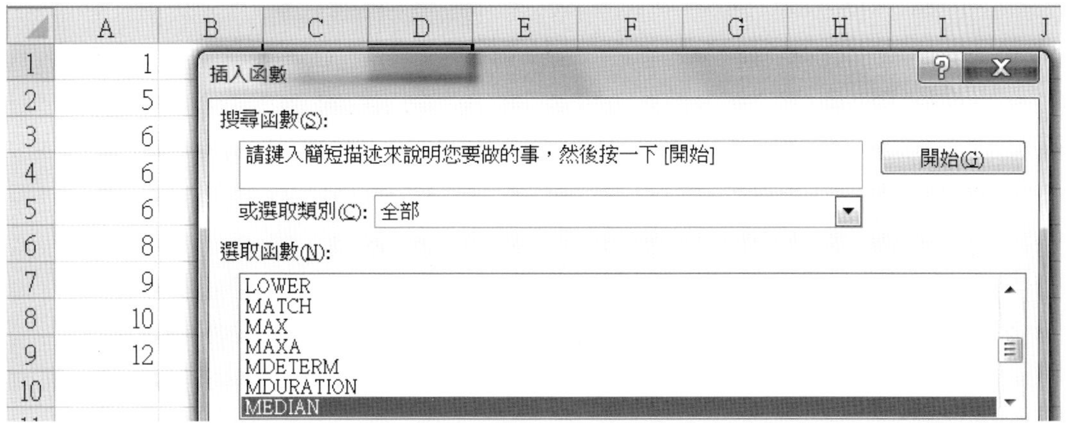

步驟三 在「MEDIAN」對話方塊中的「Number 1」，按「▣」輸入「A1：A9」，按「▣」。在「MEDIAN」的對話方塊中得知中位數「6」。

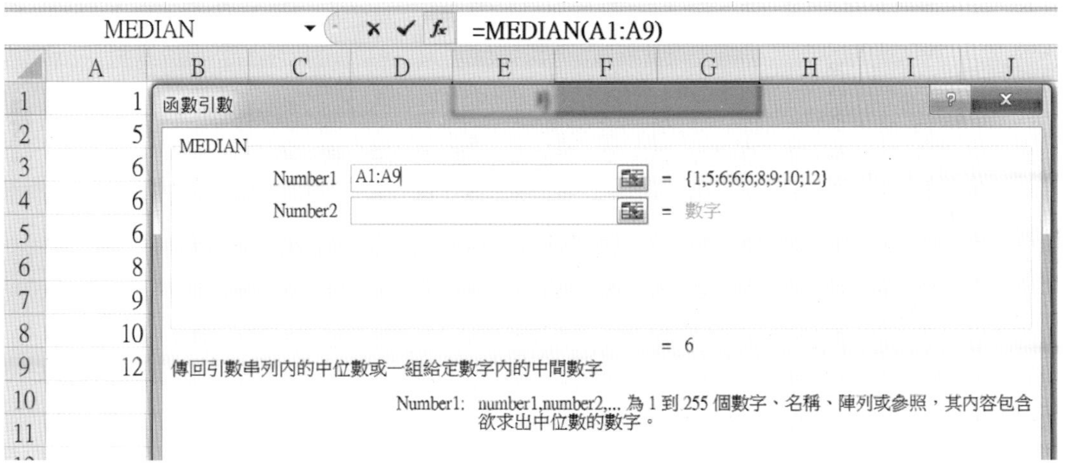

3-2-3 例：5, 6, 6 , 6, 8, 9, 10, 12, 1 這組眾數為何？

步驟一 在 A1-A9 欄位分別輸入 1, 5, 6, 6, 6, 8, 9, 10, 12。

步驟二 把游標移置 B1，點「*fx*」選「MODE」，按確定。

步驟三 在「MODE」對話方塊中的「Number 1」，按「」輸入「A1：A9」，按「」。在「MODE」的對話方塊中得知眾數「6」。

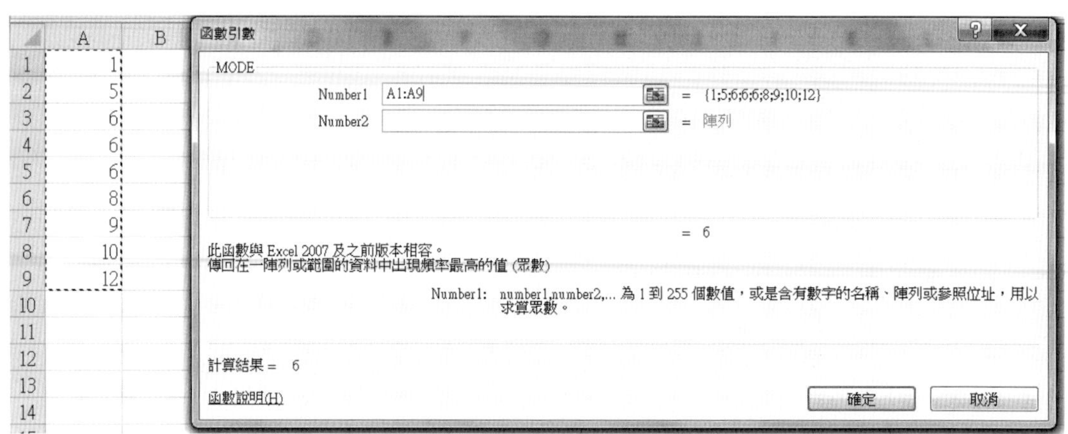

3-3 變異趨勢

連續變項數值除了採用集中趨勢量來描述外，還需要變異趨勢來描述**連續變項數值的分散**情況。**變異趨勢**：主要以全距、四分位距、變異數、標準差等來表示。

3-3-1 全距(range, R)

全距就是最大值減最小值。全距只採用數據中最大及最小值，其他數值未參與計算，不符合統計學上充分性的要求。

例題 抽樣取七位案例的血糖值為：

102、114、120、125、130、133、140 mg/dL

R=140-102=38

3-3-2 四分位距(interquartile range, IQR)

所有觀察值由左至右，依大小分成四等分，第一個等分就是 Q1，第二個等分是 Q2（＝中位數），第三個等分是 Q3。四分位距(IQR)是指第三個四分位(Q3)與第一個四分位(Q1)之距離。IQR 也只採用數據中兩數值，不符合統計學上充分性的要求。

IQR= Q3-Q1=9-6=3

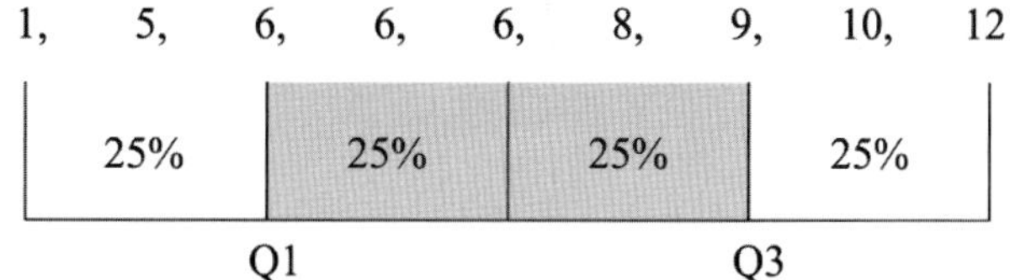

3-3-3 變異數(variance)

變異數的單位是**原資料單位的平方**，變異數等於標準差的平方。

計算母體變異數(σ^2)，首先計算每一數值與平均數的差異，將這些差異值平方再算總和，就是變異量（平方和）除以個數，公式如下：

$$\sigma^2 = (\sigma_x^2) = \frac{\sum_{i=1}^{i=N}(Xi-\mu)^2}{N} = \frac{\sum_{i=1}^{i=N}X_i^2-N\mu^2}{N}$$

計算樣本變異數(S^2)，首先計算每一數值與平均數的差異，將這些差異值平方再算總和，就是變異量（平方和），然後除以個數減 1，公式如下：

$$S^2 = (S_x^2) = \frac{\sum_{i=1}^{i=n}(xi-\bar{x})^2}{n-1} = \frac{\sum_{i=1}^{i=n}x_i^2-n\bar{x}^2}{n-1}$$

例題 計算變異數

➲ 例 1 母體共有 6 筆資料 2, 3, 7, -3, -4, -5，計算母體變異數(σ^2)

步驟一 1. 先算μ。

2. 變異量（平方和）$\sum_{i=1}^{i=N}(Xi-\mu)^2$加總每一數值與平均數差異值的平方。

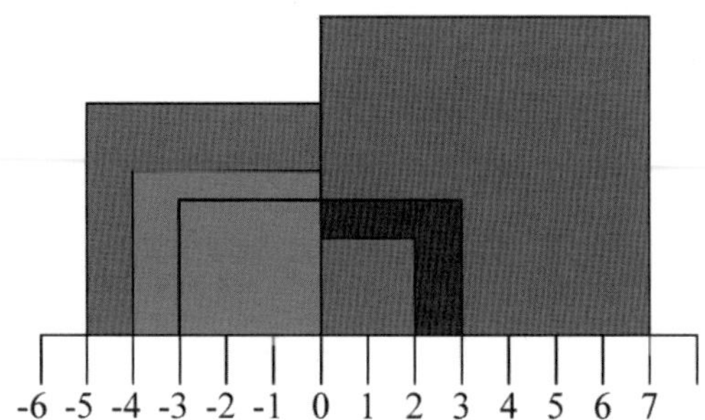

$$\mu = (\mu_x) = \frac{\sum_{i=1}^{i=N} X_i}{N} = \frac{X_1 + \ldots . + X_N}{N} = \frac{2+3+7+(-3)+(-4)+(-5)}{6} = 0$$

$$\sum_{i=1}^{i=N}(Xi-\mu)^2 = (2-0)^2 + (3-0)^2 + (7-0)^2 + (-3-0)^2 + (-4-0)^2 + (-5-0)^2 = 112$$

步驟二 計算 variance，母體變異數 $= \frac{\text{變異量（平方和）}}{N}$

$$\sigma^2 = (\sigma_x^2) = \frac{\sum_{i=1}^{i=N}(Xi-\mu)^2}{N}$$

$$= \frac{(2-0)^2 + (3-0)^2 + (7-0)^2 + (-3-0)^2\ (-4-0)^2 + (-5-0)^2}{6}$$

$$= \frac{112}{6}$$

$$\sigma^2 = (\sigma_x^2) = \frac{\sum_{i=1}^{i=N} X_i^2 - N\mu^2}{N}$$

$$= \frac{(2)^2+(3)^2+(7)^2+(-3)^2+(-4)^2+(-5)^2-6\times 0^2}{6} = \frac{112}{6}$$

➲ 例 2　從母體抽出 6 筆資料 2, 3, 7, -3, -4, -5，計算樣本變異數(S^2)

步驟一　1. 先算$\bar{x}$。

2. 變異量（平方和）$\sum_{i=1}^{i=n}(xi-\bar{x})^2$加總每一數值與平均數差異值的平方。

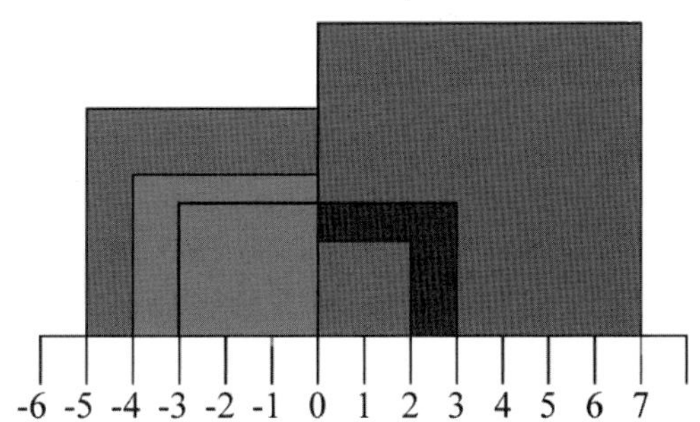

$$\bar{x}=\frac{\sum_{i=1}^{i=n}x_i}{n}=\frac{x_1+....+x_n}{n}=\frac{2+3+7+(-3)+(-4)+(-5)}{6}=0$$

$$\sum_{i=1}^{i=n}(xi-\bar{x})^2=(2-0)^2+(3-0)^2+(7-0)^2+(-3-0)^2+(-4-0)^2+(-5-0)^2=112$$

步驟二　計算 variance，樣本變異數$=\frac{變異量（平方和）}{n-1}$

$$S^2=(S_x^2)=\frac{\sum_{i=1}^{i=n}(xi-\bar{x})^2}{n-1}$$

$$=\frac{(2-0)^2+(3-0)^2+(7-0)^2+(-3-0)^2+(-4-0)^2+(-5-0)^2}{6-1}=\frac{112}{5}$$

$$S^2=(S_x^2)=\frac{\sum_{i=1}^{i=n}x_i^2-n\bar{x}^2}{n-1}$$

$$=\frac{(2)^2+(3)^2+(7)^2+(-3)^2+(-4)^2+(-5)^2-6\times0^2}{6-1}=\frac{112}{5}$$

計算樣本變異數時，分母取(n-1)而非(n)的原因是實務上，通常是母體變異數(σ^2)未知，則以樣本變異數(S^2)估計之，而樣本變異數(S^2)會隨所抽選樣本的不同而有所不同，若考慮很多次抽樣，每次都以"(n-1)"的公式計算樣本變異數，則有些樣本變異數會高於母體變異數，有些則低於母體變異數，但平均而言會與母體變異數很接近；反之，若計算樣本變異數時均除以 n，則平均而言會偏向低於母體變異數。

➲ 例 3　請計算樣本變異數 1, 5, 6, 6, 6, 8, 9, 10, 12

$$\bar{x} = \frac{\sum_{i=1}^{i=n} x_i}{n} = \frac{x_1+....+x_n}{n} = \frac{1+5+6+6+6+8+9+10+12}{9} = 7$$

$$S^2 = (S_x^2) = \frac{\sum_{i=1}^{i=n}(xi-\bar{x})^2}{n-1}$$

$$= \frac{(1-7)^2+(5-7)^2+(6-7)^2+(6-7)^2+(6-7)^2+(8-7)^2+(9-7)^2+(10-7)^2+(12-7)^2}{9-1}$$

$$= 10.25$$

$$S^2 = (S_x^2) = \frac{\sum_{i=1}^{i=n} x_i^2 - n\bar{x}^2}{n-1}$$

$$= \frac{1^2+5^2+6^2+6^2+6^2+8^2+9^2+10^2+12^2-(9\times 7^2)}{9-1} = 10.25$$

3-3-4　標準差(standard deviation, S or SD)

標準差反映一組測量數值離散程度的統計指標，是一組數值自平均值分散開來的程度的一種測量觀念，較大的**標準差**，代表大部分的數值和其平均值間差異較大；較小的**標準差**，則代表這些數值較接近平均值。標準差是變異數的平方根，標準差的單位**同原資料的單位**。

標準差計算，首先計算每一數值與平均數之差異，將這些差異值平方再算總和，然後除以個數再開平方根，便回復到原來單位。標準差的意義可解釋為每一數值與其平均數之平均差異。標準差（或變異數）與期望值一樣，容易受極值的影響。公式如下：

$$母體標準差(\sigma) = (\sigma_x) = \sqrt{\frac{\sum_{i=1}^{i=N}(Xi-\mu)^2}{N}} = \sqrt{\frac{\sum_{i=1}^{i=N} Xi^2 - N\mu^2}{N}}$$

$$樣本標準差(s) = (s_x) = \sqrt{\frac{\sum_{i=1}^{i=n}(xi-\bar{x})^2}{n-1}} = \sqrt{\frac{\sum_{i=1}^{i=n} xi^2 - n\bar{x}^2}{n-1}}$$

例題 請計算樣本標準差：1, 5, 6, 6, 6, 8, 9, 10, 12

$$S = (S_x) = \sqrt{\frac{\Sigma_{i=1}^{i=n} xi^2 - n\bar{x}^2}{n-1}} = \sqrt{\frac{1^2+5^2+6^2+6^2+6^2+8^2+9^2+10^2+12^2-(9\times7^2)}{9-1}} = \sqrt{10.25} = 3.20$$

➲ 例 1 母體共有 6 筆資料 2, 3, 7, -3, -4, -5，計算母體標準差(σ)

步驟一 1. 先算μ。

2. 變異量（平方和）$\sum_{i=1}^{i=N}(Xi-\mu)^2$加總每一數值與平均數差異值的平方。

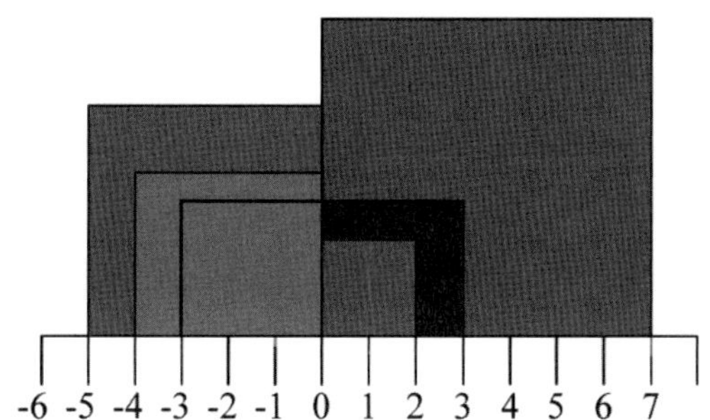

$$\mu = (\mu_x) = \frac{\sum_{i=1}^{i=N} X_i}{N} = \frac{X_1 + ... + X_N}{N} = \frac{2+3+7+(-3)+(-4)+(-5)}{6} = 0$$

$$\sum_{i=1}^{i=N}(Xi-\mu)^2 = (2-0)^2 + (3-0)^2 + (7-0)^2 + (-3-0)^2 + (-4-0)^2 + (-5-0)^2$$

$$=112$$

步驟二 計算 standard deviation，母體標準差(σ)= $\sqrt{\frac{\text{變異量（平方和）}}{N}}$

$$\sigma = \sqrt{\sigma^2} = \sqrt{\sigma_x^2} = \sqrt{\frac{\sum_{i=1}^{i=N}(Xi-\mu)^2}{N}}$$

$$= \sqrt{\frac{(2-0)^2+(3-0)^2+(7-0)^2+(-3-0)^2+(-4-0)^2+(-5-0)^2}{6}} = \sqrt{\frac{112}{6}}$$

$$\sigma = \sqrt{\sigma^2} = \sqrt{\sigma_x^2} = \sqrt{\frac{\sum_{i=1}^{i=N} X_i^2 - N\mu^2}{N}}$$

$$= \sqrt{\frac{(2)^2+(3)^2+(7)^2+(-3)^2+(-4)^2+(-5)^2-6\times0^2}{6}} = \sqrt{\frac{112}{6}}$$

➲ 例 2　從母體抽出 6 筆資料 2, 3, 7, -3, -4, -5，計算樣本標準差(S)

步驟一　1. 先算$\bar{x}$。

2. 變異量 $\sum_{i=1}^{i=N}(xi-\bar{x})^2$加總每一數值與平均數差異值的平方。

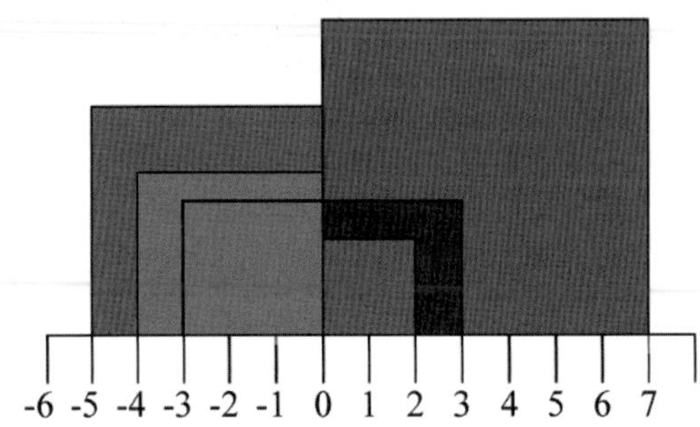

$$\bar{x}=\frac{\sum_{i=1}^{i=n}x_i}{n}=\frac{x_1+....+x_n}{n}=\frac{2+3+7+(-3)+(-4)+(-5)}{6}=0$$

$$\sum_{i=1}^{i=n}(xi-\bar{x})^2=(2-0)^2+(3-0)^2+(7-0)^2+(-3-0)^2+(-4-0)^2+(-5-0)^2$$

$$=112$$

步驟二　計算 standard deviation，樣本標準差(S)= $\sqrt{\frac{\text{變異量（平方和）}}{\mathbf{n-1}}}$

$$S=\sqrt{S^2}=(s_x)=(\sqrt{S_x^2})=\sqrt{\frac{\sum_{i=1}^{i=n}(xi-\bar{x})^2}{n-1}}$$

$$=\sqrt{\frac{(2-0)^2+(3-0)^2+(7-0)^2+(-3-0)^2+(-4-0)^2+(-5-0)^2}{6-1}}=\sqrt{\frac{112}{5}}$$

$$S=\sqrt{S^2}=(s_x)=(\sqrt{S_x^2})=\sqrt{\frac{\sum_{i=1}^{i=n}x_i^2-n\bar{x}^2}{n-1}}$$

$$=\sqrt{\frac{(2)^2+(3)^2+(7)^2+(-1)^2+(-4)^2+(-5)^2-6\times0^2}{6-1}}=\sqrt{\frac{112}{5}}$$

3-3-5 變異係數(CV)

CV 是量測相對（於期望值）分散程度的量數，表示標準差占期望值的百分比，通常小於 1。變異係數可用來計算相對的風險。公式如下：

$$CV-\frac{S}{\bar{X}}100\%$$

（變異係數為樣本標準差除以樣本平均數）

例題 起薪的資料

$$CV=\frac{165.65}{2,940}\times 100(\%)=5.6\%$$

表示薪資的分散程度約為期望值的 5.6%。

3-4 變異趨勢-Excel 應用

3-4-1 例：5, 6 , 6, 6, 8, 9, 10, 12, 1 這組四分位距為何？

Excel 語法 QUARTILE (array, quart)。

（array：儲存格範圍，quart：IQR 的號碼）

步驟一 在 A1-A9 欄位分別輸入 1, 5, 6, 6, 6, 8, 9, 10, 12。

步驟二 把游標移置 B1，點「*fx*」選「QUARTILE」，按確定。

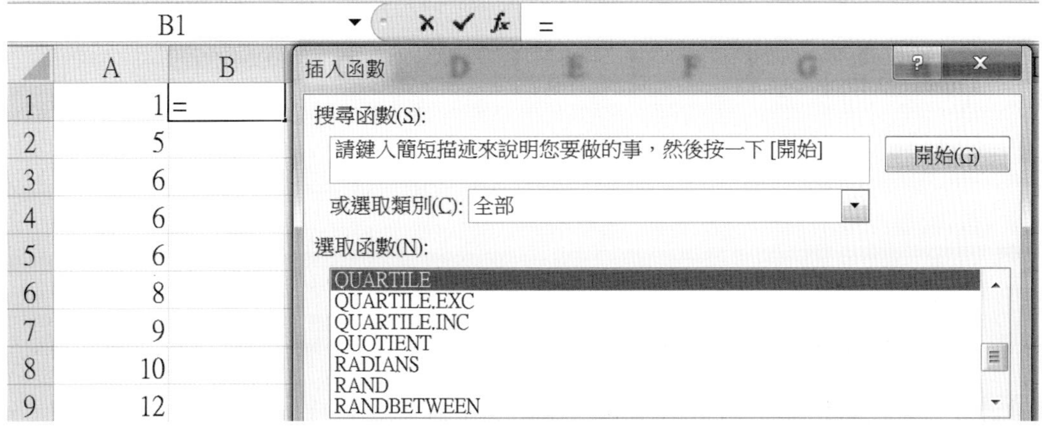

步驟三 在「QUARTILE」對話方塊中的「array」，按「」輸入「A1：A9」，按「」。在「QUARTILE」的對話方塊「quart」，按「」輸入「1」，按「」。得知第一個四分位「6」。

步驟四 把游標移置 B2，點「*fx*」選「QUARTILE」，按確定。

在「QUARTILE」對話方塊中的「array」，按「」輸入「A1：A9」，按「」。在「QUARTILE」的對話方塊「quart」，按「」輸入「2」，按「」。得知第二個四分位「6」。

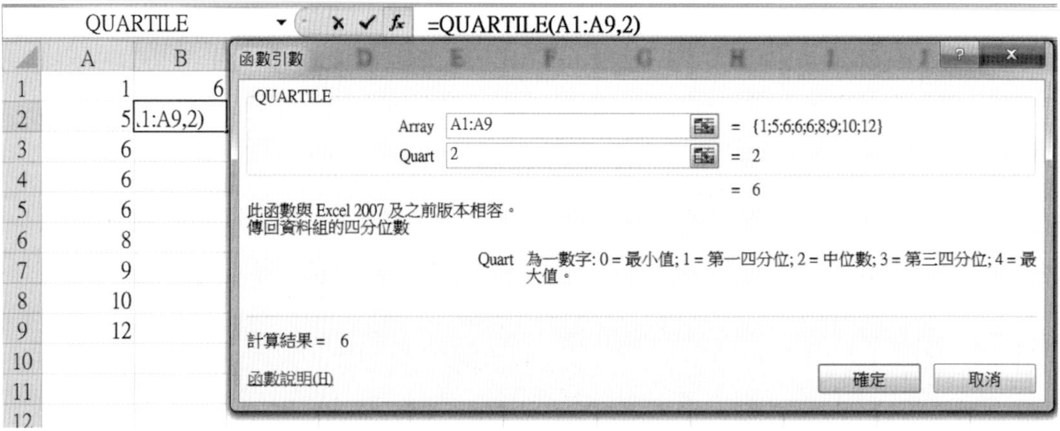

步驟五 把游標移置 B3，點「*fx*」選「QUARTILE」，按確定。

在「QUARTILE」對話方塊中的「array」，按「」輸入「A1：A9」，按「」。在「QUARTILE」的對話方塊「quart」，按「」輸入「3」，按「」。得知第三個四分位「9」。

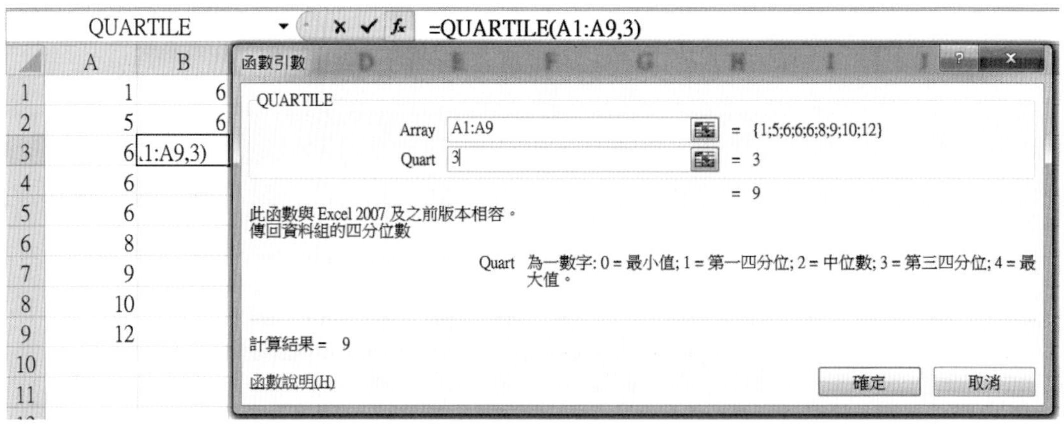

解答 5, 6, 6, 6, 8, 9, 10, 12, 1 這組四分位距 IQR= Q3-Q1=9-6=3。

3-4-2 例：請計算樣本變異數：1, 5, 6, 6, 6, 8, 9, 10, 12

函數 VAR.S(number1, [number2], ...)。

步驟一 在 A1-A9 欄位分別輸入 1, 5, 6, 6, 6, 8, 9, 10, 12。

步驟二 把游標移置 B1，點「*fx*」選「VAR.S」，按確定，

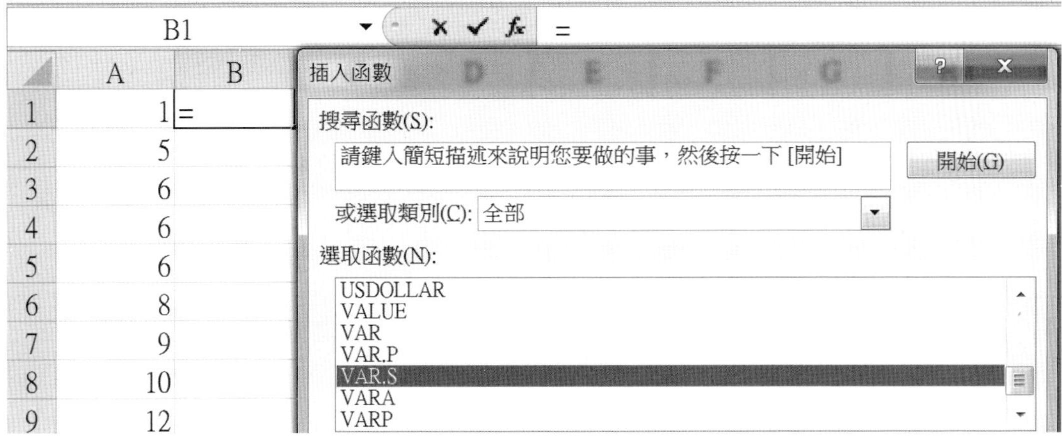

步驟三 在「VAR.S」對話方塊中的「Number 1」，按「」輸入「A1：A9」，按「」。在「VAR.S」的對話方塊中得知樣本變異數「10.25」。

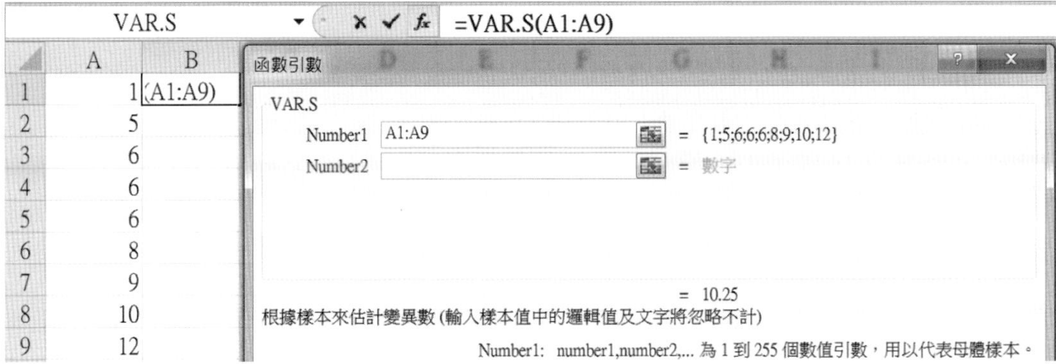

3-4-3 例：請計算樣本標準差：1, 5, 6, 6, 6, 8, 9, 10, 12

函數 STDEV.S (number1, [number2], ...)。

步驟一　在 A1-A9 欄位分別輸入 1, 5, 6, 6, 6, 8, 9, 10, 12。

步驟二　把游標移置 B1，點「*fx*」選「STDEV.S」，按確定。

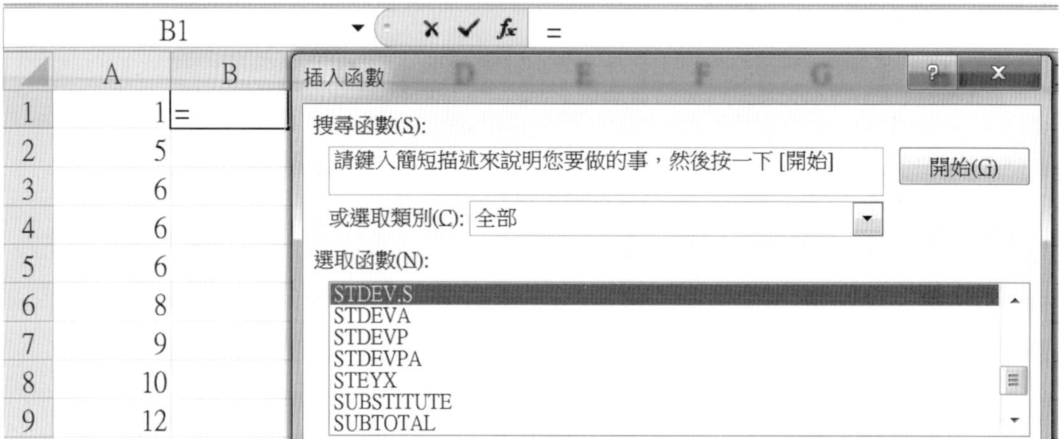

步驟三　在「STDEV.S」對話方塊中的「Number 1」，按「▦」輸入「A1：A9」，按「▦」。在「STDEV.S」的對話方塊中得知樣本標準差「3.201562119」。

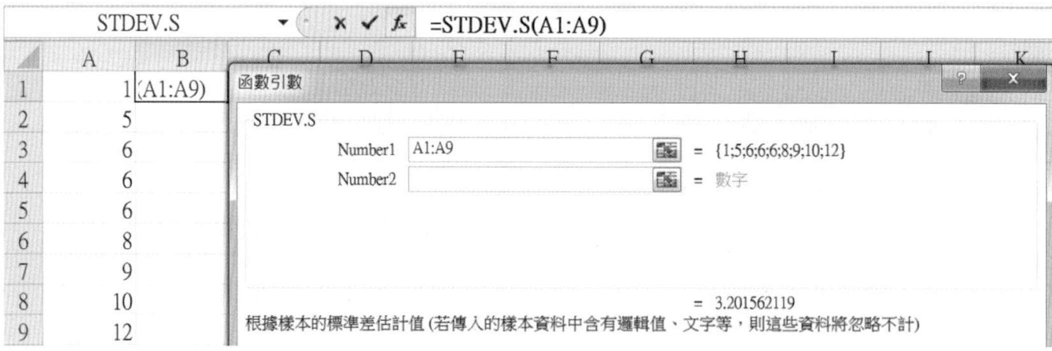

3-4-4 某個數值的平方根的 Excel 函數

若欲求算某個數值的平方根，Excel 函數「SQRT」。

例題 求算 81 的平方根

點「*fx*」選「SQRT」，按確定，在「SQRT」對話方塊中的「Number」輸入「81」後，按「確定」，得「9」，如圖所示。

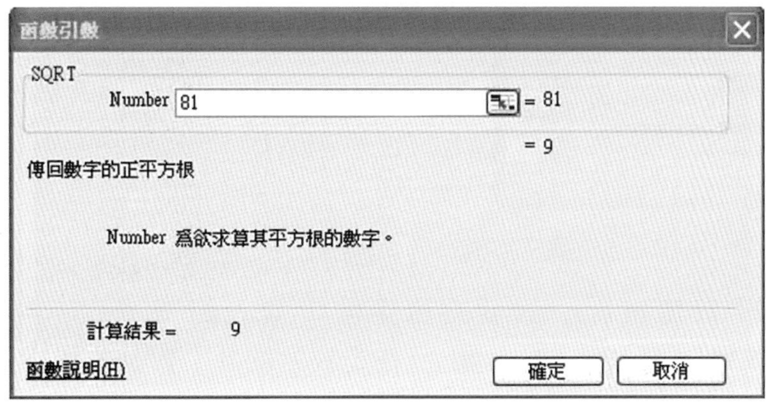

3-5 敘述統計-Excel 應用

例題 1, 5, 6, 6, 6, 8, 9, 10, 12 上述資料請說明採用 Excel 的敘述統計

步驟一 在 A1 欄位輸入「零用錢」，在 A2-A10 欄位分別輸入 1, 5, 6, 6, 6, 8, 9, 10, 12。

步驟二　選「資料」，選「資料分析」，在「資料分析」對話方塊中，按一下「敘述統計」，然後按一下「確定」。

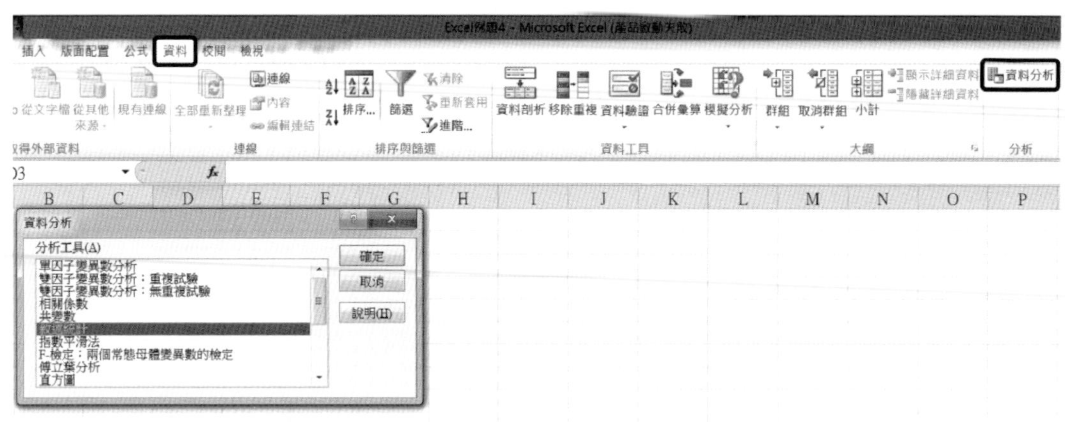

步驟三　在「敘述統計」對話方塊中的「輸入範圍」，按「」，鍵入「$A$1:$A$10」，按「」。在「敘述統計」對話方塊中的「分組方式」，按「逐欄」。勾選「類別軸標記是在第一列上」。在「敘述統計」對話方塊中的「輸出選項」，按「輸出範圍」，按「」，鍵入「$B$1」。勾選「摘要統計」，按「確定」。

A	B	C
零用錢	零用錢	
1		
5	平均數	7
6	標準誤	1.067187
6	中間值	6
6	眾數	6
8	標準差	3.201562
9	變異數	10.25
10	峰度	0.624458
12	偏態	-0.32323
	範圍	11
	最小值	1
	最大值	12
	總和	63
	個數	9

3-6 統計表

依照研究變項類別製作統計圖表。

表 3-1　不同變項類別所適合的敘述統計和統計圖表

變項分類	敘述統計	表	統計圖
連續變項（連續型）	集中趨勢：平均數（值）、中位數、眾數	次數表	直方圖 莖葉圖 盒形圖
	變異趨勢：全距、四分位距、變異數、標準差		
不連續變項（類別型）	次數、比例或百分比	次數表	長條圖

次數表是依類別分組，計算各組之次數，以統計表顯示資料分布之情況，稱為次數表分配表，簡稱次數表。資料歸類時，將資料歸類到互斥的類別中，並顯示每一個類別中觀察值的數量。舉例如表 3-2。

表 3-2 喜愛的電腦品牌

電腦品牌	次數	百分比
ASUS	6	60
ACER	4	40

3-7 統計圖

3-7-1 連續變項資料的統計圖

連續變項的資料其圖形可用莖葉圖、直方圖、盒形圖來呈現。

3-7-1-1 莖葉圖(stem plot)

每個觀察值分成「枝」和「葉」兩個部分，「葉」就是最後那一位數字，「枝」除了最後那一位數字之外的所有數字。把枝由小到大，從上往下寫成一直行。把葉寫在它所屬的枝的右邊，再由小到大排成一列。

例題 31, 60, 49, 47, 72, 45, 33, 66, 69, 66 請畫出枝葉圖

步驟 1 ⟶ 步驟 2

枝	葉
3	13
4	975
5	
6	0696
7	2

枝	葉
3	13
4	579
5	
6	0669
7	2

3-7-1-2 直方圖(histogram)

水平座標標示各類別，垂直座標標示各類別的次數。類別的次數則顯示在圖中長條的高度，且每一個長條都是**連續相鄰**。

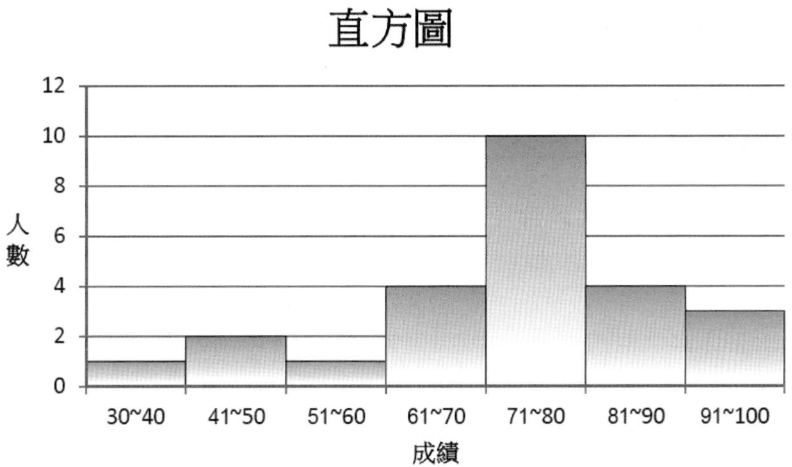

3-7-1-3 盒形圖(box plot)

作顯示一組**資料分散**情況資料的統計圖。因形狀如盒子而得名。

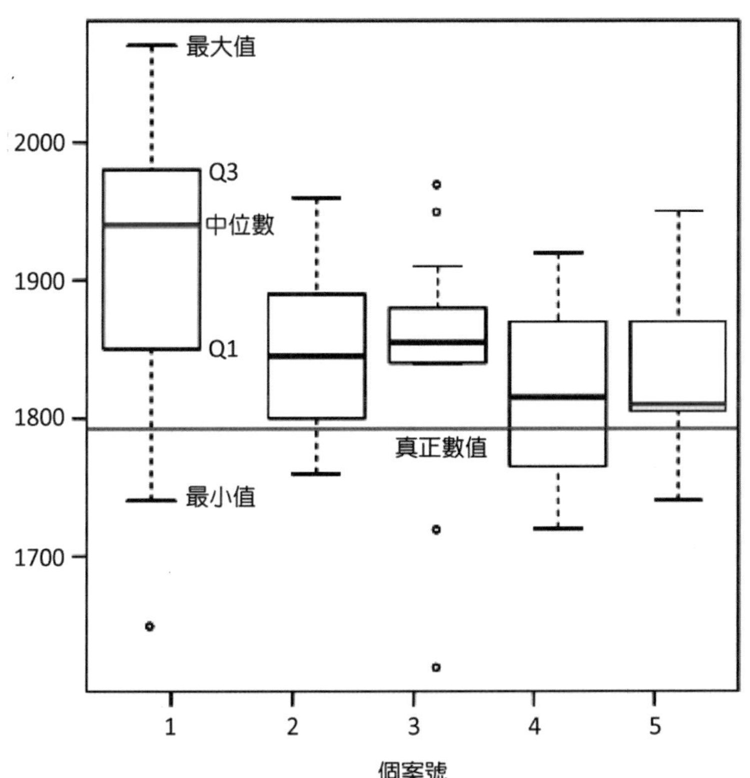

3-7-2 不連續變項資料的統計圖

不連續變項資料的圖形可用棒狀圖、圓形圖、曲線圖呈現。

3-7-2-1 棒狀圖(bar chart)

棒狀圖又稱長條圖、條狀圖、柱狀圖，是一種以**長方形**的長度為變量的**統計圖表**，每一個長條**無連續相鄰**，互相獨立、無連續關係。

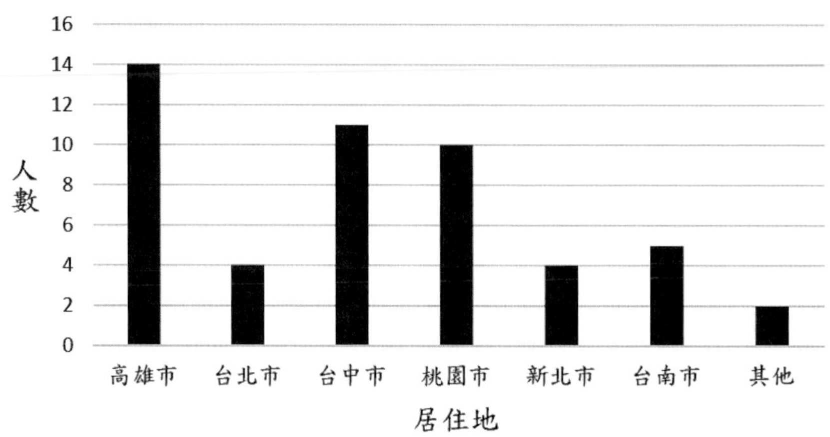

3-7-2-2 圓形圖

圓形圖用於呈現每個類別的次數比例之統計圖，彼此獨立無重複、總和為同一整體。

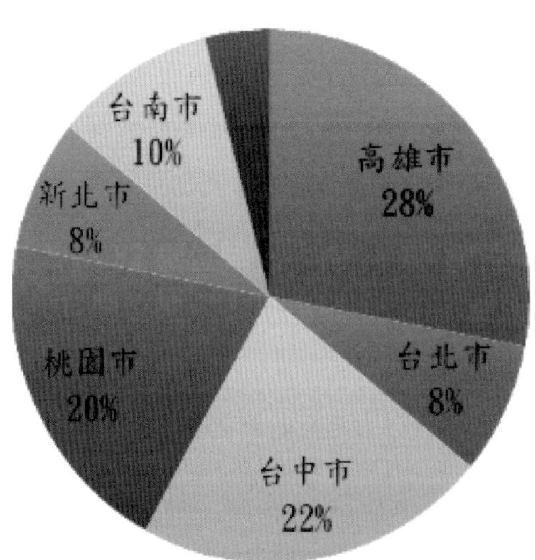

3-7-2-3 曲線圖

曲線圖比較時間連續變動。

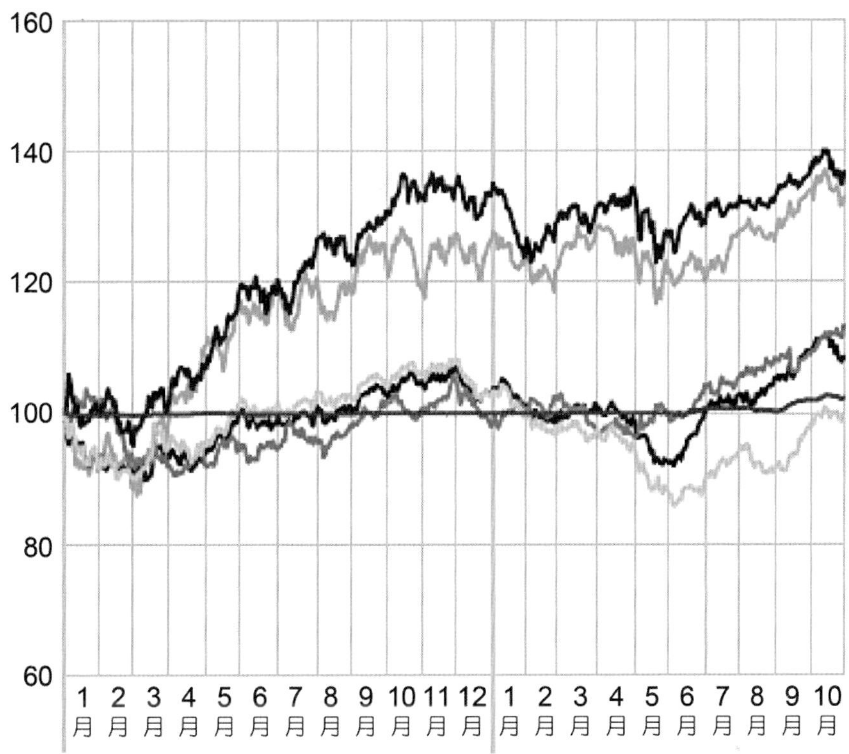

3-8 統計圖- Excel 應用

3-8-1 直方圖的製作

例題 資料如下：87, 27, 45, 62, 3, 52, 20, 43, 74, 61

步驟一 在 A1 欄位輸入「資料」，在 A2-A11 欄位分別輸入 87, 27, 45, 62, 3, 52, 20, 43, 74, 61。在 B2 欄位輸入「組距」，在 B2-B5 欄位分別輸入 20, 40, 60, 80。

步驟二　選工具列的「資料」，選「資料分析」，在「資料分析」對話方塊中，按一下「直方圖」，然後按一下「確定」。

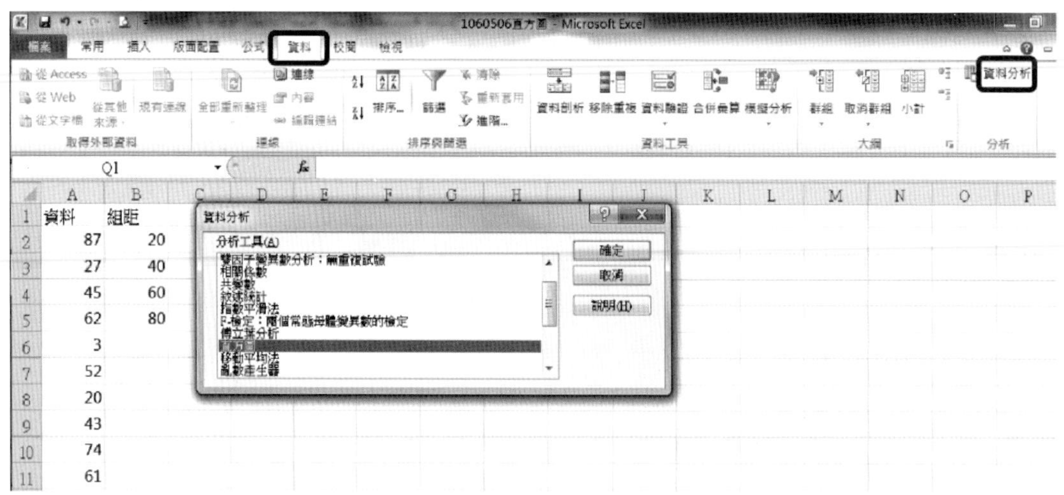

步驟三　在直方圖對話方塊中的「輸入範圍」，鍵入「$A$2:$A$11」。在直方圖對話方塊中的「組界範圍」，鍵入「$B$2:$B$5」。在直方圖對話方塊中的「輸出範圍」，鍵入「$C$1」，再選取「圖表輸出」，然後按一下「確定」。

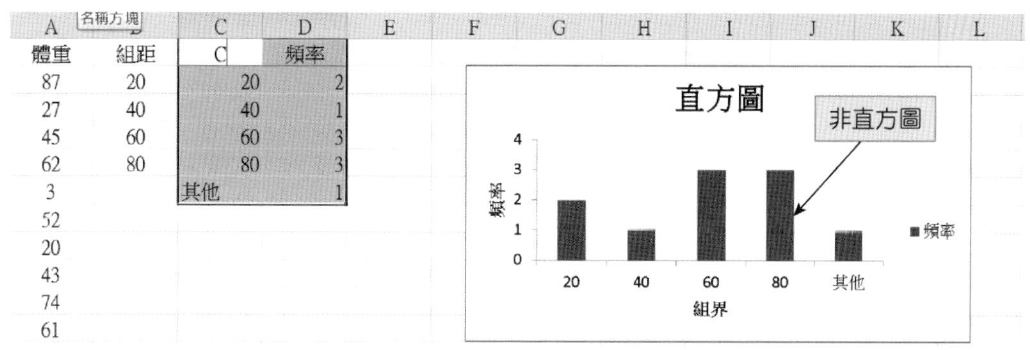

步驟四　將指標移到圖表物件「長條圖形」，按「右鍵」。

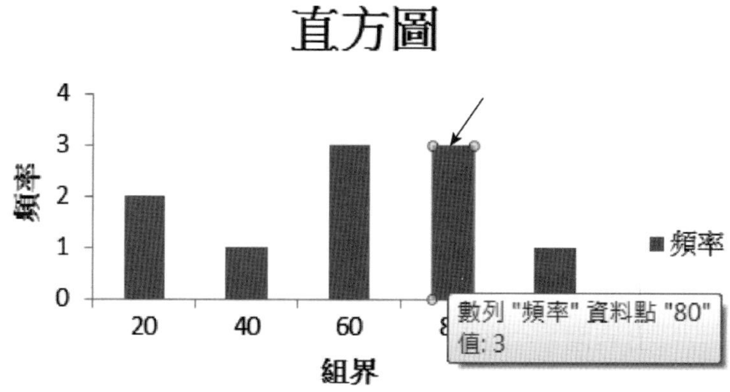

步驟五　選「資料點格式」。

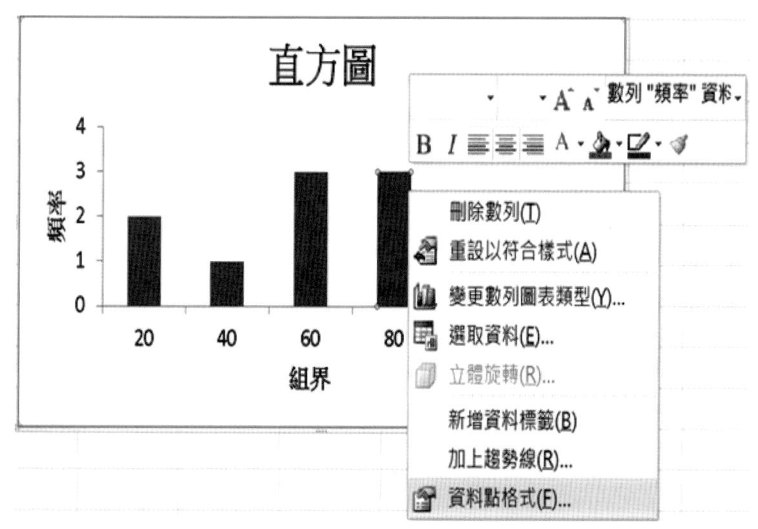

步驟六 在「資料點格式」對話方塊中，選「數列選項」，將「類別間距」從150%改成0%。

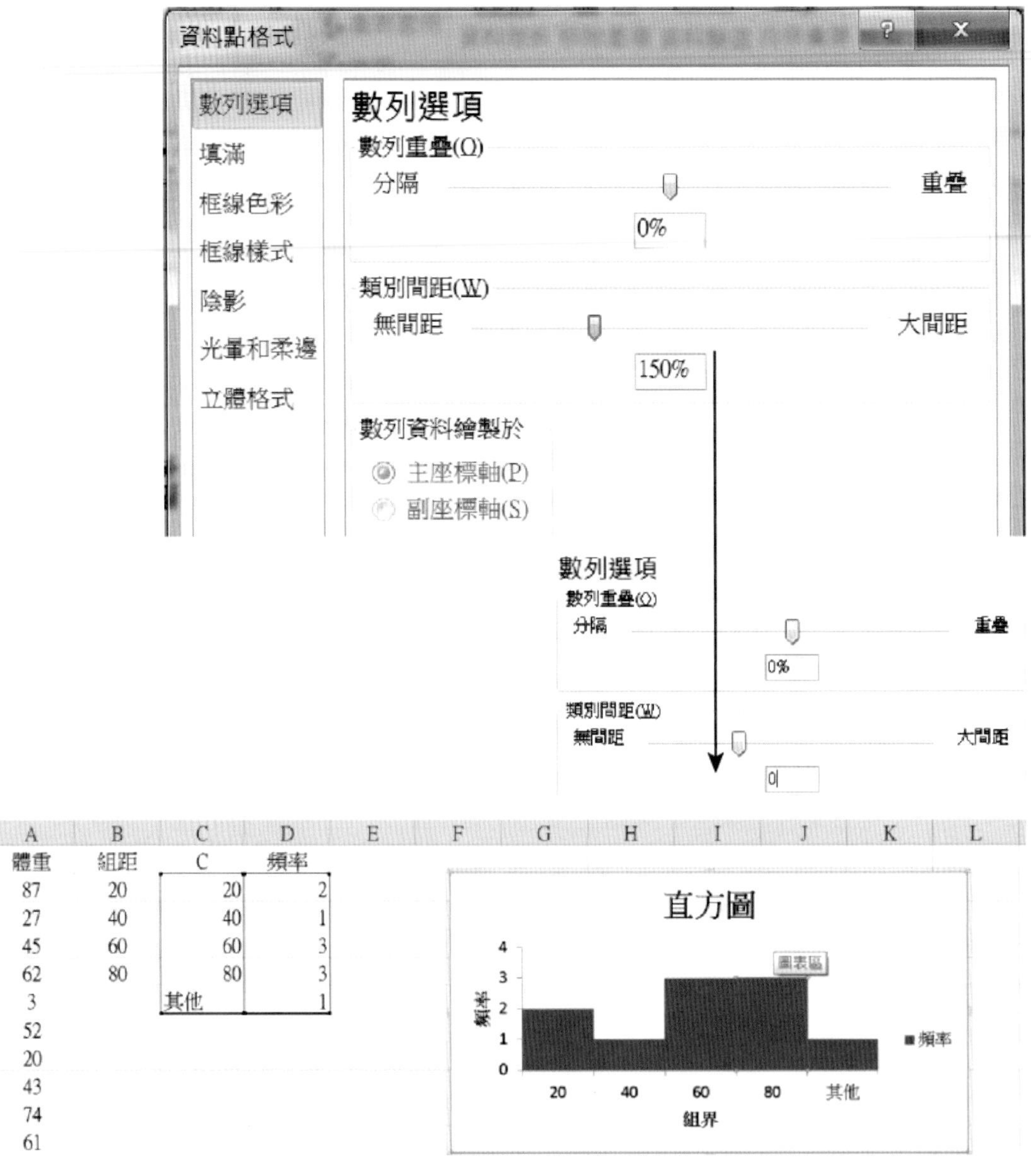

3-9 課後實作

1. 有關標準差的敘述何者有誤：(A)標準差是變異數的平方根　(B)標準差的單位同原資料的單位　(C)標準差容易受極值的影響　(D)變異數的平方是標準差。

2. 有關棒狀圖(bar chart)的敘述何者有誤：(A)棒狀圖是一種以長方形的長度為變量的統計圖表　(B)棒狀圖的每一個長條連續相鄰　(C)棒狀圖的每一個長條互相獨立、無連續關係　(D)棒狀圖是連續性資料的圖形呈現法。

3. 某國家女性的平均體重 50 kg，從中抽取 36 位女性的體重分別是 58、59、80、50、60、60、60、60、60、60、60、61、62、63、64、65、66、67、68、69、70、71、72、73、74、75、76、77、78、79、80、81、82、83、84、85，請問此資料的集中趨勢（平均數、中位數、眾數）、變異趨勢（全距、四分位距、變異數、標準差）與統計圖表的製作。

解答

1. D

2. BD

3. 解答如下：

(1) 樣本平均數：$\overline{X}=\frac{\sum_{i=1}^{i=n}x_i}{n}=\frac{x_1+\ldots+x_n}{n}=\frac{58+59+80+\ldots+83+84+85}{36}=69.22$。

(2) 中位數(median, Me)：

a. 將數據由小排到大，或由大排到小：50、58、59、60、60、60、60、60、60、60、61、62、63、64、65、66、67、68、69、70、71、72、73、74、75、76、77、78、79、80、80、81、82、83、84、85。

b. $Me=\frac{68+69}{2}=68.5$。

(3) 眾數(mode, M_0)：60 是出現最多次數的值。

(4) 全距(range, R)：85-50=35。

(5) 四分位距(interquartile range, IQR)：50、58、59、60、60、60、60、60、60、60、61、62、63、64、65、66、67、68、69、70、71、72、73、74、75、76、77、78、79、80、80、81、82、83、84、85。

IQR= Q3- Q1=77-60=17。

(6) 樣本變異數(S^2)：

$$S^2 = (s_x^2) = \frac{\sum_{i=1}^{i=n}(xi-\bar{x})^2}{n-1} = \frac{\sum_{i=1}^{i=n}x_i^2-n\bar{x}^2}{n-1}。$$

$$= \frac{58^2+59^2+80^2+\cdots.+83^2+84^2+85^2-36\times69.22^2}{36-1} = 84.82。$$

(7) 樣本標準差(S) = (s_x) $= \sqrt{\frac{\sum_{i=1}^{i=n}(xi-\bar{x})^2}{n-1}} = \sqrt{\frac{\sum_{i-1}^{i=n}xi^2-n\bar{x}^2}{n-1}}$

$$= \sqrt{\frac{58^2+59^2+80^2+\cdots.+83^2+84^2+85^2-36\times69.22^2}{36-1}} = 9.21。$$

04 常態分配與 Z 分配

Biostatistics

4-1 常態曲線與常態分配

4-1-1 常態曲線及常態分配（N (μ，σ²)）

常態曲線(normal curve)及常態分配(normal distribution)是一種理論模式，又名高斯分布(Gaussian distribution)，配合平均數及標準差可以對實證研究所得之資料分配，做相當精確之描述及推論，是推論統計的基礎。

雖然實際調查得到的資料不可能是這種完美的理論模式，例如血壓、身高等變項。但是血壓、身高等變項的資料分配是相當接近這種模式，因此可以假定分配是常態的，進而運用常態曲線及常態分配的理論特性，進行實證研究。

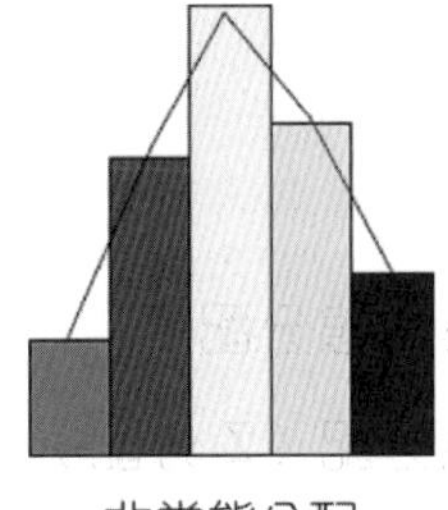

非常態分配

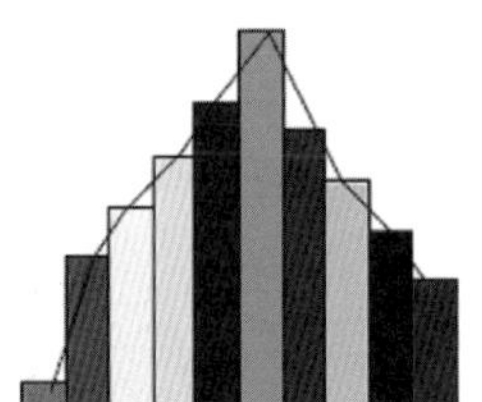

非常態分配

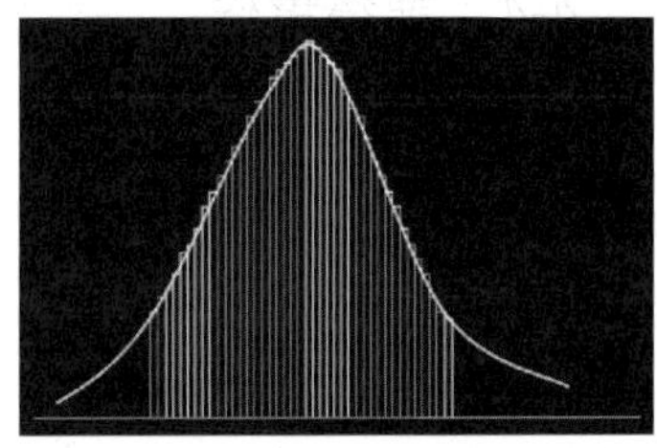

常態分配

4-1-2 常態分配（N (μ，σ²)）最重要的特性

常態曲線以平均數 μ 為中心，常態分配以 **N (μ，σ²)表示**，此曲線只有一個眾數，並且平均數=眾數=中位數。

任何點與 μ 之間在常態曲線下的面積是一定，並且是已知的，常態曲線的兩尾是**向兩端無限延伸**，常態分配的**面積總和為 1**，以 **p (-∞≤Z≤∞)=1** 表示。

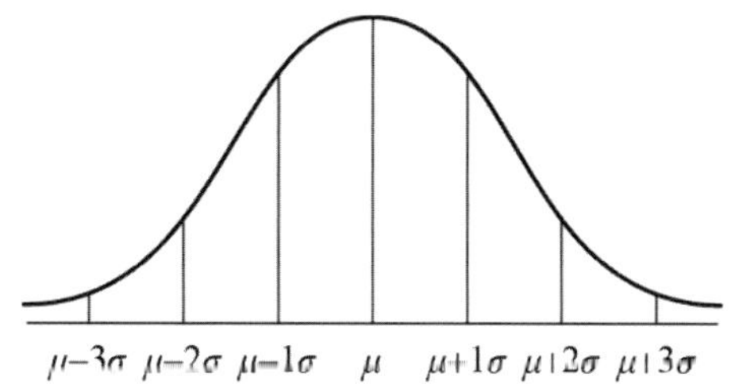

任何一個在左邊的點與 μ 之間在常態曲線下的面積，是和另一相對在右邊同距離之點與 μ 之間的面積相等，其形狀為**左右對稱**若鐘形，故又稱為鐘形曲線。

4-2 標準化常態分配（Z 分配）

4-2-1 常態分配（N (μ，σ²)）

平均數相同，標準差不同的常態分配，無法比較不同資料集之資料值在各自資料集裡的相對位置。

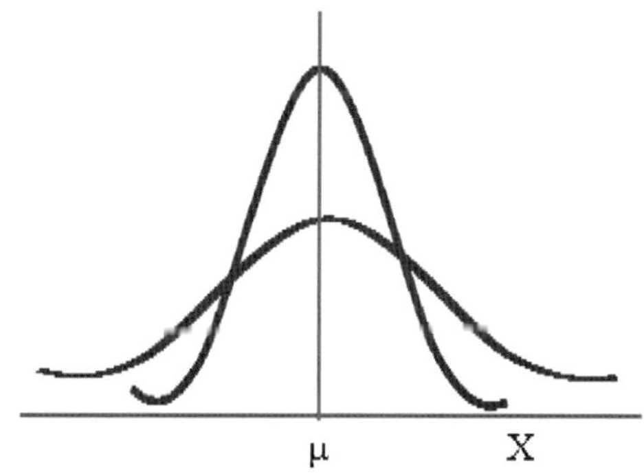

4-2-2 標準常態分配（Z～N (0，1)）

樣本分配經標準化後，就可比較資料值在各自資料集裡的相對位置。資料標準化的方法是將原來資料中的分數變成 Z 分數(Z scores)，Z 分數一種標準常態分配(standard normal distribution)之分數，所以標準常態分配又稱 **Z 分配**(Z distribution)。轉換原始分數(X)成為 Z 分數的公式如下：

$$Z = \frac{X-\mu}{\sigma} = (Z_x = \frac{X-\mu_x}{\sigma_x})$$

例如，在經過智力測驗後（μ＝100，標準差 σ＝15），小明的 IQ 分數是 115 分(X)，而此分數是比整個樣本的平均數多一個標準差，也就是 15 分。當整個樣本的 IQ 的分數轉換成 Z 分數後，志明的 IQ 原始分數也就成轉換成為 Z 分數＝1。

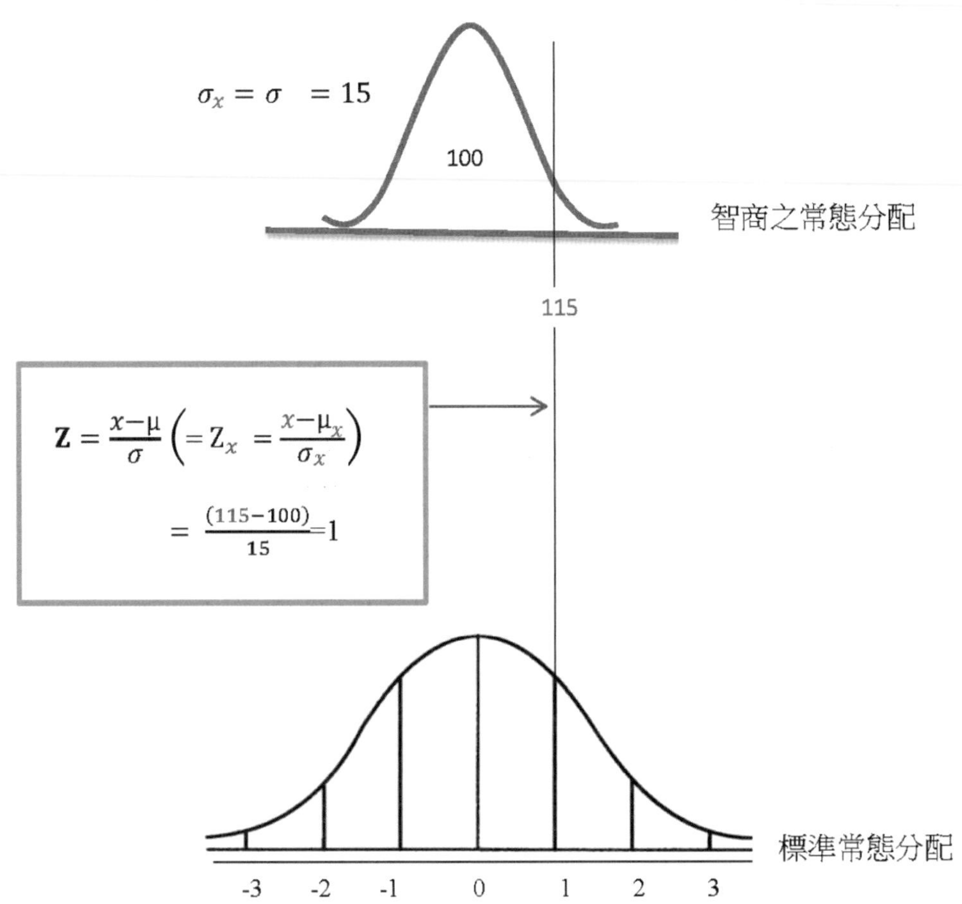

常態分配（N (μ，σ²)）的優點是不論其平均數 μ 和標準差 σ 之值為何，均可經標準化的變換成標準常態分配（Z~N (0，1)）。

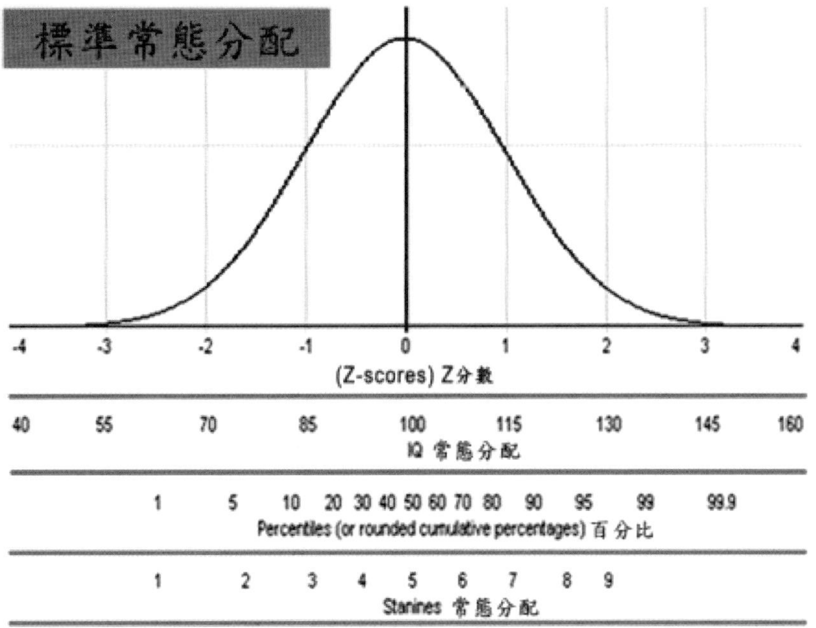

原來的分數可以是任何單位測量到的，如「公分」、「公斤」或「分」。在轉變成 Z 分數後，特性是平均數＝0，標準差＝1，變異數＝1 的標準常態分配，轉變成 Z 分數後這些單位就消失了。轉變成 Z 分數後，原來分數所構成的常態分配 N (μ，σ²)，也就成了標準常態分配 Z~N (0，1)。標準常態分配 Z~N (0，1) 也有前述常態分配 N (μ，σ²)所有的特性。

標準常態分配（Z~N (0，1)）不因標準差的大小而有不同，因此不同之樣本分配經標準化後就可比較資料值在各自資料集裡的相對位置。所以標準常態分配（Z~N (0，1)）適用於比較不同資料裡的相對位置，例如：陳同學身高的 z 分數為 0.8，而體重的 z 分數為 0.3；表示比班上平均身高高 0.8 個標準差，而比班上平均體重重 0.3 個標準差。

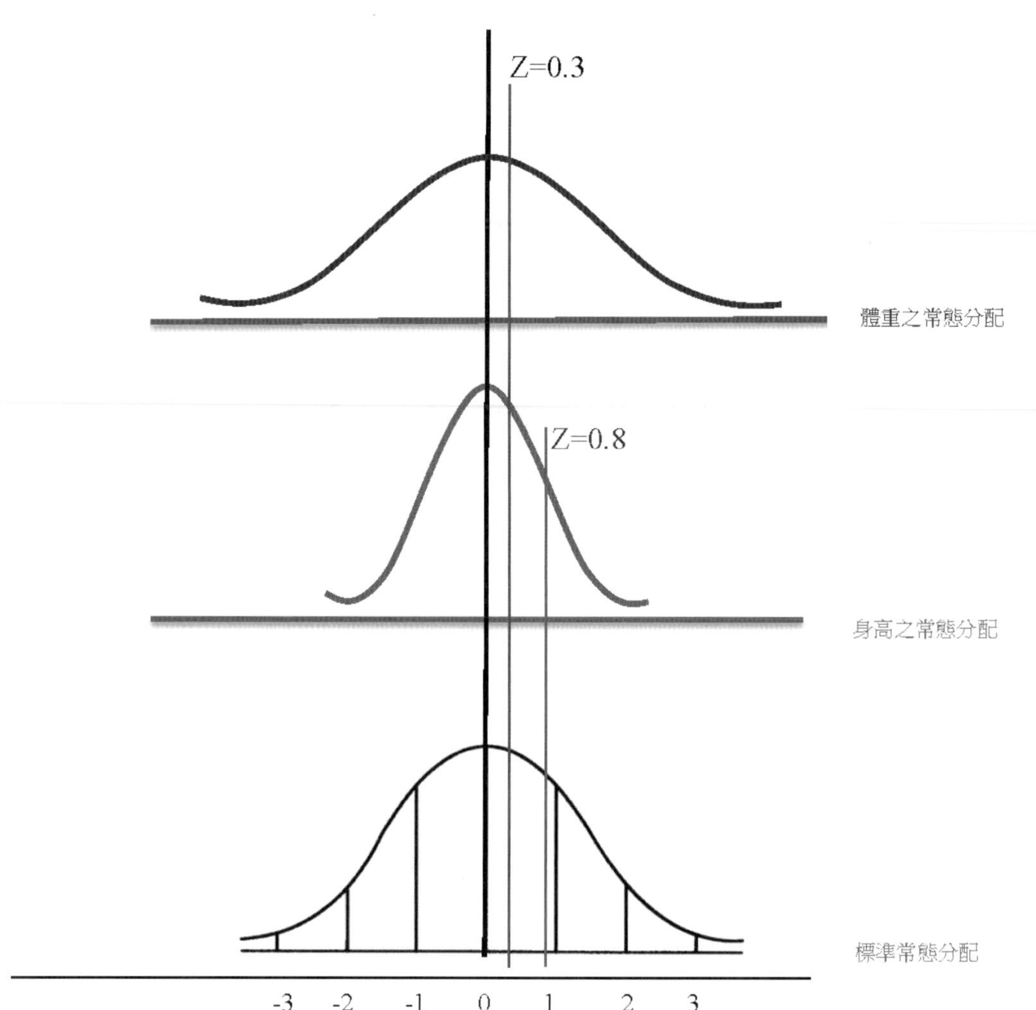
Z=0.3
體重之常態分配
Z=0.8
身高之常態分配
標準常態分配
-3 -2 -1 0 1 2 3

4-3 Z 分數-Excel 應用

小明的 IQ 分數是 115 分（μ＝100，標準差 σ＝15），轉換小明 IQ 分數為 Z 分數。

步驟一 點「*fx*」選「STANDARDIZE」，按確定。

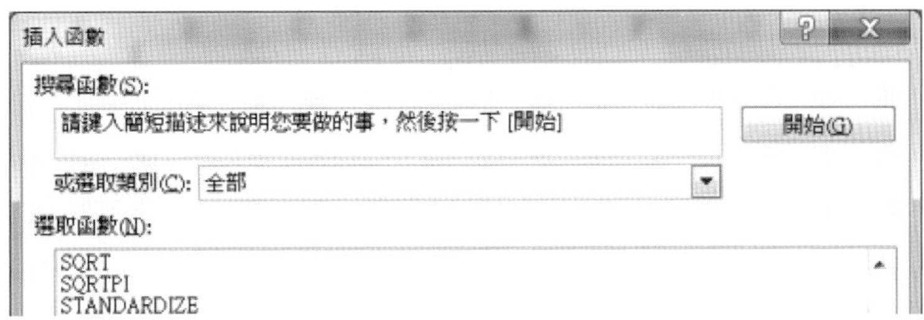

步驟二 在「STANDARDIZE」對話方塊中的「X」輸入「115」，「Mean」輸入「100」，「Standard_dev」輸入「15」，按「確定」，得「1」。如下圖所示。

函數引數

STANDARDIZE

X 115 = 115

Mean 100 = 100

Standard_dev 15 = 15

= 1

依據平均值及標準差，將數值標準化後傳回

X 為所要標準化的值

計算結果 = 1

函數說明(H) 確定 取消

4-4 課後實作

1. 有關常態曲線與常態分配（N（μ，σ²））的敘述何者有誤：(A)常態分配（N(μ，σ²)）以平均數 μ 為中心 (B)平均數相同，標準差不同的常態分配（N(μ，σ²)），可比較不同資料集之資料值在各自資料集裡的相對位置 (C)常態分配（N（μ，σ²））的平均數=眾數=中位數 (D)常態分配（N（μ，σ²））的兩尾是向兩端無限延伸，常態分布的面積總和為 1，以 p (-∞≤Z≤∞)=1 表示。

2. 有關標準常態分配（Z~N（0，1））的敘述何者有誤：(A)標準常態分配（Z~N (0，1)）的型態會因標準差的大小而有不同 (B)不同之樣本分配經標準化後就可比較 (C)標準常態分配（Z~N（0，1））適用於比較不同資料裡的相對位置。

3. 智力測驗後（μ＝100，標準差 σ＝15），小華的 IQ 分數是 145 分(X)，請將小華的 IQ 分數轉換成 Z 分數為何？

解答

1. B
2. A
3. $Z = \frac{X-\mu}{\sigma} (= Z_x = \frac{X-\mu_x}{\sigma_x}) = \frac{145-100}{15} = 3$

05 機率與樣本比例

Biostatistics

5-1 機率

機率（probability, p =p 值=面積）是指某一事件發生或成功與全部事件間之比例關係。機率一定是在 0 與 1 之間，機率是 0 時就表示某一事件毫無發生的可能，而機率為 1 時則表示此事件必然會發生。例如，班上同學有 60 人，小華是 60 人之一，實驗時只抽一次且抽出一個人選時，抽出的人極可能不是小華，但是無限次抽出一個人選，在這 60 人中抽取小華之機率平均下來之比例應是接近 1/60。

當一個變項的分配是常態分配（N (μ，σ²)），經過標準化後，並透過標準常態分配（Z~N (0，1)）特性來推估發生的機率，進而了解資料中任何一件個案或分數，在一定條件下被選出或抽中的機率。

5-2 利用 Z 分配推估機率

5-2-1 常態曲線下的面積或機率

當一個變項(X)的分配是常態分配（N (μ，σ²)）時，常態曲線呈鐘型分布，在常態曲線下總和的面積或機率等於 1，常態分配也可看成是機率的分配。

進一步將實際的分配加以標準化成為標準常態分配，任何分數加以標準化成 Z 分數後，在標準常態曲線下 Z 分數 0 至 Z 分數 A 之間的面積或機率，以 p (0≤ Z≤ A)來表示。

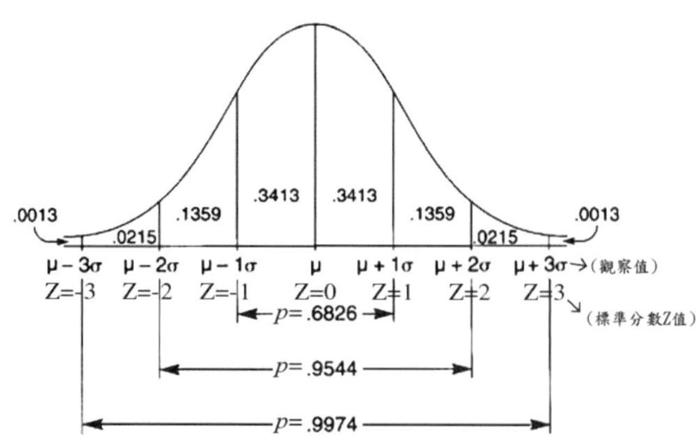

Z 值 0 至 1 的面積= p $(0 \le Z \le 1)=0.3413$

Z 值 0 至-1 的面積= p $(-1 \le Z \le 0)=0.3413$

Z 值 1 至 2 的面積= p $(1 \le Z \le 2)=0.1359$

Z 值-1 至-2 的面積= p $(-2 \le Z \le -1)=0.1359$

Z 值 2 至 3 的面積= p $(2 \le Z \le 3)=0.0215$

Z 值-2 至-3 的面積= p $(-3 \le Z \le -2)=0.0215$

Z 值 0 至 3 的面積= p $(0 \le Z \le 1)+$ p $(1 \le Z \le 2)+$ p $(2 \le Z \le 3)$ $=0.4987$

Z 值 0 至-3 的面積= p $(-1 \le Z \le 0)+$ p $(-2 \le Z \le -1)+$ p $(-3 \le Z \le -2)$ $=0.4987$

Z 值-∞至 0 的面積= p $(-\infty < Z \le 0)$ $=0.5$

Z 值 0 至∞的面積= p $(0 \le Z \le \infty)$ $=0.5$

Z 值-∞至∞的面積= p $(-\infty \le Z \le \infty)$ $=1$

利用標準常態分配（Z~N (0，1)）的特性來估計機率（probability, p=p 值=面積）。求 p 值的方法，當 Z 分數為整數時可利用標準常態分配特性、當 Z 分數為非整數或整數時可查 Z 表（標準常態分配機率表）或是利用 Excel 函數 NORMDIST 求 p 值。

5-2-2 查 Z 表求 p 值（當 Z 分數整數或非整數時）

查 Z 表（標準常態機率表）求得的是某 Z 分數 A 以上的面積（右尾機率= p $(A \le Z \le \infty)$）。

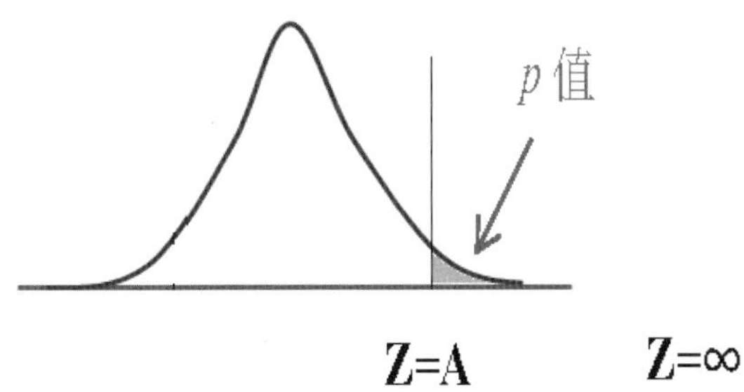

因常態分配左右對稱的特性，故等於某 Z 分數-A 以下之面積（左尾機率= p $(-\infty \le Z \le -A)$）。

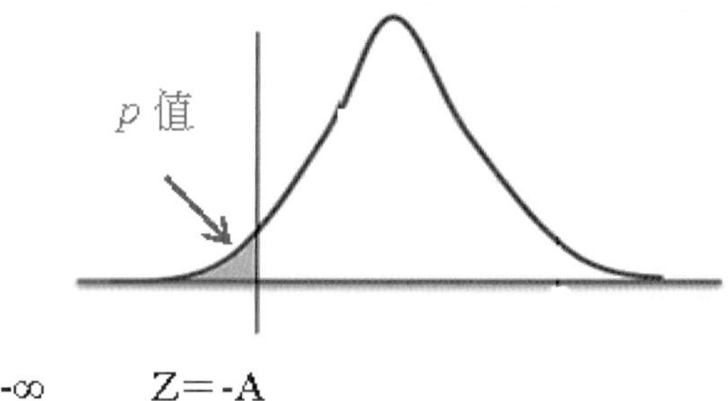

例題 Z 表查看方式

Z	右尾機率	Z 值	P值
1.5	0.0668	Z=1.5	p (1.5 ≤Z≤∞)=0.0668
1.51	0.0655	Z=1.51	p (1.51≤Z≤∞)= 0.0655
1.52	0.0643	Z=1.52	p (1.52≤Z≤∞)= 0.0643
1.53	0.0630	Z=1.53	p (1.53≤Z≤∞)= 0.0630

➲ **例 1** 計算 Z 由 0.25 到 1.30 的機率

查 Z 表（Z 分數非整數時），找機率。

步驟一 畫常態分配。

步驟二 標上算 Z 值。

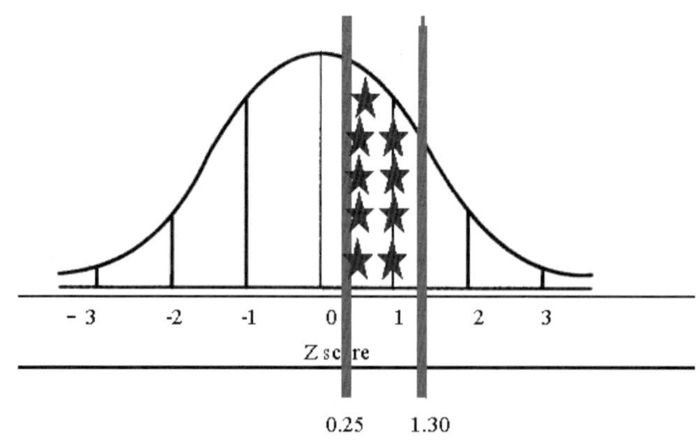

求 Z 由 0.25 到 1.30 的機率= $p(0.25 \le Z \le 1.30)$=求★的面積。

步驟三　查 Z 表。

Z	右尾機率
0.21	0.4168
0.22	0.4129
0.23	0.4091
0.24	0.4052
0.25	0.4013

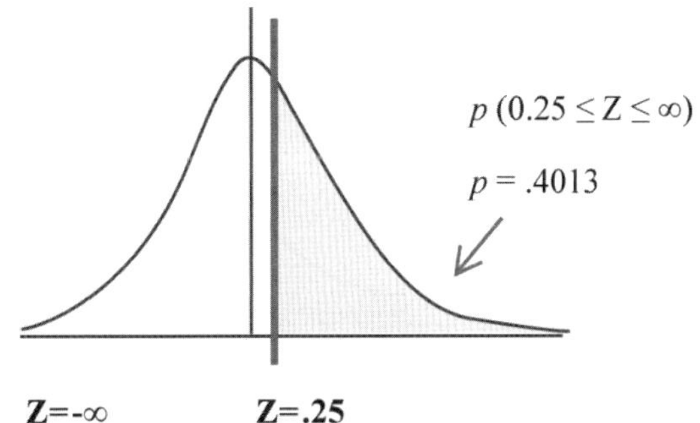

Z	右尾機率
1.21	0.1131
1.22	0.1112
1.23	0.1094
1.24	0.1075
1.25	0.1057
1.26	0.1038
1.27	0.1020
1.28	0.1003
1.29	0.0985
1.3	0.0968

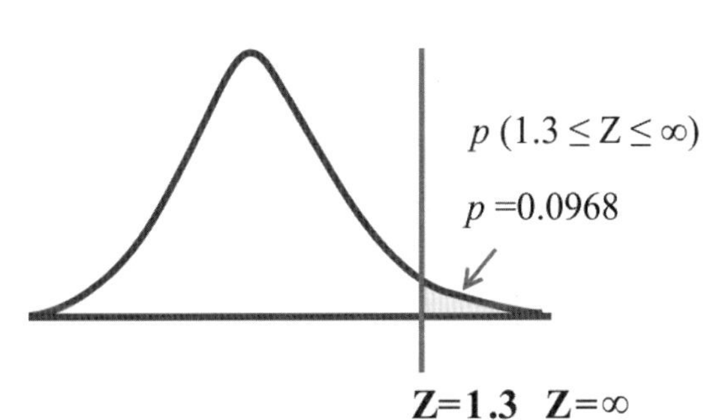

步驟四　$p(0.25 \leq Z \leq 1.30) = p(0.25 \leq Z \leq \infty) - p(1.3 \leq Z \leq \infty) = 0.4013 - 0.0968 = 0.3045$

➲ <u>例 2</u>　計算 Z 由-1.5 到 1.5 的機率

Z 分數非整數時，查 Z 表求機率。

步驟一　畫常態分配。

步驟二　標上算 Z 值。

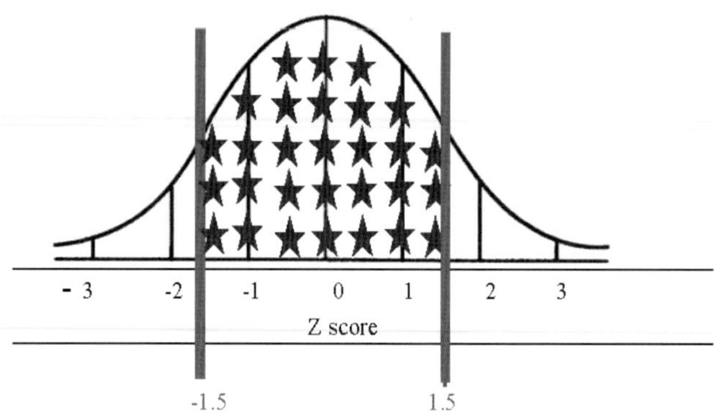

Z 由-1.5 到 1.5 的機率= p (-1.5≤Z≤1.5)=求★的面積。

步驟三　常態分布對稱特性，查 Z 表右尾的機率（=左尾的機率）。

Z	右尾機率
1.5	0.0668

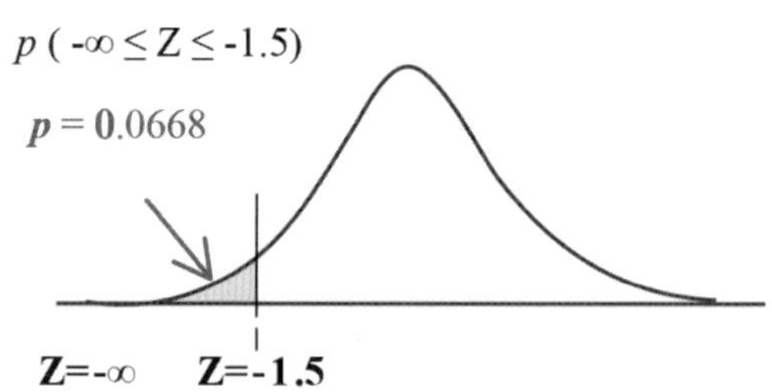

Z	右尾機率
1.5	0.0668

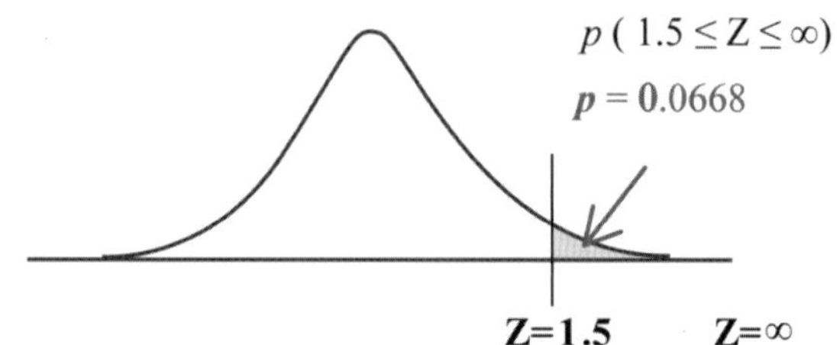

步驟四　$p\,(-1.5 \le Z \le 1.5) = p\,(-\infty \le Z \le \infty) - p\,(-\infty \le Z \le -1.5) - p\,(1.5 \le Z \le \infty)$

$$=1-0.0668-0.0668=0.8664$$

➲ 例 3 如果全國的 IQ 分數是常態分配（$\mu=100$，標準差 $\sigma=15$），抽中全國 IQ 分數是在 85 分與 115 分間的機率為何。其作法就如先前將原始分數（85 分與 115 分）。

步驟一 資料標準化，將觀察值轉換成 Z 分數。

1. 畫常態分布圖。
2. 標上μ值(100)。
3. 標上x值（85 和 115）。
4. 計算 Z 值。

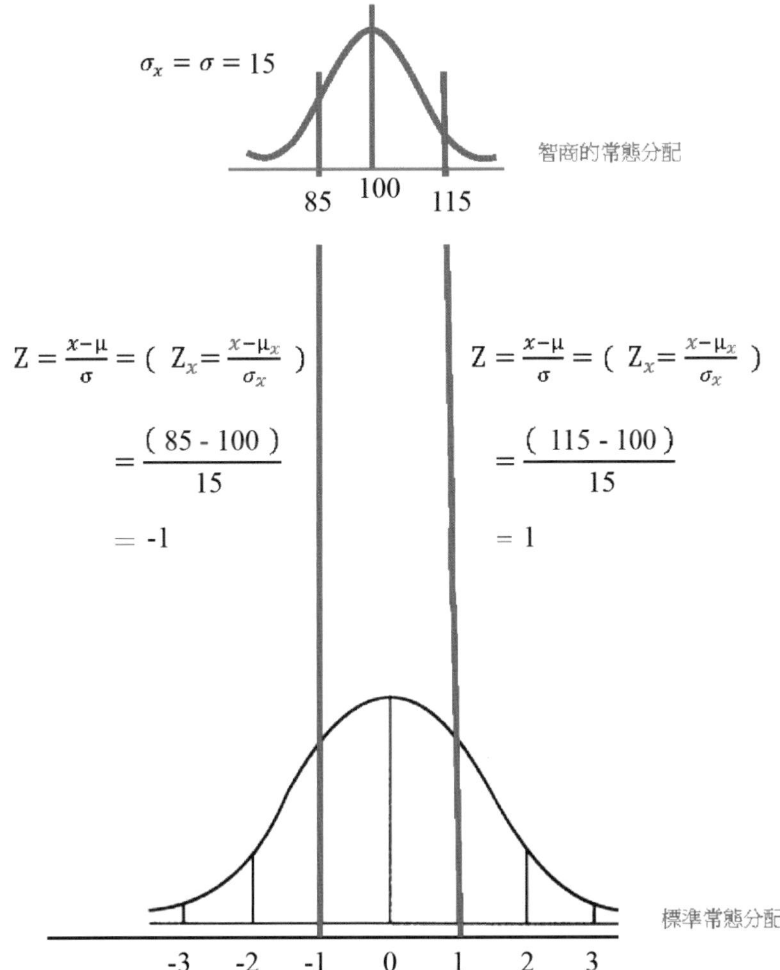

步驟二　求 p 值。

1. 方法 a：利用標準常態分配的特性，求出 p 值（當 Z 分數是整數時）。

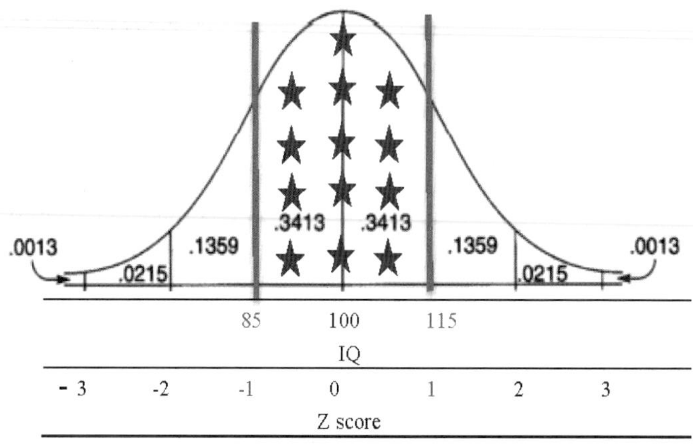

Z 值-1 至 1 面積=（Z 值-1 至 0 的面積）+（Z 值 0 至 1 的面積）：

$p\ (-1 \leq Z \leq 1) = p\ (-1 \leq Z \leq 0) + p\ (0 \leq Z \leq 1)$

$= 0.3413 + 0.3413$

$= 34.13\% + 34.13\%$

$= 68.26\%$

2. 方法 b：查 Z 表（當 Z 分數是整數或非整數時），查得的機率是右尾機率（$p\ (A \leq Z \leq \infty)$）。

Z	右尾機率	Z	右尾機率	Z	右尾機率
0	0.5000	0.5	0.3085	1	0.1587

Z=1 以上之面積（右尾機率）$= p\ (1 \leq Z \leq \infty) = 0.1587$。

因常態分配具對稱性：

Z=-1 以下之面積（左尾機率）$= p\ (-\infty \leq Z \leq -1) = 0.1587$。

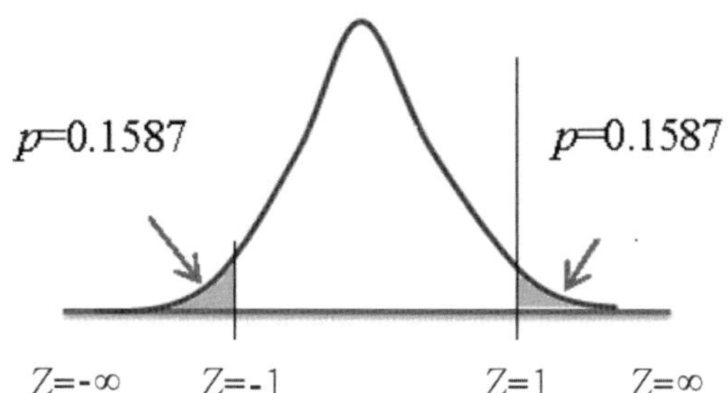

題目所求是 Q 分數是在 85 分與平均數 115 分間的機率，相當是求★的面積（Z 值-1 至 1 的面積）。

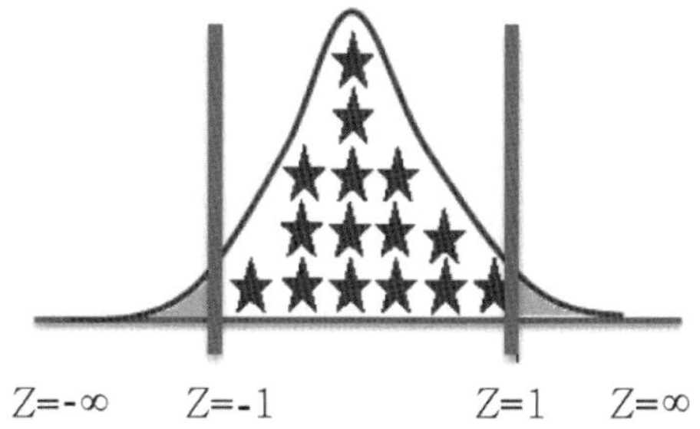

Z 值-1 至 1 的面積=（Z 值-∞至∞的面積）-（Z 值-∞至-1 的面積）-（Z 值 1 至∞的面積）：

$p\ (-1 \leq Z \leq -1) = p\ (-\infty \leq Z \leq \infty)\ -p\ (-\infty \leq Z \leq -1)\ -\ p\ (1 \leq Z \leq \infty)$

=1-0.1587-0.1587

=0.6826

=68.26%

3. 方法 c：Excel 應用；語法 NORMDIST 找機率，計算面積。

結論 全國 IQ 分數是在 85 分與平均數 115 分間的機率為 68.26%，68.26%左右之面積是在μ±1σ之間的意義，即為有 68.26%之 IQ 分數是在μ±1σ之間。

➲ 例 4 某公職考試平均成績為 360 分，標準差為 60 分，成績必須是前 10%才有希望考上公職，要多少分才有可能達成心願？

步驟一 設考x分以上才有希望考上公職。

步驟二 畫常態分配圖，標上 μ 值，標上x。

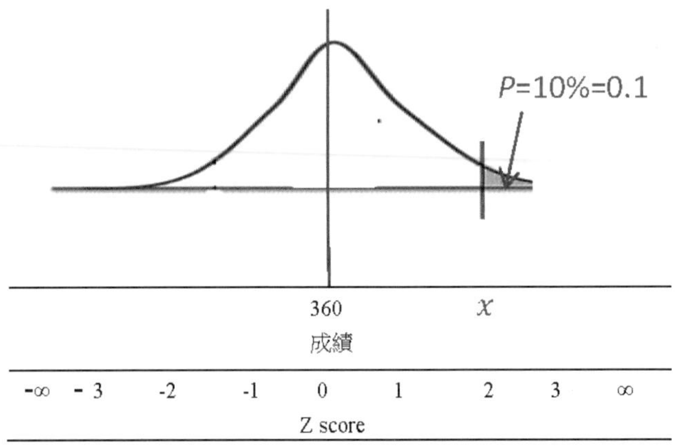

步驟三 查 Z 表（標準常態機率表），右尾機率＝0.10 相對應的 Z 值。

Z	右尾機率
1.21	0.1131
1.22	0.1112
1.23	0.1094
1.24	0.1075
1.25	0.1057
1.26	0.1038
1.27	0.1020
1.28	0.1003
1.29	0.0985

從表可知 Z=1.28, p=0.1003
Z=1.29, p=0.0985
0.10 在 0.0985~0.1003 間
因此 0.1 相對應 Z=1.285

步驟四 從 Z 分數＝1.285 換算求X分。

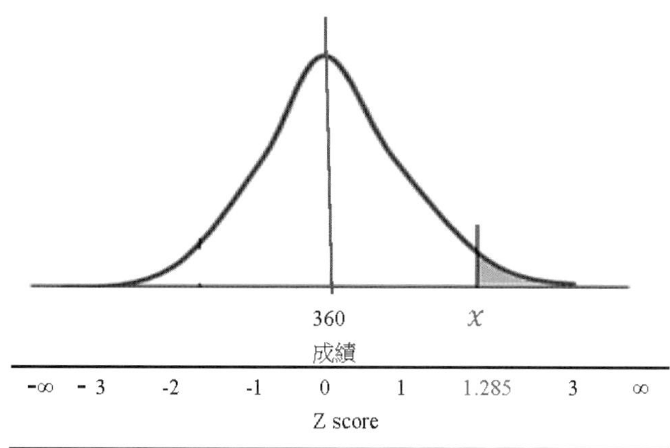

$Z = \frac{X-\mu}{\sigma} = (Z_x = \frac{X-\mu_x}{\sigma_x})$

$1.285 = \frac{(X-360)}{60}$

$1.285 \times 60 = X - 360$

$77.1 = X - 360$

$X = 437.1$

解答 至少考437.1分以上才有希望考上公職。

➲ **例 5** 某學科成績吊車尾的 15%學生會被當掉，全班平均分數 65 分，標準差為 5，若不想被當的話，要多少分才不用重修？

步驟一 設至少考x分以上才不用重修。

步驟二 畫常態分布，標上 μ 值，標上X。

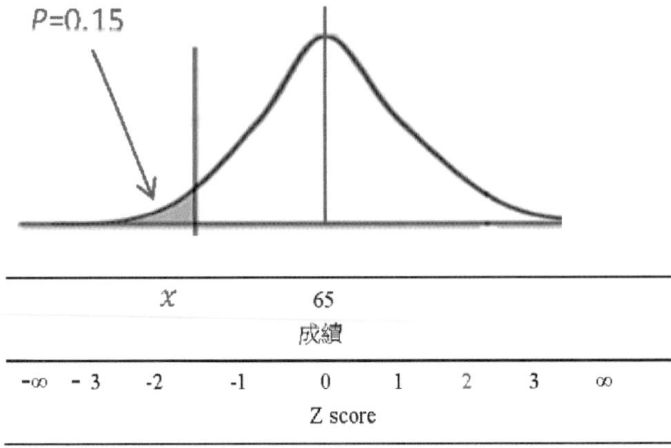

步驟三 查 Z 表，左尾機率＝0.15 相對應的 Z 值（等於右尾機率＝0.15 的 Z 值）。

Z	右尾機率
1	0.1587
1.01	0.1563
1.02	0.1539
1.03	0.1515
1.04	0.1492

從表可知：Z=1.03, p=0.1515

Z=1.04, p=0.1492

0.15 在 0.1492~0.1515 間

因此 0.15 相對應 Z=1.035

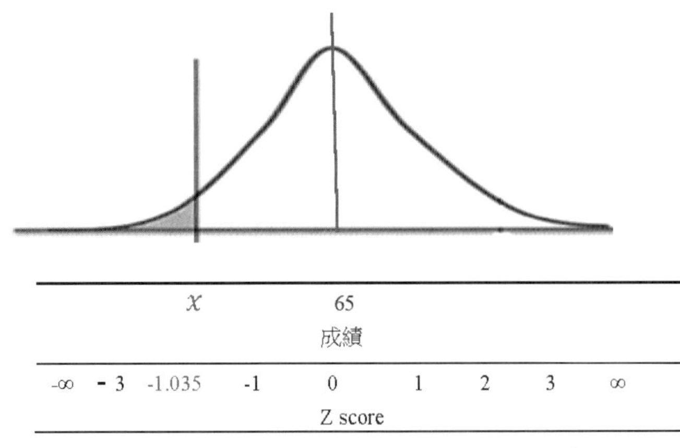

從 Z 分數換算，設至少考x分以上才不用重修：

$Z = \frac{X-\mu}{\sigma} = (Z_x = \frac{X-\mu_x}{\sigma_x}\ )$

$-1.035 = \frac{(X-65)}{5}$

$-1.035 \times 5 = X - 65$

$-5.175 = X - 65$

$X = 59.825$

解答 至少考59.825分以上才不用重修。

5-3 利用 Z 分配推估機率-Excel 應用

Excel 函數 NORMDIST，所呈現的機率數值是從-∞至某 Z 分數 A 之面積是左尾機率（p (-∞≤Z≤A)）。

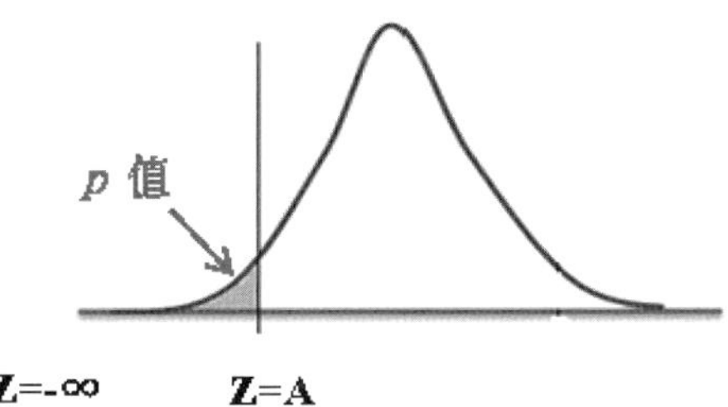

例題 如果全國的 IQ 分數是常態分配（μ＝100，標準差 σ＝15），抽中全國 IQ 分數是在 85 分與平均數 115 分間的機率為何？

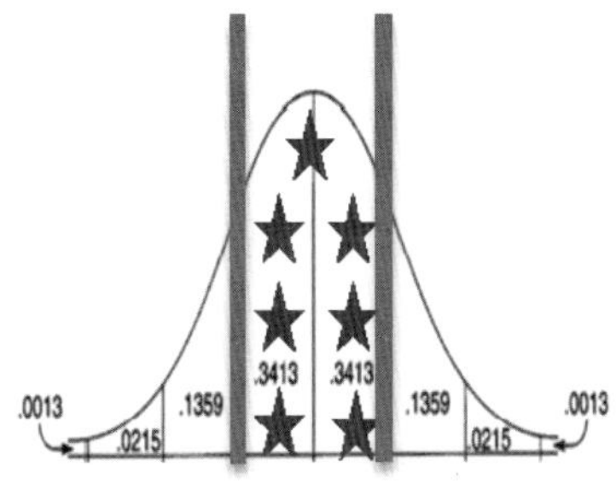

步驟一 游標移置「A1」，點「*fx*」選「NORMDIST」，按確定。

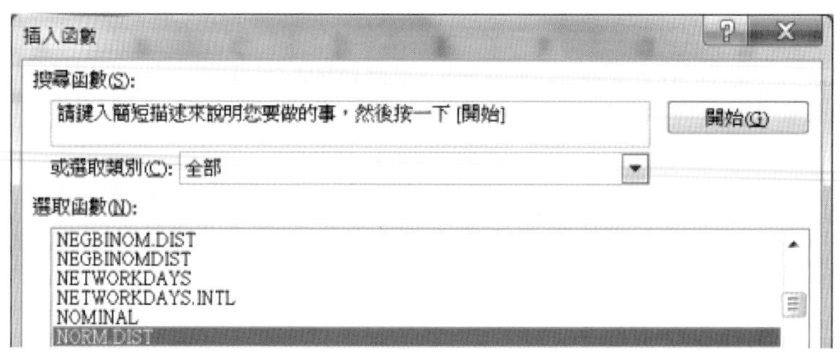

步驟二 在「NORMDIST」對話方塊中的「X」欄位，按「」，輸入「85」，按「」。「Mean」欄位輸入「100」，「Standard_dev」欄位輸入「15」。「Cumulative」欄位輸入「true」，按「確定」，得「0.158655254」，如下圖所示。

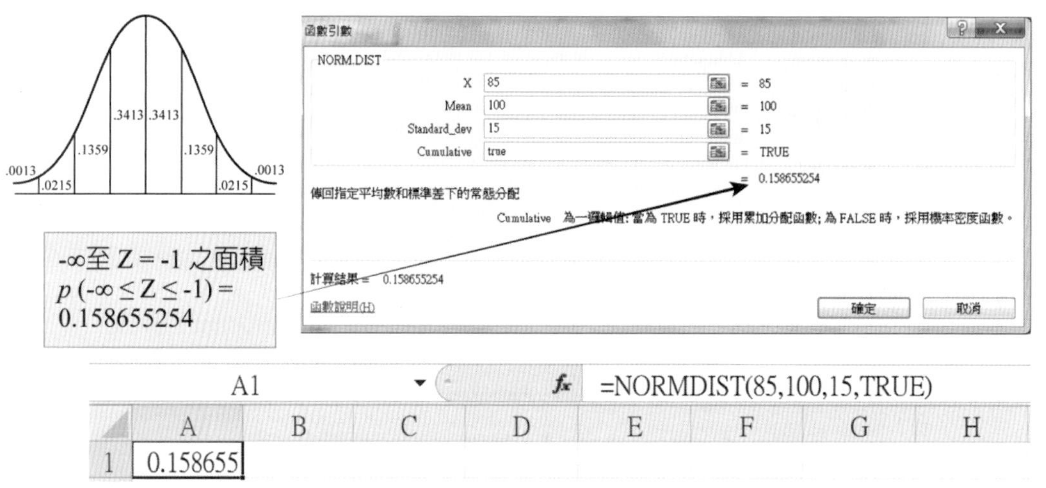

步驟三 游標移置「A2」，點「*fx*」選「NORMDIST」，按確定。

步驟四 在「NORMDIST」對話方塊中的「X」欄位輸入「115」,「Mean」欄位輸入「100」,「Standard_dev」欄位輸入「15」。「Cumulative」欄位輸入「true」,按「確定」,得「0.841344746」,如圖所示。

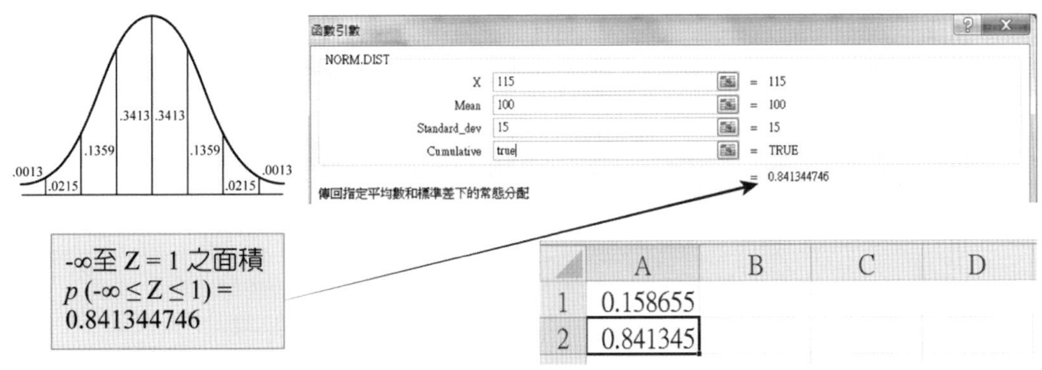

步驟五 游標移置「A3」(因題意所求的是★面積)鍵入「=A2-A1」。

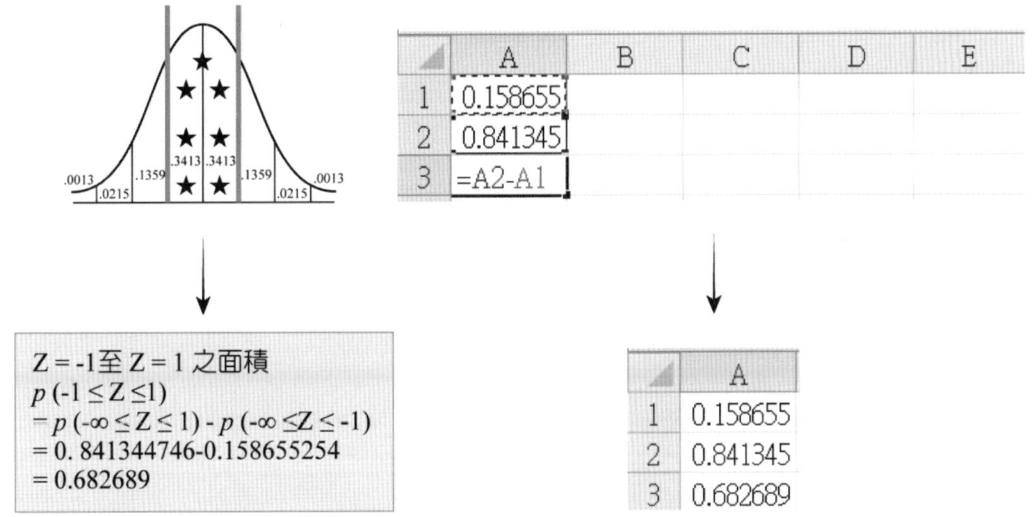

結論 全國 IQ 分數是在 85 分與平均數 115 分間的機率為 68.26%,68.26%左右之面積是在$\mu\pm1\sigma$之間的意義,即為有 68.26%之 IQ 分數是在$\mu\pm1\sigma$之間。

5-4 由機率推估 x 值-Excel 應用

Excel 函數 NORMINV 是反算機率的 x 值，「NORMINV」對話方塊中的「probability」機率是從-∞至某 Z 分數 A 之面積，即左尾機率（p (-∞≤Z≤A)）。

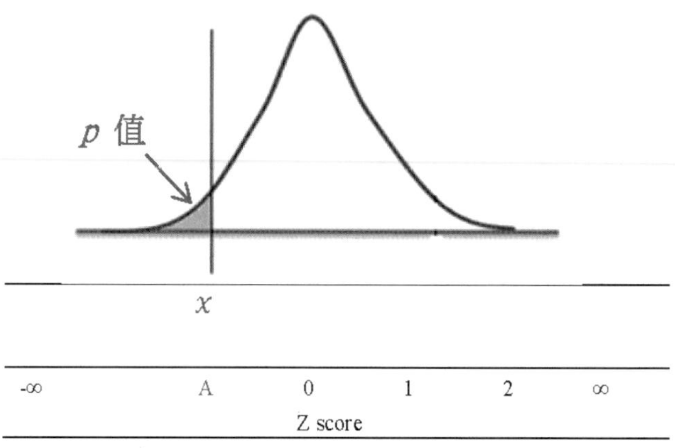

例題 某公職考試平均成績為 360 分，標準差為 60 分，成績必須是前 10%才有希望考上公職，要多少分才有可能達成心願？

步驟一 游標移置「A1」，點「fx」選「NORMINV」，按確定。

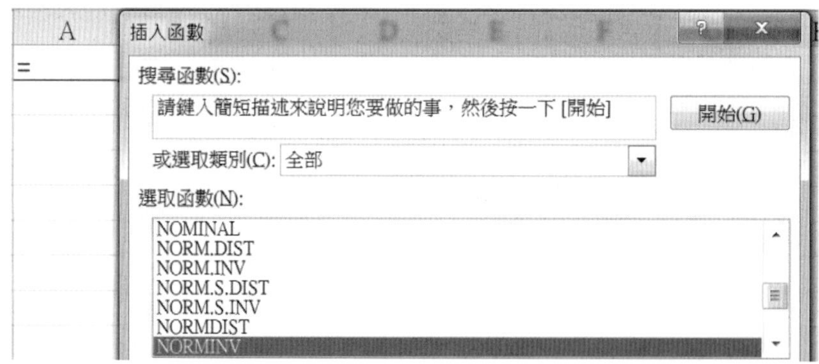

步驟二 在「NORMINV」對話方塊中的「probability」輸入「0.9」，按「[icon]」。「Mean」欄位輸入「360」，「Standard_dev」欄位輸入「60」，得「436.8930939」，如下圖所示。

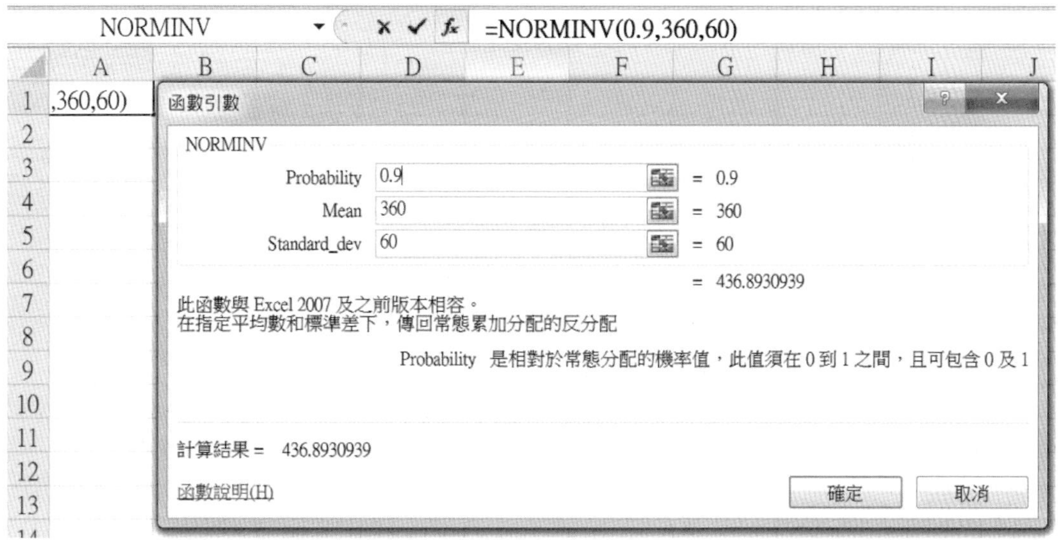

解答 至少考436.9分以上才有希望考上公職。

5-5 利用 Z 分配推估樣本比例

5-5-1 利用 Z 分配推估樣本比例

如果一個變項的分配是接近常態分配（N (μ，σ²)），那這個面積的比例，也代表所占的樣本比例。例如，如果全部樣本數是 10000 人，則平均數加減一個標準差就有約 6826 人。

$$p\ (-1 \le Z \le 1) = p\ (0 \le Z \le 1) + p\ (-1 \le Z \le 0) = 0.3413 + 0.3413 = 0.6826$$

$$10000 \times 0.6826 = 6826\ (\text{人})$$

就常態分配（N（μ,σ²））只有少數的樣本是在平均數加減三個標準差以外，因 Z>3 的機率為 p（3≤Z≤∞)−0.0013=1.13%與 Z<-3 的機率為 p（-∞≤Z≤-3)=0.0013=1.13%。

5-5-2 練習例題：利用Z分配推估樣本比例

➲ 例 1 某國家小六女學生 400 萬人平均身高 155 公分，標準差 4.71 公分（μ=155 公分，σ= 4.71 公分），請問：

1. 身高在 155(μ)-159.71(μ+1σ)公分之間共多少人？
   Z 分數是整數時，利用標準常態分配特性求 p 值。

   步驟一 畫常態分配。

   步驟二 標上 μ 值。

   步驟三 標上 X 值。

   步驟四 算 Z 值。

   $Z = \frac{X-\mu}{\sigma} = (Z_x = \frac{X-\mu_x}{\sigma_x})$

   $= \frac{(159.71-155)}{4.71} = 1$

   $p(0 \le Z \le 1) = 0.3413$

   4000000×0.3413 = 1365200（人）

解答 身高在 155(μ)-159.71(μ+1σ)公分之間共 1,365,200 人。

2. 身高在 150.29(μ-1σ)-159.71(μ+1σ)公分之間共多少人？

Z 分數是整數時，利用標準常態分配特性求 *p 值*。

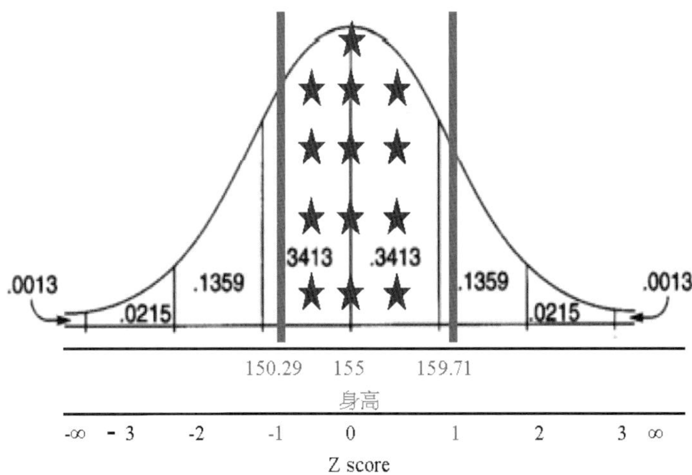

$Z = \frac{X-\mu}{\sigma} = (Z_x = \frac{X-\mu_x}{\sigma_x}) = \frac{(150.29-155)}{4.71} = -1$

$Z = \frac{X-\mu}{\sigma} = (Z_x = \frac{X-\mu_x}{\sigma_x}) = \frac{(159.71-155)}{4.71} = 1$

求 $p(-1 \leq Z \leq 1) = p(-1 \leq Z \leq 0) + p(0 \leq Z \leq 1) = 0.3413 + 0.3413 = 0.6826$

$4000000 \times 0.6826 = 2730400$（人）

解答 身高在 150.29(μ-1σ)-159.71(μ+1σ)公分之間共 2,730,400 人。

➲ **例 2** 某國家國中男學生平均身高 165 公分，標準差為 5 公分。如果要由今年共 3 萬 8 千名國二男學生中挑選 160 公分以上至 175 公分以下，請問則有多少人合乎標準？

步驟一 算 Z 值標準化。

$Z = \frac{X-\mu}{\sigma} = (Z_x = \frac{X-\mu_x}{\sigma_x}) = \frac{(160-165)}{5} = -1$

$Z = \frac{X-\mu}{\sigma} = (Z_x = \frac{X-\mu_x}{\sigma_x}) = \frac{(175-165)}{5} = 2$

步驟二 求 Z 由-1 到 2 的機率 $p(-1 \leq Z \leq 2)$。

1 方法 a：利用標準常態分配找 p 值（Z 分數是整數時）。

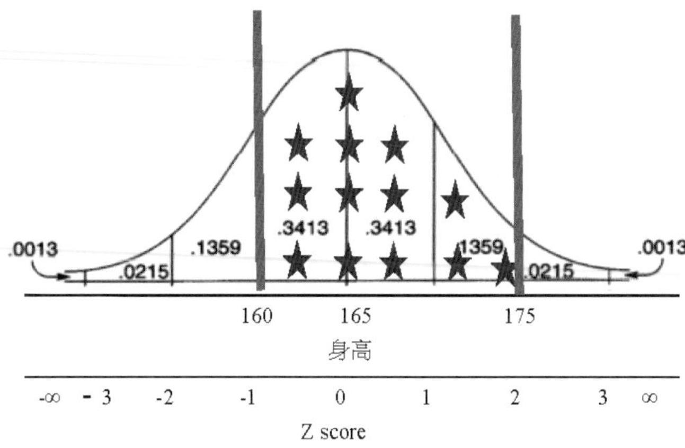

求 $p(-1 \leq Z \leq 2) = p(-1 \leq Z \leq 0) + p(0 \leq Z \leq 2)$

$= p(-1 \leq Z \leq 0) + p(0 \leq Z \leq 1) + p(1 \leq Z \leq 2)$

$= 0.3413 + 0.3413 + 0.1359 = 0.8185$

38,000 人 × 0.8185 = 31,103（人）

解答 31,103 位國二男學生中身高在 160 公分以上至 175 公分以下。

2. 方法 b：查 Z 表（標準常態機率表），求機率。

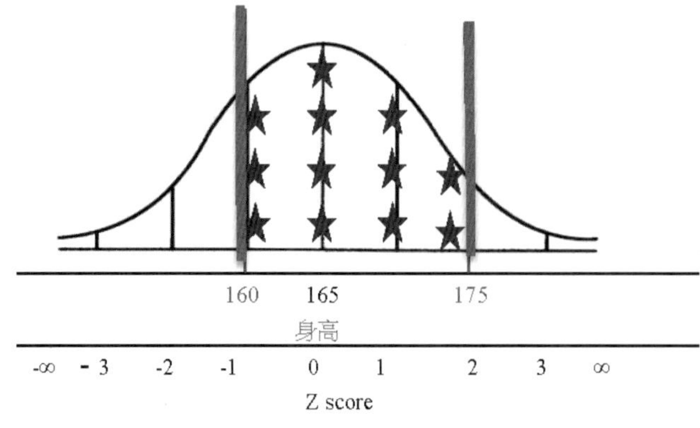

常態分布對稱特性，查 Z 表右尾的機率（=左尾的機率）。

Z	右尾機率
1	0.1587

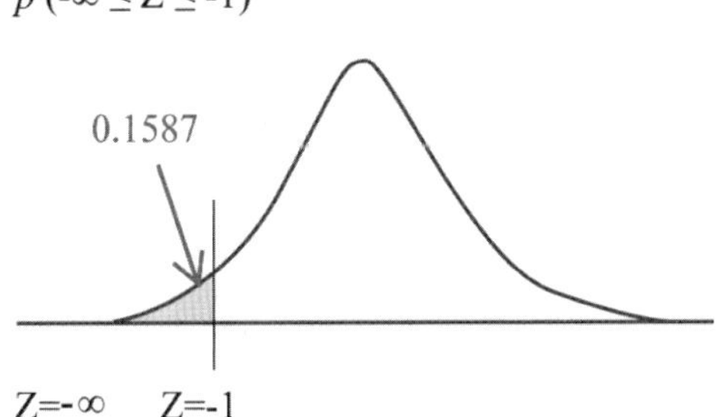

Z	右尾機率
2	0.0228

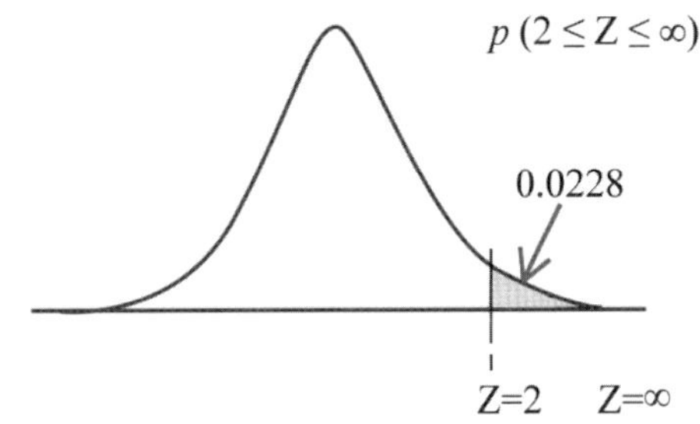

$p(-1 \le Z \le 2)$=★面積=1-$p(-\infty \le Z \le -1)$- $p(2 \le Z \le \infty)$=1-0.1587-0.0228

=38,000 人× 0.8185 = 31,103（人）

解答 國二男學生中身高在 160 公分以上至 175 公分以下有 31,103 位。

5-6 課後實作

1. 有關標準常態分配的機率密度曲線的敘述者有誤：(A)標準常態分配的機率密度曲線是鐘型分布 (B)機率密度曲線下的面積總和等於 1 (C)$p(-1\leq Z\leq 2)=0.5185$ (D)$p(Z\geq 0)=0.5$。

2. 某國家有 2500 萬人，平均身高 155 公分，標準差 10 公分（μ=155 公分，σ=10 公分）：

   (A)身高在 155~165 公分占多少百分比？

   (B)身高在 155~165 公分之間共多少人？

3. 某國家國中男學生平均身高 165 公分，標準差為 5 公分。如果要由今年共 5 萬 8 千名國二男學生中挑選 155 公分以上至 170 公分以下，請問則有多少人合乎標準？

4. 某公職考試平均成績為 560 分，標準差為 60 分，成績必須是前 15%才有希望考上公職，要多少分才有可能達成心願？

5. 某學科成績吊車尾的 10%學生會被當掉，全班平均分數 65 分，標準差為 5，若不想被當的話，要多少分才不用重修？

解答

1. C

2. $Z=\frac{X-\mu}{\sigma}=(Z_{X}=\frac{X-\mu_x}{\sigma_x})=\frac{165-155}{10}=1$，$p\ (0\leq Z\leq 1)=0.3413=34.13\%$，

   $25000000\times 0.3413=8532500$。

3. $Z_{x_1}=\frac{x_1-\mu_x}{\sigma_x}=\frac{x_1-\mu}{\sigma_x}=\frac{155-165}{5}=-2$，$p\ (-2\leq Z\leq 0)=p\ (-2\leq Z\leq -1)+p\ (-1\leq Z\leq 0)$，

   $=0.3413+0.1359=0.4772$。

   $Z_{x_2}=\frac{x_2-\mu_x}{\sigma_x}=\frac{x_2-\mu}{\sigma_x}=\frac{170-165}{5}=1$，$p\ (0\leq Z\leq 1)=0.3413$，

   $58000\times(0.4772+0.3413)=47473$。

4. 查 Z 表，p= 0.15相對應 Z=1.035（請見 P.74 例 5）。

$Z_x = \frac{X-\mu_x}{\sigma_x} = \frac{X-\mu}{\sigma}$，

$1.035 = \frac{X-560}{60}$，

$1.035\times60 = X - 560$，$x = 1.035\times60+560 = 622.1$。

5. 查 Z 表，p= 0.1相對應 Z=1.285（請見例 4），因吊車尾 10%，故 Z=-1.285，

$Z_x = \frac{X-\mu_x}{\sigma_x} = \frac{X-\mu}{\sigma}$，

$-1.285 = \frac{X-65}{5}$，

$-1.285\times5 = X - 65$，$X = -1.285\times5+65 = 58.575$。

MEMO

Biostatistics

06 假設檢定

6-1 假設

6-1-1 假設(hypothesis)

假設是關於一個或多個母數的陳述，之後使用資料驗證這個陳述是否合理，假設檢定兩個假設是對立假設與虛無假設。

6-1-2 對立假設與虛無假設

1. 對立假設（alternative hypothesis, H_1 或 H_a）：對立假設是研究者想要**蒐集證據支持**的假說，又稱為研究假設(research hypothesis)，研究者內心期待接受組間的平均數是有顯著性差異（類似法官提出被告是有罪的假設）。

   分有方向與無方向的對立假設，形式如下：

   (1) 無方向的反映變項間之差異，也就是變項間差異的方向是不確定：

   H_1：$\mu_1 \neq \mu$

   (2) 有方向的反映變項間之差異，表示變項間差異的方向是確定的：

   H_1：$\mu_1 < \mu$

   H_1：$\mu_1 > \mu$

   永遠依照題意先設立，再以其相反之敘述設立 H_0。

2. 虛無假設(null hypothesis, H_0)：用來檢定其正確性稱為虛無假設，又稱為**統計假設**(statistic hypothesis)。虛無假設代表的就是變項之間沒有差異或是變項之間無關（類似法官提出被告是無罪的假設），此不存在某種關係是研究的起點，也就是說直到可以證明存在差異（法官有足夠的證據來證明被告是有罪），否則只能假定沒有差異（因為法官沒有足夠證據支持被告有罪）。

   虛無假說為對立假說的相反，研究者所欲**蒐集證據推翻**的假說。虛無假設形式如下：

要檢定常態母體的平均數是否等於某一特定參數：

Ho：$\mu_1=\mu$

Ho：$\mu_1\geq\mu$

Ho：$\mu_1\leq\mu$

虛無假設意旨常態母體的平均數（μ_1）和某一特定參數（μ）之間無差異，“＝“只能放在 H_o 中。

6-2 假設檢定

假設檢定(hypothesis testing)基於樣本證據與機率理論來判斷假設是否合理而要接受，或是假設不合理而要拒絕的過程。假設檢定兩個假設分別是對立假設與虛無假設，檢定的程序以假設虛無假設為真開始（法官提出被告是無罪的假設），目的只要有一個反證就可證明其為偽（法官只要找到一個足夠的證據證明被告犯罪），則**拒絕虛無假設**（法官則拒絕被告是無罪的假設），並且支持對立假設（法官判定被告有罪）。

以下分別敘述假設檢定的基本概念說明如下：

1. 寫出假設檢定H_0和H_1。
2. 決定一個顯著水準，求出拒絕H_0的臨界值。
   （雙尾檢定或單尾檢定）
3. 選擇適當的檢定統計量，求出 p 值。
4. 落入不拒絕H_0域或是拒絕H_0域的決策準則。
5. 型 I 錯誤與型 II 錯誤。

6-2-1 如何寫出假設檢定H_0和H_1

根據感興趣的母體參數及研究主題，有三種建立虛無假設(H_0)與對立假設(H_1)的方式，請見下表。

方向性	題意	假設形式	檢定型態	對立假設與拒絕區的關係
題目無方向性	有無差異、異於、不等於	H_1：$\mu_1 \neq \mu$； H_0：$\mu_1 = \mu$	雙尾檢定	拒絕H_0域　不拒絕H_0域　拒絕H_0域
題目有方向性	小於、輕、低	H_1：$\mu_1 < \mu$； H_0：$\mu_1 \geq \mu$	單尾檢定（左尾）	拒絕H_0域　不拒絕H_0域
題目有方向性	大於、重、高	H_1：$\mu_1 > \mu$； H_0：$\mu_1 \leq \mu$	單尾檢定（右尾）	不拒絕H_0域　拒絕H_0域

➲ 例1　探討「五專甲班學生的體重是否低於全體五專學生的體重？」

H_1 : μ_1□μ , H_0 : μ_1□μ，為□尾檢定

➲ 例 2　探討「五專甲班學生的身高是否與全體五專學生的身高是否有差異？」

$H_1 : \mu_1 \square \mu$, $H_0 : \mu_1 \square \mu$，為□尾檢定

➲ 例 3　探討「五專甲班學生的血壓是否高於全體五專學生的血壓？」

$H_1 : \mu_1 \square \mu$, $H_0 : \mu_1 \square \mu$，為□尾檢定

解答　例 1：＜、≧、單；例 2：≠、＝、雙；例 3：＞、≦、單。

6-2-2　顯著水準與臨界值

1. **顯著水準(significant level)**：進行檢驗的研究時，一定會存在不可控制的誤差，這就是所謂的偶然性因素。當決策者願意承擔這不可控制誤差的風險水準，一般就叫做顯著水準，以 α 表示。做統計檢定前事先設定 α 值，常採用有 α＝0.10、α＝0.05、α＝0.01。

　α 是指H_0成真，在檢定統計量下，拒絕 H_0 所要承擔風險的機會。以下的圖分別說明單尾檢定與雙尾檢定 α 值。

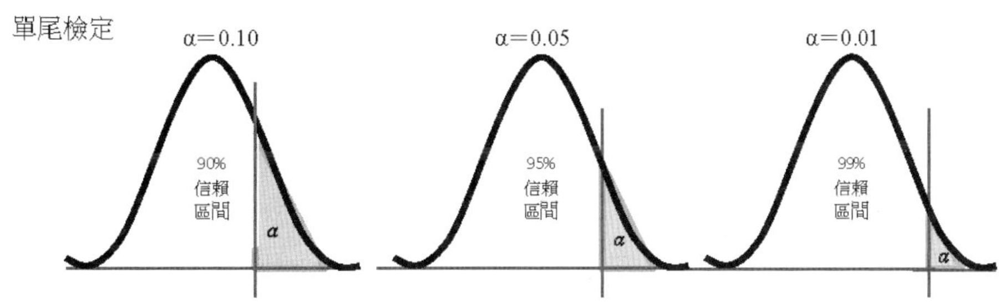

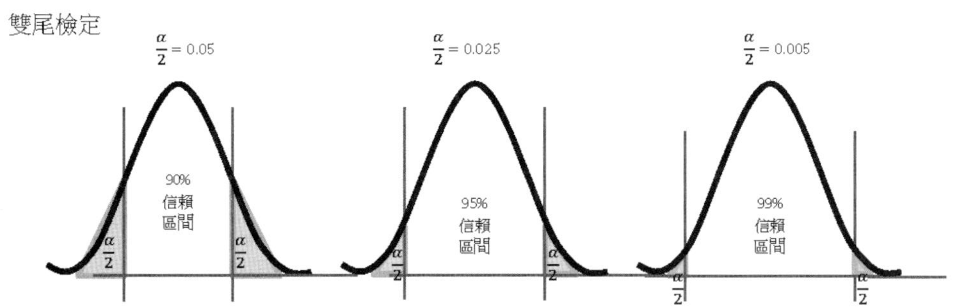

較常用是 α＝0.05，也就是 100 次中，平均有 5 次把對的當成錯，所以 α 值也可用來衡量統計檢定之可信度，α＝0.05 即信賴區間定 95%（見第九章）。

2. **臨界值(critical value)**：介於出虛無假設拒絕域與不拒絕虛無假設的分隔點稱做臨界值，臨界值就像判官又稱為判定值。臨界值是依照單尾或雙尾檢定及 α 值為基準，查表求得相對應的數值。α 值與拒絕H_0域大小成正向關係。基與保守原則，拒絕 H_0 域習慣不包含臨界值。

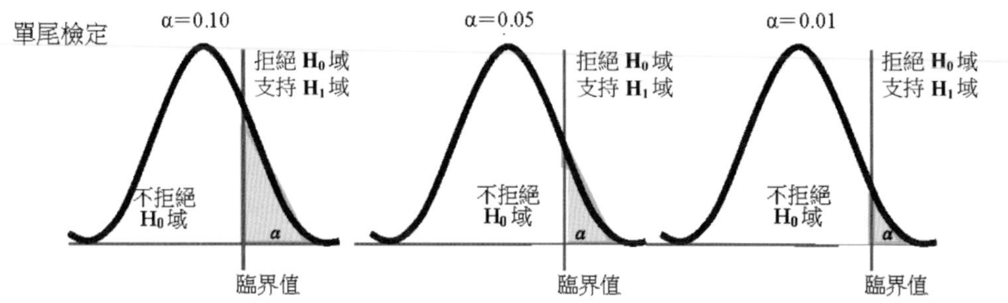

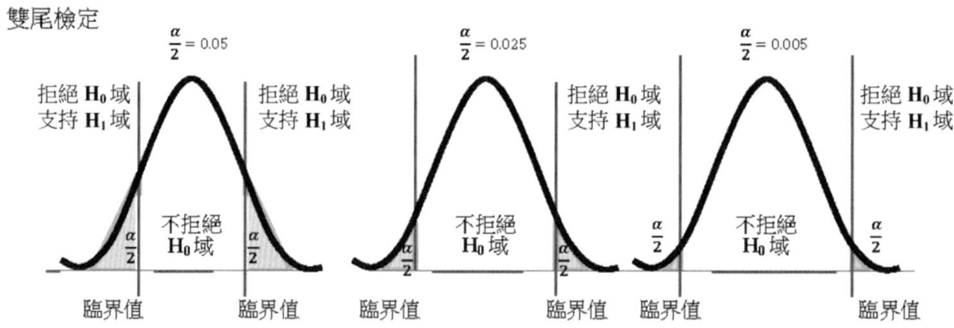

6-2-3 雙尾檢定與單尾檢定

1. **雙尾檢定(two tailed test)**：對立假設並沒有指出一個方向時，使用雙尾檢定。例：研究調查「男、女性別不同，對於同婚的態度，兩者的看法有什麼區別？」此研究調查是採取雙尾檢定。

凡是在調查語句當中使用「有何區別？」、「有何不同？」、「有什麼不一樣？」、「有無差異、異於、不等於」時，原則上是採取雙尾檢定。假設形式 H_1：$\mu_1 \neq \mu$；H_o：$\mu_1 = \mu$。

雙尾檢定用於無方向性的對立假設，其假定差異是沒有特定的方向，也就是說對立假設中有「≠」出現則採取雙尾檢定，雙尾檢定拒絕區域會平均在兩邊。

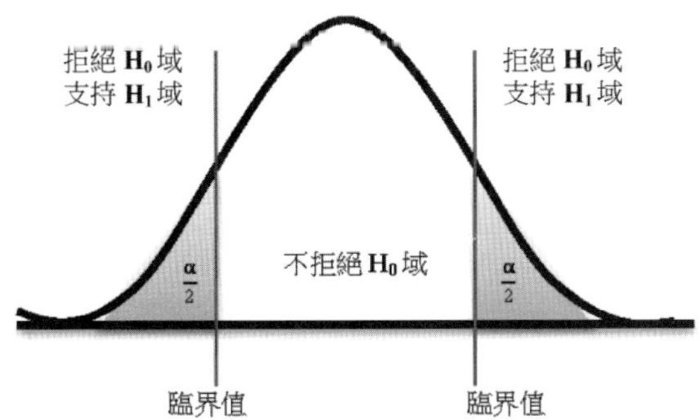

2. **單尾檢定(one tailed test)：表示一個方向時，即為單尾檢定**，分左尾檢定和右尾檢定。也就是說單尾檢定用於有方向的對立假設，對立假設中有「＜」或「＞」出現。

凡是在調查語句當中運用「小於、輕、低…」等意義，原則上是採取左尾檢定。左尾檢定拒絕區域會集中在左邊。假設形式 H_1：$\mu_1<\mu$；H_o：$\mu_1 \geq \mu$。

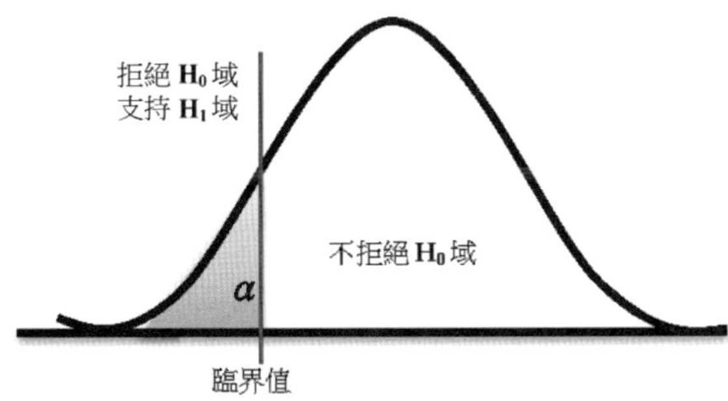

凡是在調查語句當中運用「大於、重、高…」等意義，原則上是採取右尾檢定。右尾檢定拒絕區域會集中在右邊。假設形式 H_1：$\mu_1>\mu$；H_0：$\mu_1\leq\mu$。

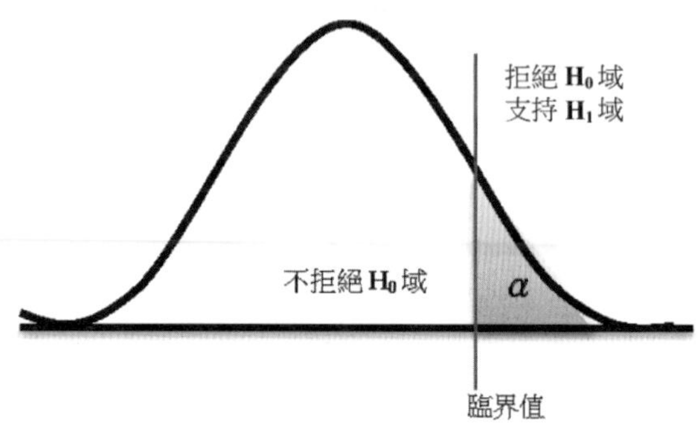

6-2-4 計算檢定統計量與檢定統計量轉換成相對應 *p* 值

1. **檢定統計量**：檢定統計量(test statistic)是由**樣本資料**經**標準化**所得到的一個數值，以適當的檢定統計量並根據特定的標準來判斷虛無假設的真偽。常見的檢定統計量形式：

$$\text{檢定統計量}=\frac{\text{點估計}-\text{母數}}{\text{點估計式的標準差}}$$

常見之檢定母體參數有三個：μ、p、與 σ^2。常用的檢定統計量的推論統計方法有 z 分配、t 分配、χ^2 分配、F 分配，請見下表。

σ 已知	檢定統計量 $Z=\frac{\bar{X}-\mu}{\frac{\sigma}{\sqrt{n}}}=(Z_{\bar{X}}=\frac{\bar{x}-\mu_{\bar{x}}}{\sigma_{\bar{x}}}=\frac{\bar{X}-\mu_X}{\frac{\sigma_X}{\sqrt{n}}}=\frac{\bar{X}-\mu_X}{\sigma_X\times\sqrt{\frac{1}{n}}})$
σ 未知，n≥30	檢定統計量 $Z=\frac{\bar{X}-\mu}{\frac{S}{\sqrt{n}}}=(Z_{\bar{X}}=\frac{\bar{x}-\mu_{\bar{x}}}{S_{\bar{x}}}=\frac{\bar{X}-\mu_X}{\frac{S_X}{\sqrt{n}}}=\frac{\bar{X}-\mu_X}{S_X\times\sqrt{\frac{1}{n}}})$
σ 未知，n<30	檢定統計量 $t=\frac{\bar{X}-\mu}{\frac{S}{\sqrt{n}}}=(t_{\bar{x}}=\frac{\bar{x}-\mu_{\bar{x}}}{S_{\bar{x}}}=\frac{\bar{X}-\mu_X}{\frac{S_X}{\sqrt{n}}}=\frac{\bar{X}-\mu_X}{S_X\times\sqrt{\frac{1}{n}}})$

2. *p* 值：從檢定統計量，查表，求出相對應的 p 值（p value=機率=面積）。p 值在於計算樣本平均數(μ_1)與母體平均數(μ)一樣大的機率（也就是虛無假設為真的機率），p 值意指接受H_0的信心有多少。

其檢定程序是將 p 值與 α 值進行比較。如果 p 值小於 α 值，落入拒絕 H_0 域，則拒絕 H_0 並且支持 H_1。

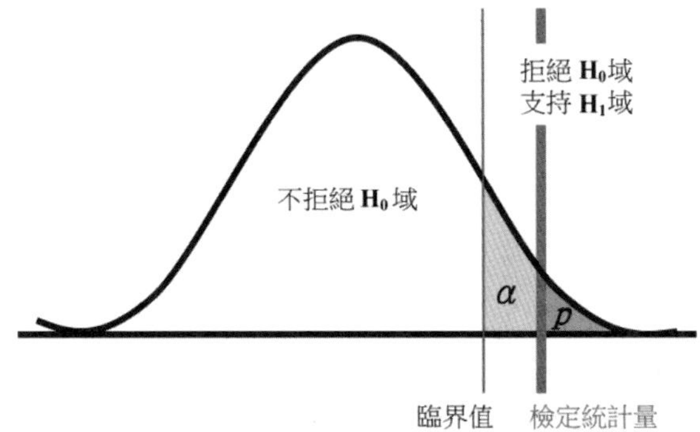

如果 p 值大於 α 值，落入不拒絕 H_0 域，則不拒絕 H_0 並且不支持 H_1。

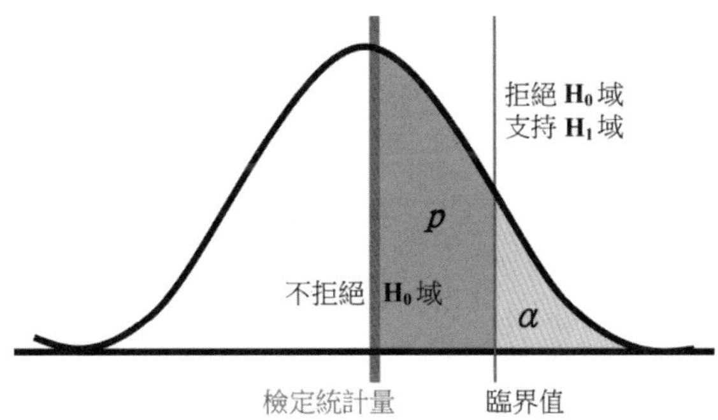

6-2-5 落入拒絕域／棄卻區的決策準則

1. 檢定統計量與臨界值相比較的決策準則：

(1) H_1：$\mu_1 \neq \mu$，檢定統計量的絕對值>臨界值的絕對值，落入拒絕 H_0 域，拒絕 H_0 且支持 H_1。

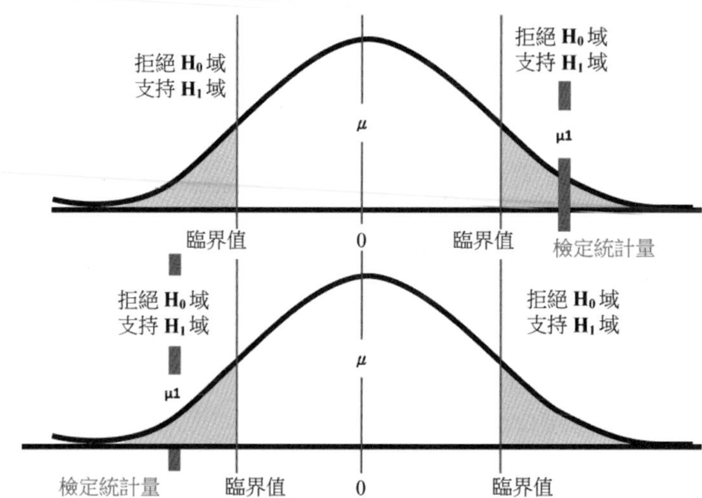

(2) H_1：$\mu_1 < \mu$，檢定統計量的絕對值>臨界值的絕對值，落入拒絕 H_0 域，拒絕 H_0 且支持 H_1。

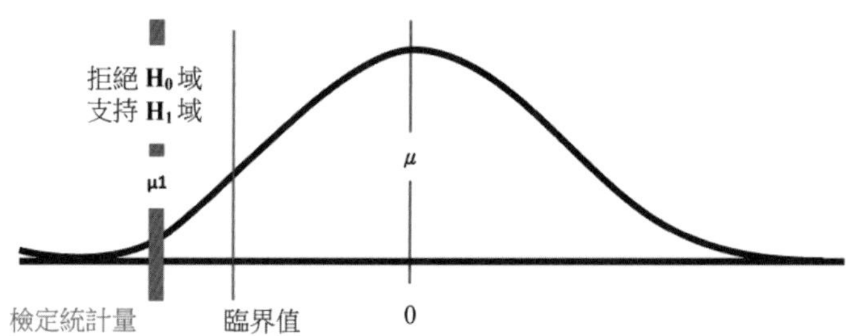

(3) H_1：$\mu_1 > \mu$，檢定統計量的絕對值>臨界值的絕對值，落入拒絕 H_0 域，拒絕 H_0 且支持 H_1。

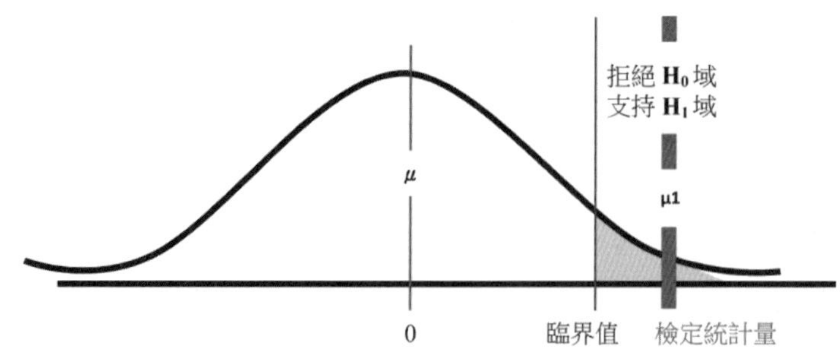

2. p 與 α 或 $\frac{\alpha}{2}$ 相比較的決策準則：

(1) H_1：$\mu_1 \neq \mu$，$p < \frac{\alpha}{2}$，落入拒絕H_0域，拒絕H_0且支持H_1。

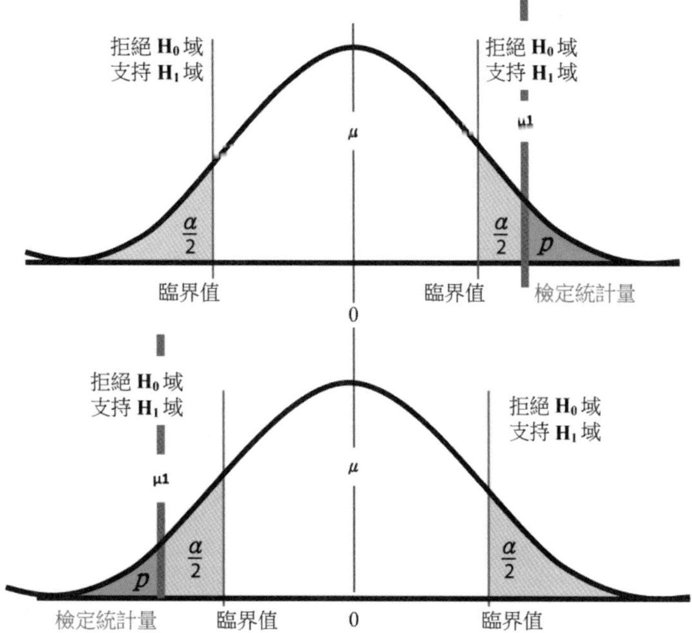

(2) H_1：$\mu_1 < \mu$，$p < \alpha$，落入拒絕H_0域，拒絕H_0且支持H_1。

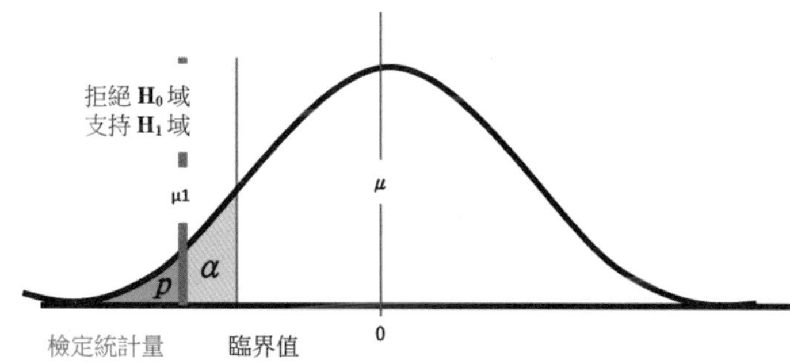

(3) H_1：$\mu_1 > \mu$，$p < \alpha$，落入拒絕H_0域，拒絕H_0且支持H_1。

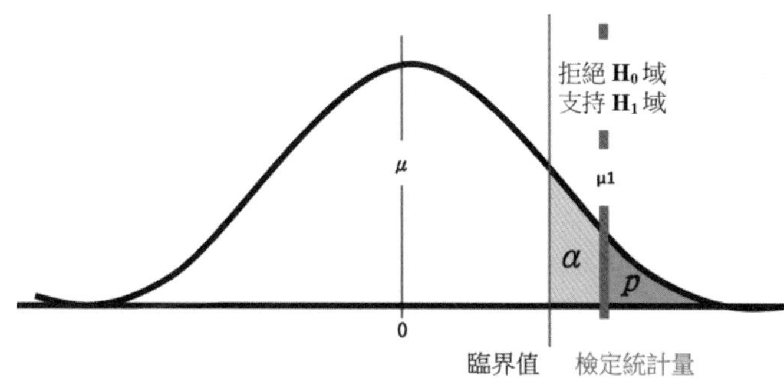

6-2-6 落入不拒絕 H_0 域的決策準則

1. 檢定統計量與臨界值比較的決策準則：

(1) H_1：$\mu_1 \neq \mu$，檢定統計量的絕對值<臨界值的絕對值，落入不拒絕 H_0 域，不拒絕 H_0 且不支持 H_1。

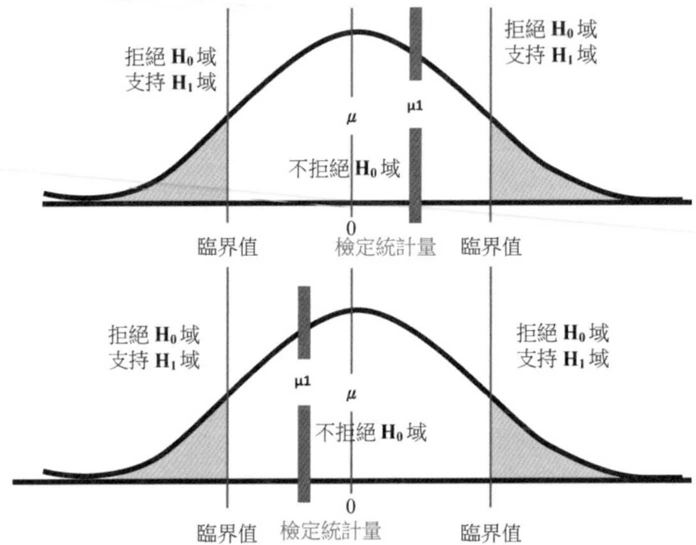

(2) H_1：$\mu_1 < \mu$，檢定統計量的絕對值<臨界值的絕對值，落入不拒絕 H_0 域，不拒絕 H_0 且不支持 H_1。

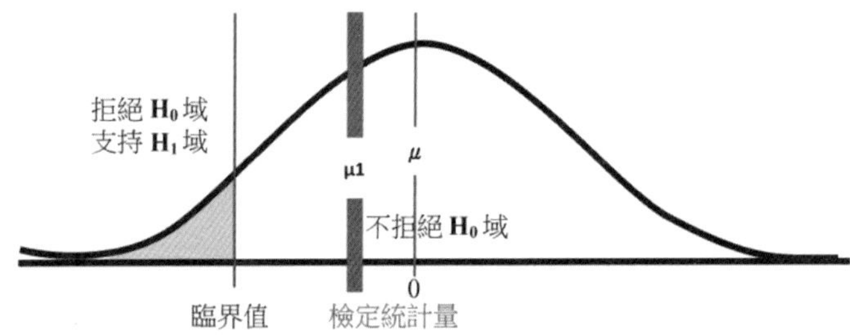

(3) H_1：$\mu_1 > \mu$，檢定統計量的絕對值<臨界值的絕對值，落入不拒絕 H_0 域，不拒絕 H_0 且不支持 H_1。

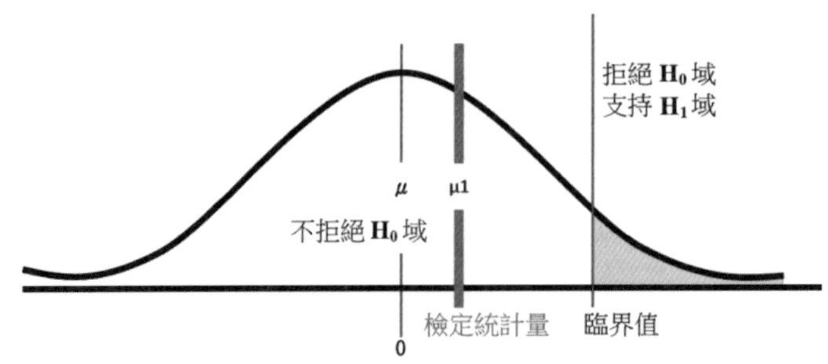

2. p 與 α 或 $\frac{\alpha}{2}$ 相比較的決策準則：

(1) H_1：$\mu_1 \neq \mu$，$p > \frac{\alpha}{2}$，落入不拒絕H_0域，不拒絕H_0且不支持H_1。

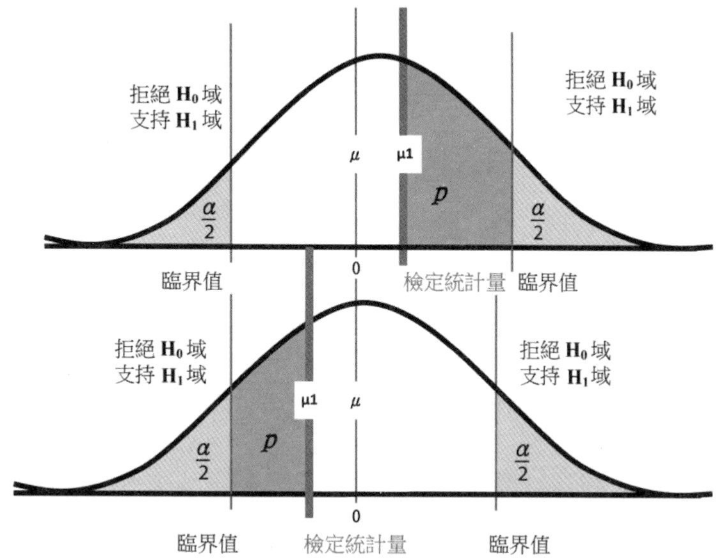

(2) H_1：$\mu_1 > \mu$，$p > \alpha$，落入不拒絕H_0域，不拒絕H_0且不支持H_1。

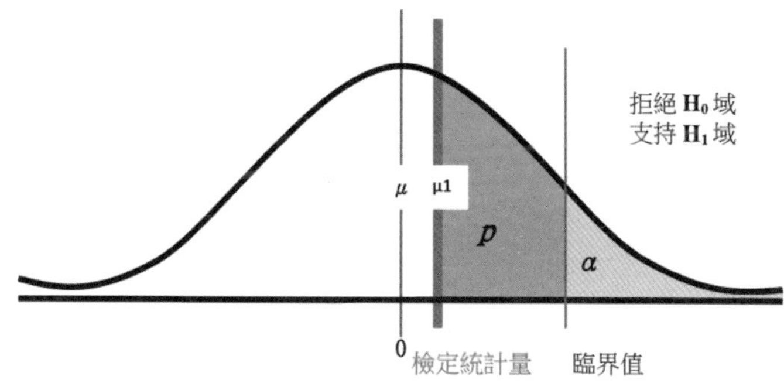

(3) H_1：$\mu_1 < \mu$，$p > \alpha$，落入不拒絕H_0域，不拒絕H_0且不支持H_1。

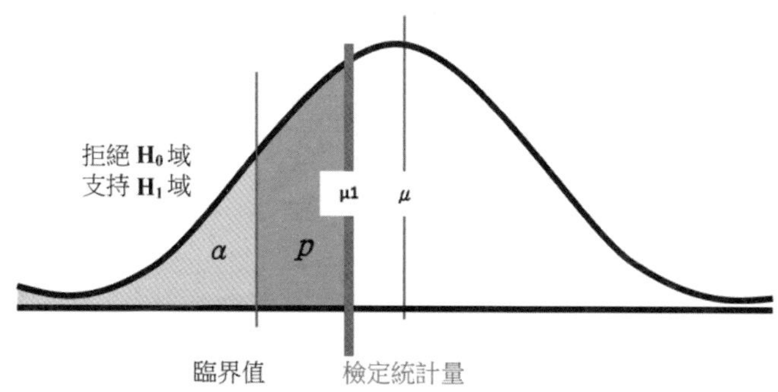

6-3 誤差的類型、檢力與樣本估算法

6-3-1 誤差的類型

在進行假說檢定時可能發生第一型誤差或第二型誤差：

1. **第一型誤差(type I error)**：是指正確的 H_0，檢定結果卻拒絕了一個真實的 H_0（類似一個無罪的被告，法官誤宣判有罪），犯第一型誤差的機率稱為顯著水準(α)，$\alpha = p$(type I error)。
2. **第二型誤差(type II error)**：是指 H_0 是錯的，檢定結果卻不拒絕一個錯誤的 H_0（類似一個有罪的被告，法官誤宣判無罪），犯第二型誤差的機率為 β，$\beta = p$(type II error)。

當檢定結果是推翻 H_0 時，可能犯第一型誤差；當檢定結果是不推翻 H_0 時，可能犯第二型誤差。不可能同時犯第一型誤差，又犯第二型誤差。理想狀態會想同時控制第一型與第二型誤差，但實際上是不可能的，不過可以透過 α 的選擇，掌控第一型誤差，使風險控制在一定範圍內。至於第二型誤差在樣本數量增加時就會降低。

檢定結果		真實情況（同時只有一種存在）	
		H_0 為真（被告無罪為真）	H_1 為真（被告有罪為真）
	不拒絕 H_0（宣判被告無罪）	正確判斷(1-α) 被告無罪，宣判無罪	type II error (β) 被告有罪，誤判無罪
	拒絕 H_0（宣判被告有罪）	type I error (α) 被告無罪，誤判有罪	正確判斷(1-β) 被告有罪，宣判有罪

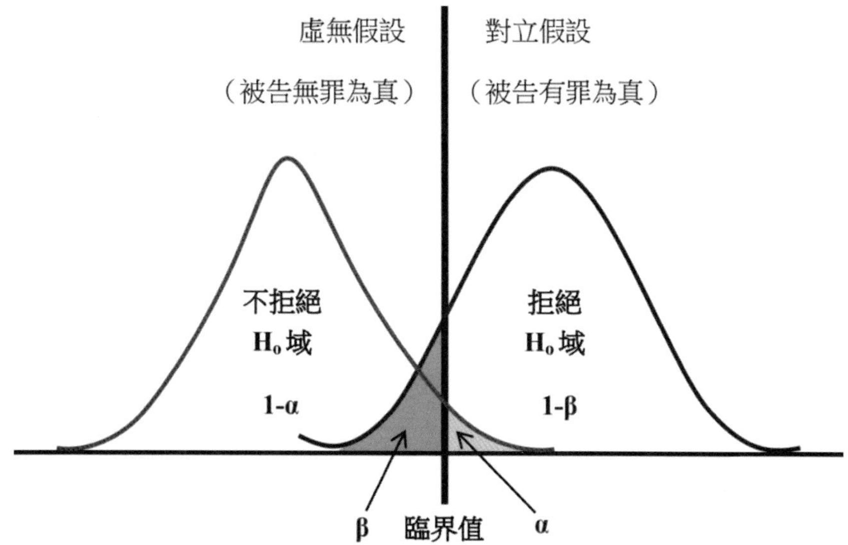

6-3-3 檢力(power)

檢力(power)是指當對立假設(H_1)為真，而結果接受 H_1 之機率（被告有罪，法官正確宣判有罪）。理想的檢定方法應在各種對立假設下都有很好的檢定力。

power= 1-β，檢力(power)即為避免犯 type II error (β)之機率。

檢力是評定統計檢定優劣的指標，檢力越大表示統計檢定的效率越佳，在實際應用上，檢力需>0.8 以上，但提高 1-β，同時 α 也會變大。α 與 β 有反向之關係，當 α 增加時，β 減少；當 α 減少時，β 增加。同時要減少 α 與 β，只有增加樣本數(n)來達成。

6-3-4 樣本估算

常用之樣本估算法如下式：

$$n=[\frac{\left(Z_{\frac{\alpha}{2}}-Z_{\beta}\right)\times\sigma^2}{\mu_1-\mu}]=[\frac{(1.96+0.84)\times\sigma}{E}]^2$$

其中$Z_{\frac{\alpha}{2}} = Z_{\frac{0.05}{2}} = 1.96$，

$Z_\beta = Z_{0.2} = -0.84$。

（μ_1 實際值；μ 母體平均值；σ 母體標準差；μ_1-μ=可接受誤差(E)）

6-4 課後實作

1. 某專家認為惡性補習占去學生運動的時間，剝奪鍛鍊身體的機會，故惡性補習學生的體重較輕於一般學生的體重。該專家自接受惡性補習學生中隨機抽取 10 名學生，測得體重為：46、42、39、44、49、43、40、50、42、45。今已知學生之平均體重為 47.19 公斤，請依據題意建立虛無與對立假設。

2. 有關對立假設（alternative hypothesis, H_1 或 H_a）的敘述何者有誤：(A)研究者所欲蒐集證據推翻的假說　(B)內心期待接受研究假設是組間的平均數有顯著性差異　(C)指將研究假設改用統計學的術語陳述出來的假設　(D) H_1 有方向的對立假設及無方向的對立假設。

3. 有關第一型誤差(type I error)的敘述何者有誤：(A)第一型誤差是指正確的虛無假設，但檢定結果卻被拒絕　(B) type I erro=α　(C)檢定結果可能同時犯第一型誤差，又犯第二型誤差。

解答

1. H_1：$\mu_1<\mu$，H_o：$\mu_1\geq\mu$。

   μ_1 代表惡性補習學生的平均體重。

   μ 代表一般學生的平均體重。

2. A

3. C

07 單一樣本 Z 檢定

Biostatistics

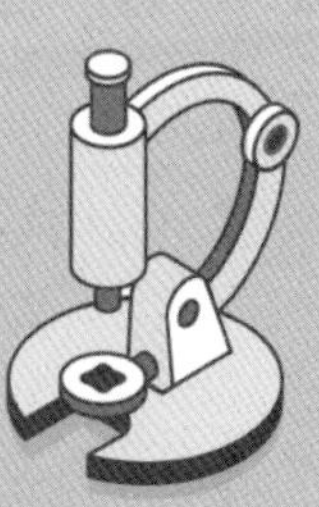

7-1 統計前提假設與使用時機

7-1-1 使用時機

關於平均數差異的檢定，依樣本來自母體群數的多寡與型態，而有不同的檢定方法，本章節先討論單一樣本 Z 檢定(one-sample Z test)。單一樣本 Z 檢定適用於用單一變項的平均數進行檢定，也就是說，檢定樣本數中某一個變項的平均數是否與母體的平均數有無顯著的不同。

兩種情況採用單一樣本 Z 檢定：

1. 自變項是一組樣本，樣本數 n 個，依變項為連續變項，樣本平均數($\bar{X}$)，此樣本來自母體平均數 μ（σ已知），則不論是大樣本或小樣本皆可採用 Z 檢定。
2. 自變項是一組樣本，樣本數 n 個($n \geq 30$)，依變項為連續變項，樣本平均數($\bar{X}$)，此樣本來自母體平均數 μ（σ 未知），採用 Z 檢定。因 σ 未知，樣本平均數抽樣分配的標準誤必須由樣本標準差來推估。

7-1-2 中央極限定理(central limit theory, CLT)

從母體隨機抽取樣本，每次抽出 n 個數值，計算其平均數$\bar{X}$，重複抽樣無限次，便有無限多組樣本之平均數之分配，稱為「樣本平均數抽樣分配($\bar{X}$'s)」。當「樣本平均數抽樣分配($\bar{X}$'s)」之樣本數 n 趨近於無限大時($n \geq 30$)，依據「中央極限定理」，樣本平均數抽樣分配($\bar{X}$'s)有以下特性：

1. 樣本平均數抽樣分配($\bar{X}$'s)會趨近常態分布。

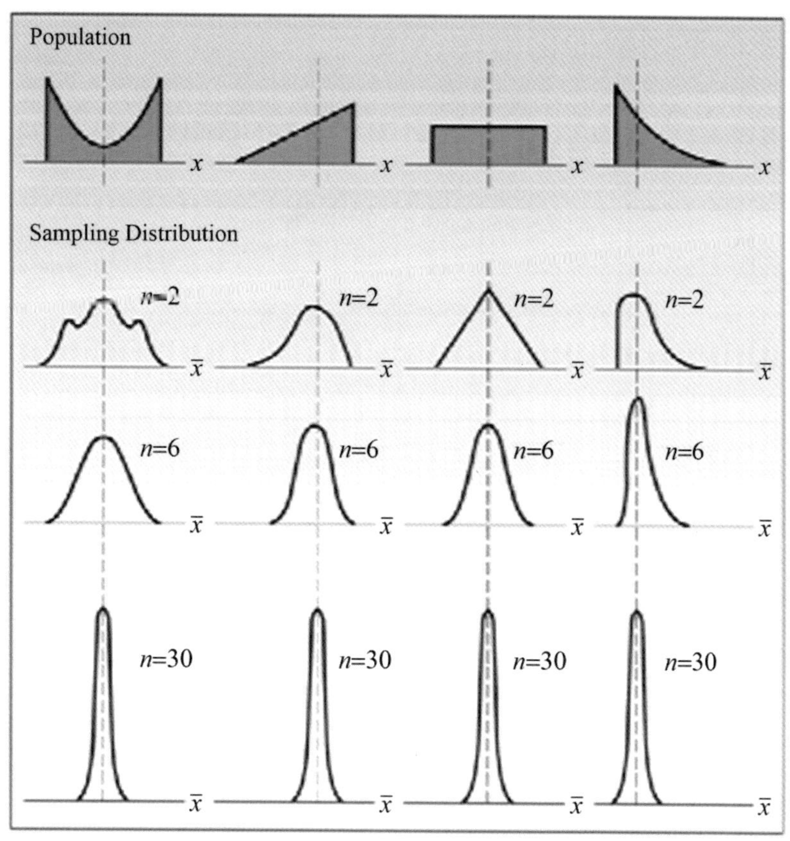

2. 樣本平均數抽樣分配的平均數會等於母體平均數($\mu_{\bar{X}}=\mu=\mu_X$)。

3. 樣本平均數抽樣分配的標準差，稱為「樣本平均數抽樣分配的標準誤」，會等於母體標準差除以樣本數 n 的平方根。
（隨著 n 增加，樣本平均數抽樣分配的標準誤會隨之變小）

中央極限定理中指出，當取樣數 n 夠大時，樣本平均數抽樣分配可表示為一常態分配；故可使用 **Z 轉換公式**，得知某樣本平均數($\bar{X}$)在此樣本平均數抽樣分配($\bar{X}$'s)中的相對位置。

$$\text{此處的 Z 分數}=\frac{(\text{樣本平均數}-\text{樣本平均數抽樣分配的平均數})}{\text{樣本平均數抽樣分配的標準誤}}$$

7-1-3 樣本平均數抽樣分配($\bar{X}$'s)

自變項是一組樣本，樣本數 n 個，依變項為連續變項，樣本平均數為$\bar{X}$，想知道此樣本來自母體平均數 μ（σ已知）的可能性，採用單一樣本 Z 檢定。

第一層次 母體所有觀察值的分配(X's)，如下圖。

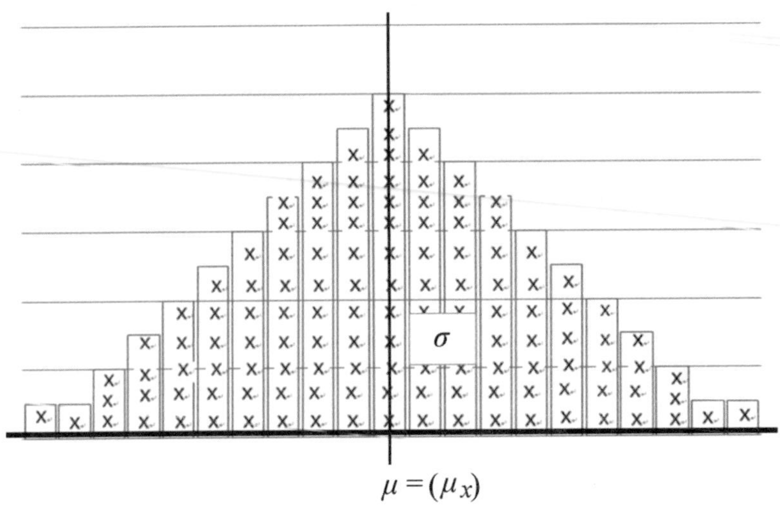

第二層次 樣本平均數抽樣分配($\bar{X}$'s)。

依據**中央極限定理(central limit theory, CLT)**，從同一母群體取出樣本數為 n 之無限多組樣本，計算其平均數$\bar{X}$，此無限多組樣本平均數之分配，稱為「**樣本平均數抽樣分配**」($\bar{X}$'s)，$\bar{X}$'s 是常態分配，如下圖。

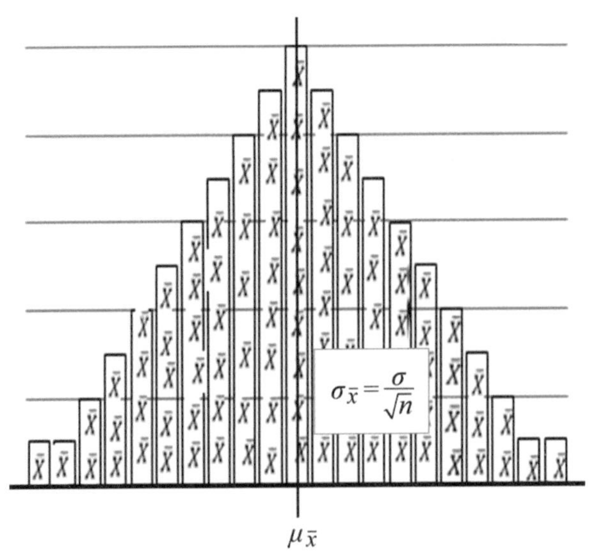

7-1-4 樣本平均數抽樣分配($\bar{X}$'s)的特性(σ已知)

1. $\mu_{\bar{X}}=\mu=(\mu_X)$：

   樣本平均數抽樣分配的平均數=母體平均數

2. $\sigma_{\bar{X}}$（樣本平均數抽樣分配的標準誤）：

$$\sigma_{\bar{X}}=\frac{\sigma}{\sqrt{n}}=\sigma\sqrt{\frac{1}{n}}=\left(\frac{\sigma_X}{\sqrt{n}}=\sigma_X\times\sqrt{\frac{1}{n}}\right)$$

（樣本平均數抽樣分配的標準誤=母體標準差÷樣本數的平方根=母體標準差× $\sqrt{\frac{1}{樣本數}}$）

$$\sigma=(\sigma_X)=\sqrt{\frac{(X_i-\mu)^2}{N}}=\sqrt{\frac{\sum X_i{}^2-N\mu^2}{N}}$$

樣本平均數抽樣分配的標準誤($\sigma_{\bar{x}}$)，當抽樣樣本數越大時，樣本平均數抽樣分配的標準誤($\sigma_{\bar{x}}$)越小，代表新分配差異性越小。用數學符號簡寫為$\bar{X}$~N (μ，σ^2/n)。

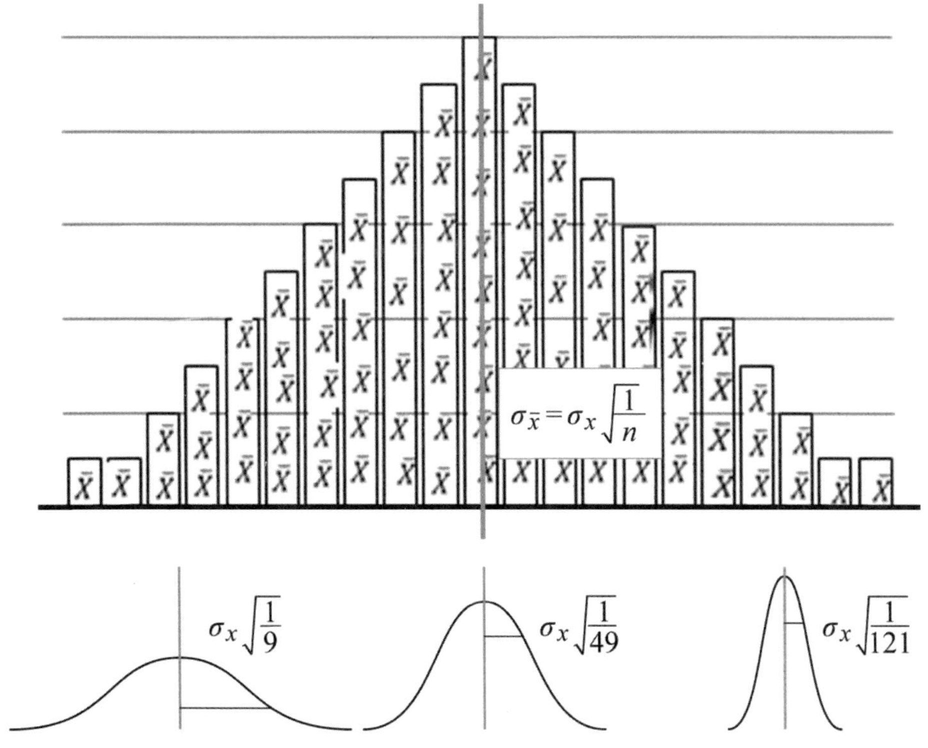

7-1-5 檢定統計量

檢定統計量的公式如下：

$$\text{檢定統計量 } Z = \frac{\bar{X}-\mu}{\frac{\sigma}{\sqrt{n}}}$$

$$\left(\text{檢定統計量} Z_{\bar{x}} = \frac{\bar{X}-\mu_{\bar{x}}}{\sigma_{\bar{x}}}\right) = \frac{(\text{樣本平均數}-\text{樣本平均數抽樣分配的平均數})}{\text{樣本平均數抽樣分配的標準誤}}$$

$$= \left(\frac{\bar{X}-\mu_x}{\frac{\sigma_x}{\sqrt{n}}}\right) = \frac{(\text{樣本平均數}-\text{母體平均數})}{\frac{\text{母體標準差}}{\text{樣本數的平方根}}}$$

$$= \left(\frac{\bar{X}-\mu_x}{\sigma_x \times \sqrt{\frac{1}{n}}}\right) = \frac{(\text{樣本平均數}-\text{母體平均數})}{\text{母體標準差} \times \sqrt{\frac{1}{\text{樣本數}}}}$$

$\mu_{\bar{x}} = \mu = (\mu_x)$

樣本平均數抽樣分配的平均數=母體平均數

$\sigma_{\bar{x}} = \frac{\sigma}{\sqrt{n}} = \sigma\sqrt{\frac{1}{n}} = (\sigma_x \times \sqrt{\frac{1}{n}})$

樣本平均數抽樣分配的標準誤 $= \frac{\text{母體標準差}}{\text{樣本數的平方根}} = \text{母體標準差}\sqrt{\frac{1}{\text{樣本數}}}$

7-1-6 單一樣本 Z 檢定的決策準則（σ 已知）

7-1-6-1 落入拒絕 H₀ 域／棄卻 H₀ 區(critical region)的決策準則

1. **檢定統計量絕對值與臨界值絕對值相比較的決策準則**：臨界值 $Z_{\frac{\alpha}{2}}$或Z_{α}，可查 Z 表、**Excel 函數 NORM.S.INV（$\frac{\alpha}{2}$）或 Excel 函數 NORM.S.INV(α)**獲得。當檢定統計$Z_{\bar{X}}$值落於拒絕 H_0 域時，表示拒絕 H_0 且支持 H_1，也就是兩比較參數不相等。

統計假設	決策準則
雙尾檢定： H_1：$\mu_1 \neq \mu$ H_0：$\mu_1 = \mu$	若 $\lvert Z_{\bar{x}} \rvert > \lvert Z_{\frac{\alpha}{2}} \rvert$，落入拒絕$H_0$域， 拒絕$H_0$並且支持$H_1$。
單尾檢定（左尾檢定）： H_1：$\mu_1 < \mu$ H_0：$\mu_1 \geq \mu$	若 $\lvert Z_{\bar{x}} \rvert > \lvert Z_{\alpha} \rvert$，落入拒絕$H_0$域， 拒絕$H_0$並且支持$H_1$。
單尾檢定（右尾檢定）： H_1：$\mu_1 > \mu$ H_0：$\mu_1 \leq \mu$	若 $\lvert Z_{\bar{x}} \rvert > \lvert Z_{\alpha} \rvert$，落入拒絕$H_0$域， 拒絕$H_0$並且支持$H_1$。

2. **檢定統計量與臨界值相比較的決策準則**：

(1) **H_1：$\mu_1 \neq \mu$**，$\lvert Z_{\bar{x}} \rvert$（檢定統計量 Z 值的絕對值）> $\lvert Z_{\frac{\alpha}{2}} \rvert$（臨界值 Z 值的絕對值），落入拒絕 H_0 域，拒絕 H_0 並且支持 H_1。

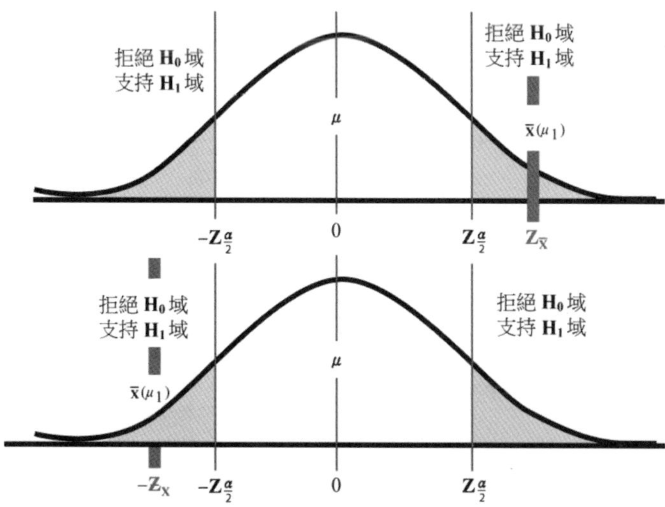

(2) H_1：$\mu_1<\mu$，$|Z_{\bar{x}}|$（檢定統計量 Z 值的絕對值）> $|Z_\alpha|$（臨界值 Z 值的絕對值），落入拒絕 H_0 域，拒絕 H_0 且支持 H_1。

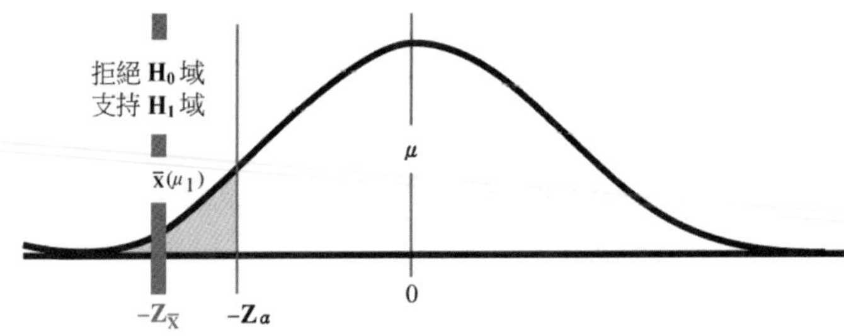

(3) H_1：$\mu_1>\mu$，$|Z_x|$（檢定統計量 Z 值的絕對值）> $|Z_\alpha|$（臨界值 Z 值的絕對值），落入拒絕 H_0 域，拒絕 H_0 且支持 H_1。

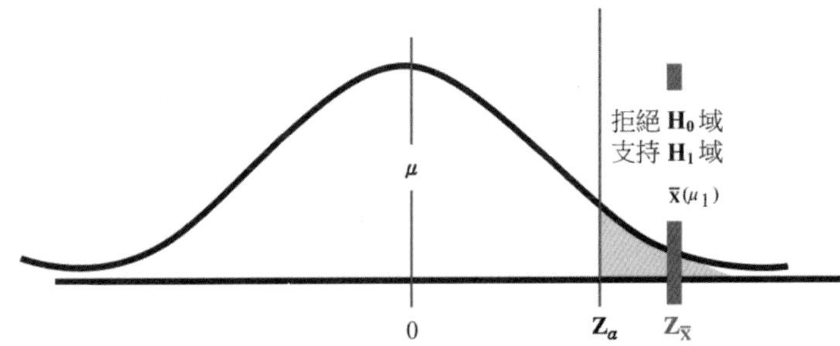

3. p 與 α 或 $\frac{\alpha}{2}$ 相比較的決策準則：

(1) H_1：$\mu_1\neq\mu$，$p<\frac{\alpha}{2}$，落入拒絕H_0域，拒絕H_0且支持H_1。

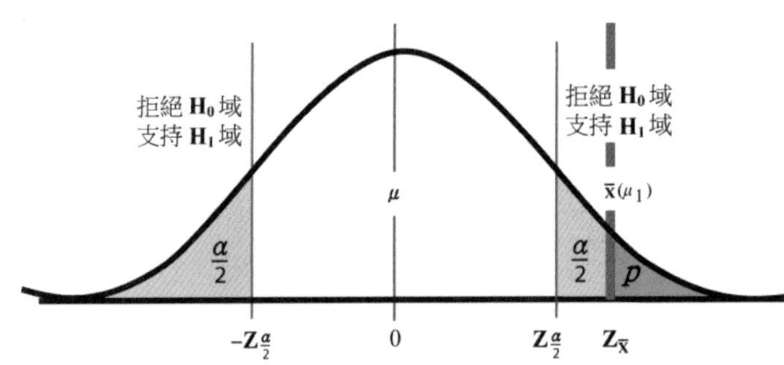

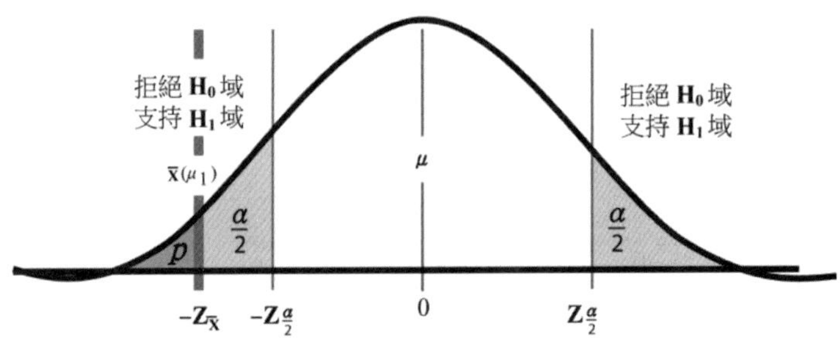

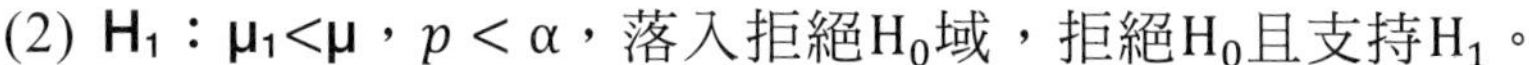
(2) H_1：$\mu_1<\mu$，$p<\alpha$，落入拒絕H_0域，拒絕H_0且支持H_1。

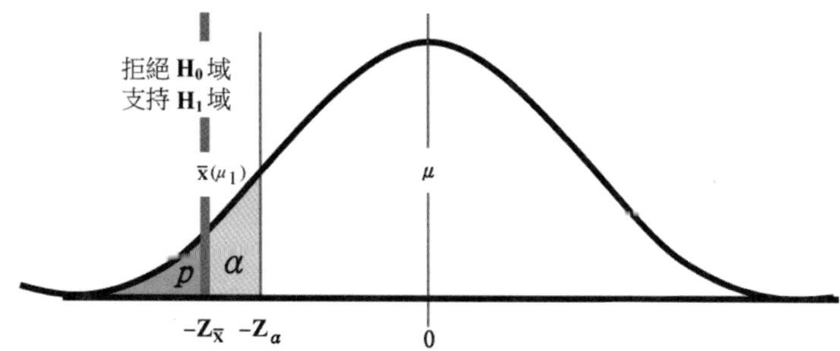

(3) H_1：$\mu_1>\mu$，$p<\alpha$，落入拒絕H_0域，拒絕H_0且支持H_1。

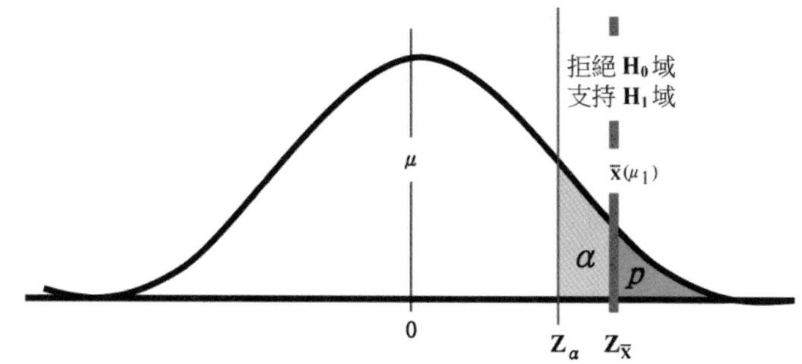

7-1-6-2　落入不拒絕H_0域的決策準則

1. 檢定統計量$Z_{\overline{X}}$絕對值與臨界值$Z_{\frac{\alpha}{2}}$、Z_α絕對值相比較的決策準則：

檢定統計量$Z_{\overline{X}}$值落於接受域／非拒絕域(nonrejection region)時，表示不拒絕H_0且不支持H_1，表示兩比較參數相等。

統計假設	決策準則
雙尾檢定： H_1：$\mu_1 \neq \mu$ H_0：$\mu_1 = \mu$	若 $\lvert Z_{\overline{x}} \rvert < \lvert Z_{\frac{\alpha}{2}} \rvert$，落入不拒絕 H_0 域， 不拒絕 H_0 且不支持 H_1。
單尾檢定（左尾檢定）： H_1：$\mu_1 < \mu$ H_0：$\mu_1 \geq \mu$	若 $\lvert Z_{\overline{x}} \rvert < \lvert Z_\alpha \rvert$，落入不拒絕 H_0 域， 不拒絕 H_0 且不支持 H_1。
單尾檢定（右尾檢定）： H_1：$\mu_1 > \mu$ H_0：$\mu_1 \leq \mu$	若 $\lvert Z_{\overline{x}} \rvert < \lvert Z_\alpha \rvert$，落入不拒絕 H_0 域， 不拒絕 H_0 且不支持 H_1。

2. 檢定統計量與臨界值相比較的決策準則：

(1) H_1：$\mu_1 \neq \mu$，$|Z_{\bar{x}}| < \left|Z_{\frac{\alpha}{2}}\right|$，落入不拒絕$H_0$域，不拒絕$H_0$且不支持$H_1$。

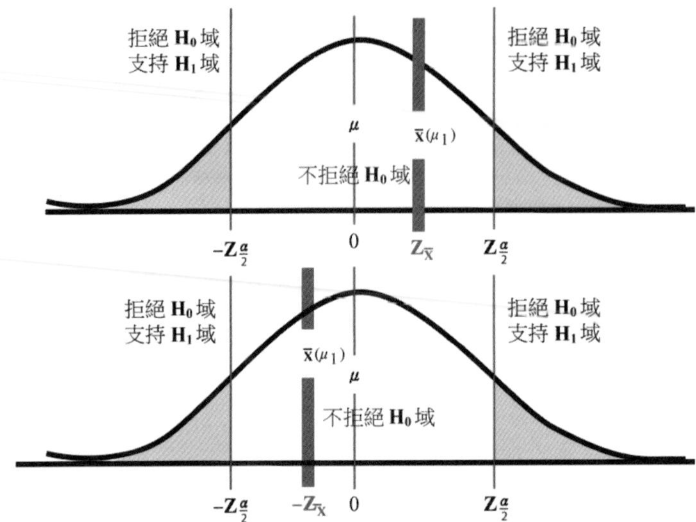

(2) H_1：$\mu_1 < \mu$，$|Z_{\bar{x}}| < |Z_\alpha|$，落入不拒絕$H_0$域，不拒絕$H_0$且不支持$H_1$。

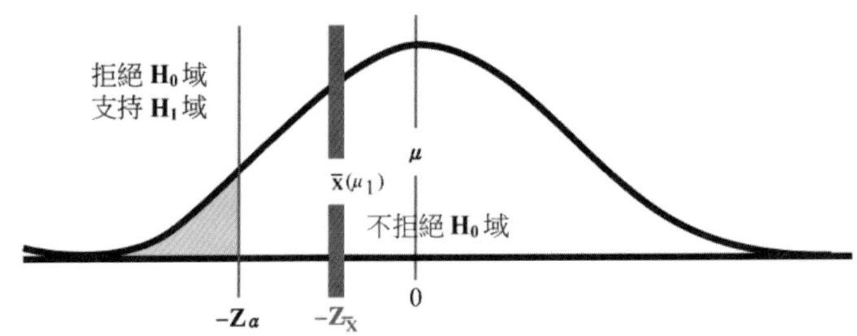

(3) H_1：$\mu_1 > \mu$，$|Z_{\bar{x}}| < |Z_\alpha|$，落入不拒絕$H_0$域，不拒絕$H_0$且不支持$H_1$。

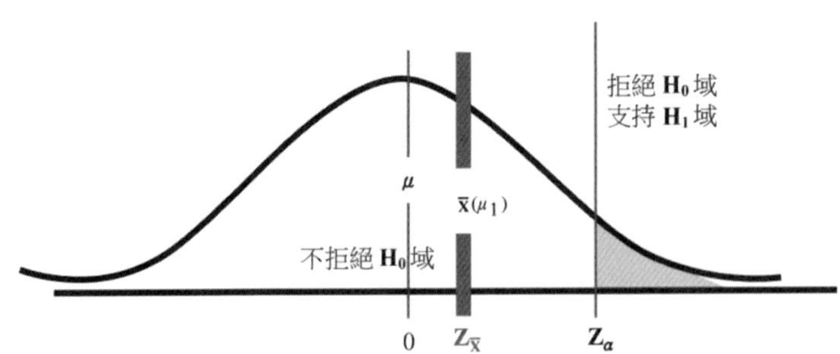

3. p 與 α 或 $\frac{\alpha}{2}$ 相比較的決策準則：

(1) H_1：$\mu_1 \neq \mu$，$p > \frac{\alpha}{2}$，落入不拒絕H_0域，不拒絕H_0且不支持H_1。

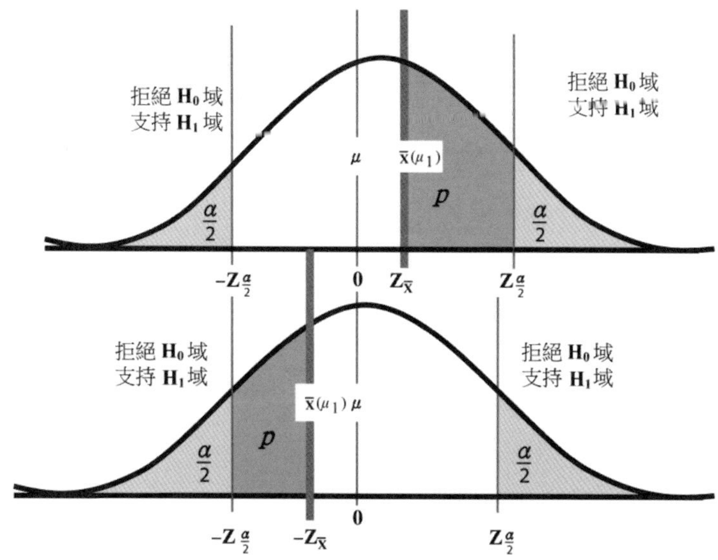

(2) H_1：$\mu_1 > \mu$，$p > \alpha$，落入不拒絕H_0域，不拒絕H_0且不支持H_1。

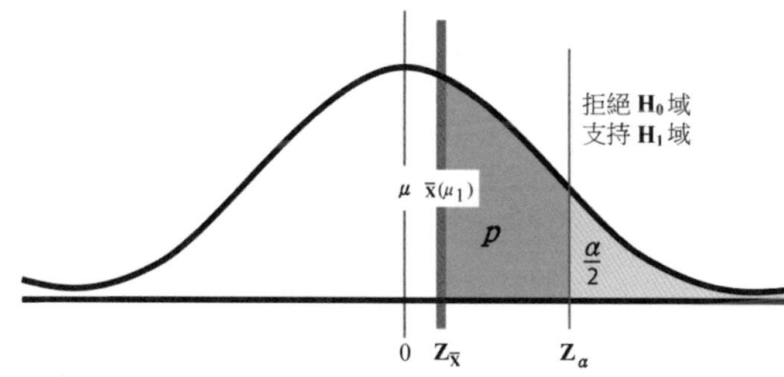

(3) H_1：$\mu_1 < \mu$，$p > \alpha$，落入不拒絕H_0域，不拒絕H_0且不支持H_1。

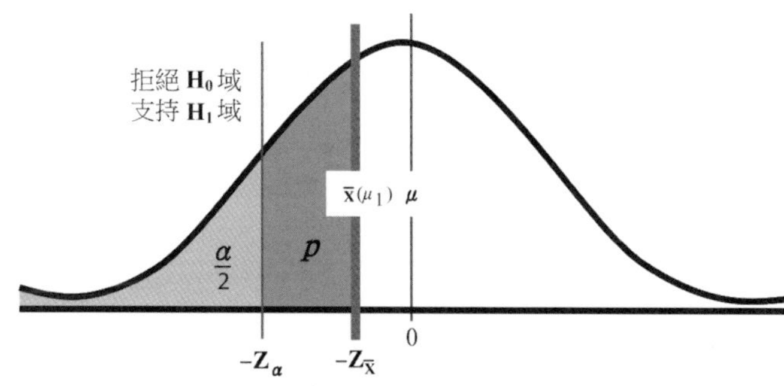

7-2 單一樣本 Z 檢定八步驟（σ已知）

步驟一 依據題意先寫對立假設，再寫虛無假設，決定單或雙尾檢定。

題意	假設形式	檢定型態
有無差異、異於、不等於…	$H_1：\mu_1 \neq \mu$；$H_o：\mu_1=\mu$	雙尾檢定
小於、輕、低…	$H_1：\mu_1<\mu$；$H_o：\mu_1 \geq \mu$	單尾（左尾）
大於、重、高…	$H_1：\mu_1>\mu$；$Ho：\mu_1 \leq \mu$	單尾（右尾）

步驟二 確定檢定的方法，由臨界值或α值，畫出拒絕區域。

1. 臨界值或α值：
   (1) 依據對立假設由顯著水準，查 Z 表，求出相對應的臨界值Z_α或$Z_{\frac{\alpha}{2}}$（筆算或計算機運算）。
   (2) 寫α、$\frac{\alpha}{2}$（使用軟體運算）。
2. 畫常態分配，畫出拒絕區域。

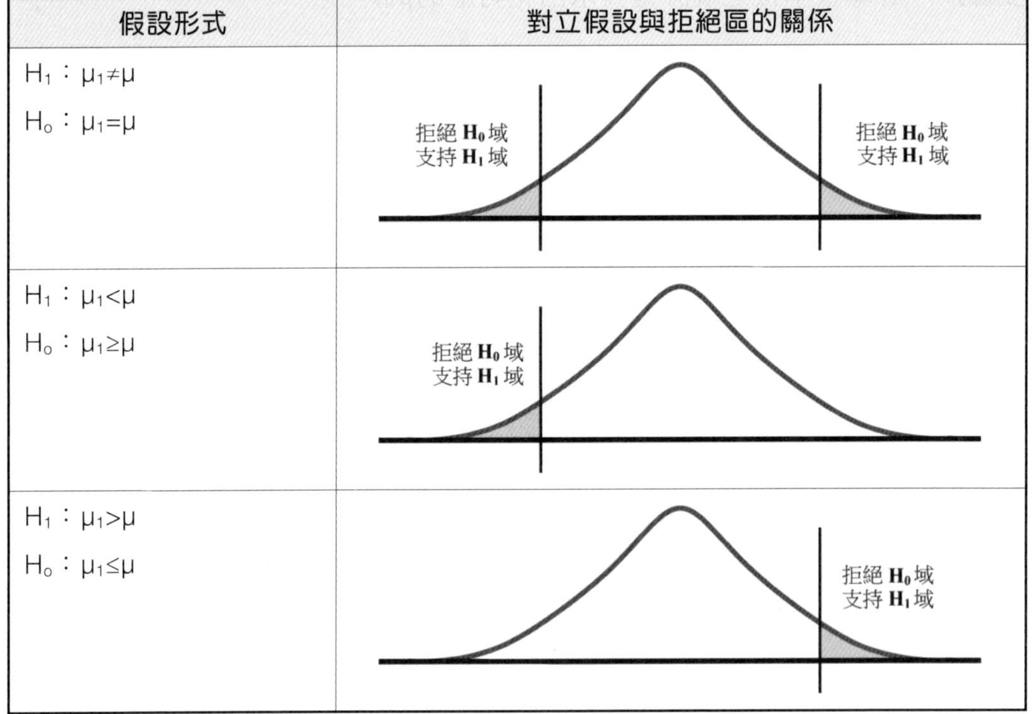

假設形式	對立假設與拒絕區的關係
$H_1：\mu_1 \neq \mu$ $H_o：\mu_1=\mu$	拒絕 H_0 域 支持 H_1 域；拒絕 H_0 域 支持 H_1 域
$H_1：\mu_1<\mu$ $H_o：\mu_1 \geq \mu$	拒絕 H_0 域 支持 H_1 域
$H_1：\mu_1>\mu$ $H_o：\mu_1 \leq \mu$	拒絕 H_0 域 支持 H_1 域

步驟三 算樣本平均數$\bar{X} = \frac{\sum_{i=1}^{i=n} x_i}{n} = \frac{x_1+....+x_n}{n}$。

步驟四 算樣本平均數抽樣分配的標準誤$\sigma_{\bar{x}} = (\frac{\sigma_x}{\sqrt{n}} = \sigma_x \times \sqrt{\frac{1}{n}})$。

步驟五 在常態分配標上 μ 值與$\bar{X}$。

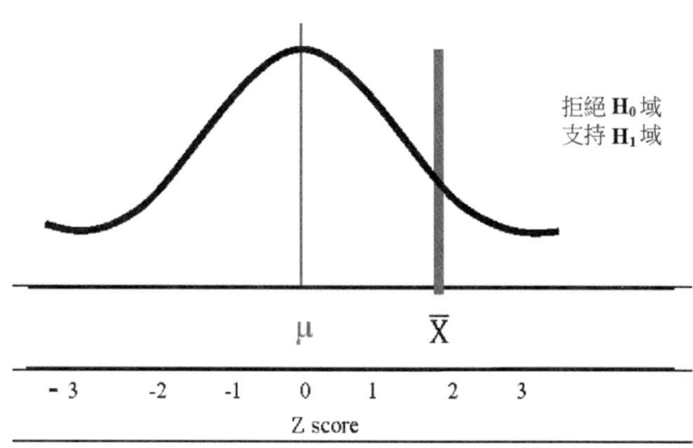

步驟六 計算樣本檢定統計量與求出相對應的p值。

計算樣本檢定統計量$Z_{\bar{x}}$值。

1. 檢定統計量 Z $= \frac{\bar{X}-\mu}{\sigma_{\bar{x}}} = \left(Z_{\bar{x}} = \frac{\bar{X}-\mu_{\bar{x}}}{\sigma_{\bar{x}}} = \frac{\bar{X}-\mu_x}{\frac{\sigma_x}{\sqrt{n}}} = \frac{\bar{X}-\mu_x}{\sigma_x \times \sqrt{\frac{1}{n}}} \right)$。

2. 從檢定統計量求出相對應的 p 值：
   (1) 查 Z 表，從檢定統計量求出相對應的p值。
   (2) 應用 Excel 語法 NORMDIST，找機率。

步驟七 做決策。

1. 檢定統計量絕對值與臨界值絕對值相比較（筆算或計算機運算）：

$|Z_{\bar{x}}|$ 與 $|Z_\alpha|$ or $\left|Z_{\frac{\alpha}{2}}\right|$相比較：

$|Z_{\bar{x}}| > |Z_\alpha|$ or $\left|Z_{\frac{\alpha}{2}}\right|$，落入拒絕$H_0$域，則拒絕$H_0$且支持$H_1$。

$|Z_{\bar{x}}| < |Z_\alpha|$ or $\left|Z_{\frac{\alpha}{2}}\right|$，落入不拒絕$H_0$域，則不拒絕$H_0$且不支持$H_1$。

2. p 與 α、$\frac{\alpha}{2}$相比較（使用軟體運算）：

p<α、$p<\frac{\alpha}{2}$ →落入拒絕H_0域，則拒絕H_0且支持H_1。

p>α、$p>\frac{\alpha}{2}$ →落入不拒絕H_0域，則不拒絕H_0且不支持H_1。

步驟八 下結論。

例題 某國家女性的平均體重 50 kg，標準差 10 kg，從中抽取 4 位女性的體重分別是 58、59、80、50，請問此 4 位女性的平均體重是否異於全國女性的平均體重？

1. 對立假說H_1：$\mu_1 \neq \mu$（代表兩組有差異），雙尾檢定。

   虛無假說H_0：$\mu_1 = \mu$（代表兩組無差異）。

2. 查$Z_{\frac{\alpha}{2}}$值或寫$\frac{\alpha}{2}$值，畫常態分配圖與拒絕H_0區。

   (1) 筆算或計算機運算：

   由 $\frac{\alpha}{2} = \frac{0.05}{2} = 0.025$，查 Z 表，得臨界值 $Z_{\frac{\alpha}{2}} = Z_{0.025} = 1.96$。

Z	右尾機率	Z	右尾機率	Z	右尾機率	Z	右尾機率	Z	右尾機率	Z	右尾機率
0.46	0.3228	0.96	0.1685	1.46	0.0722	1.96	0.0250	2.46	0.0069	2.96	0.0015

或 Excel 函數 NORM.S.INV(0.025)=1.96。

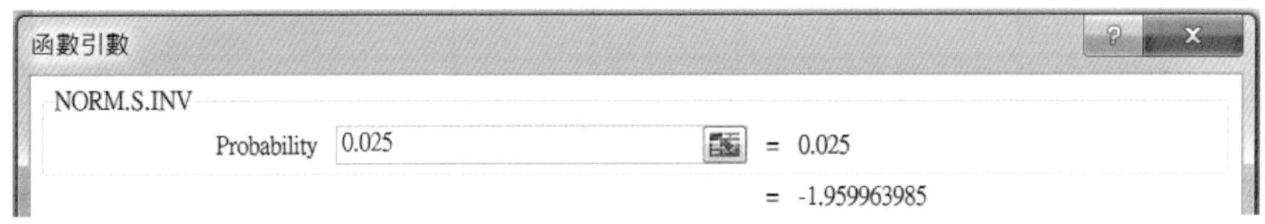

畫常態分配圖與拒絕H_0區。

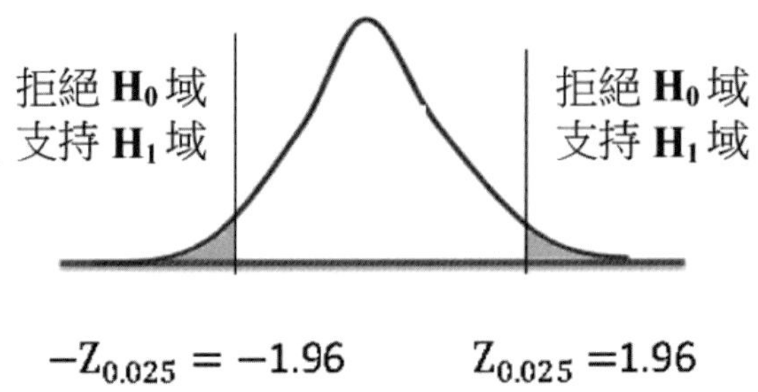

$-Z_{0.025} = -1.96$ $Z_{0.025} = 1.96$

(2) 使用軟體運算：

$$\frac{\alpha}{2} = \frac{0.05}{2} = 0.025$$

畫常態分配圖與拒絕H_0區。

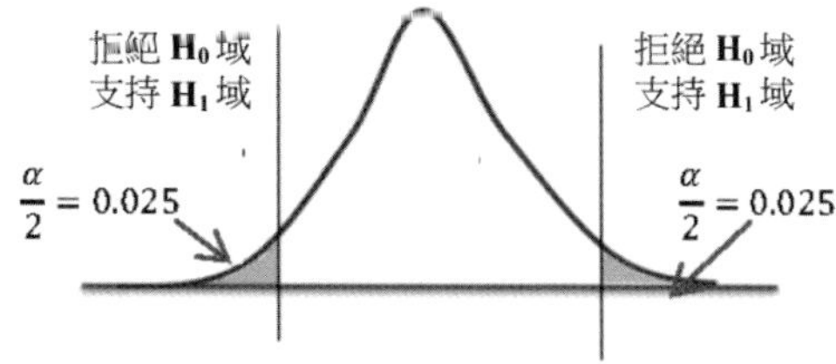

3. 樣本平均數$\overline{X} = \frac{50+58+59+80}{4} = 61.75$。

4. 樣本平均數抽樣分配的標準誤$\sigma_{\overline{x}} = (\frac{\sigma_x}{\sqrt{n}} = \sigma_x \times \sqrt{\frac{1}{n}}) = 10\sqrt{\frac{1}{4}}$。

5. 在常態分配標上 μ 值與$\overline{X}$。

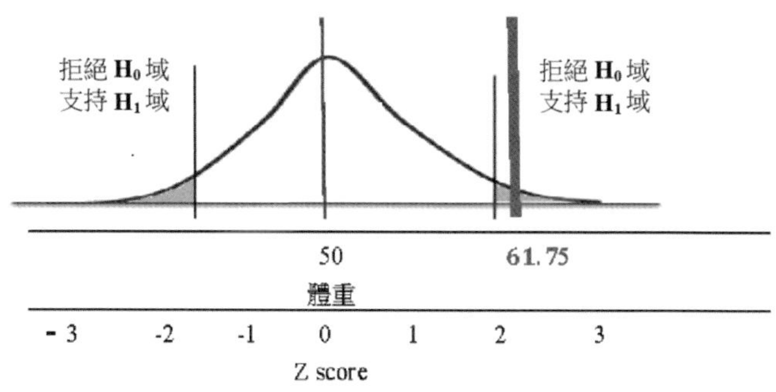

6. 計算樣本檢定統計量$Z_{\overline{x}}$值，查 Z 表求出相對應的p值：

(1) 檢定統計量$Z = \frac{\overline{X}-\mu}{\sigma_{\overline{x}}} = (Z_{\overline{x}} = \frac{\overline{X}-\mu_{\overline{x}}}{\sigma_{\overline{x}}} = \frac{\overline{X}-\mu_x}{\frac{\sigma_x}{\sqrt{n}}} = \frac{\overline{X}-\mu_x}{\sigma_x * \sqrt{\frac{1}{n}}}) = \frac{61.75-50}{10\sqrt{\frac{1}{4}}} = \frac{11.75}{5} = 2.35$，

查 Z 表，當$Z_{\overline{x}}$=2.35 時，p=0.0094。

Z	右尾機率	Z	右尾機率	Z	右尾機率	Z	右尾機率	Z	右尾機率	Z	右尾機率
0.35	0.3632	0.85	0.1977	1.35	0.0885	1.85	0.0322	2.35	0.0094	2.85	0.0022

7. 做決策：

(1) 筆算或計算機運算：

$|Z_{\bar{x}}| = 2.35 > \left|Z_{\frac{\alpha}{2}}\right| = |Z_{0.025}| = 1.96$，落入拒絕$H_0$域，拒絕$H_0$且支持$H_1$。

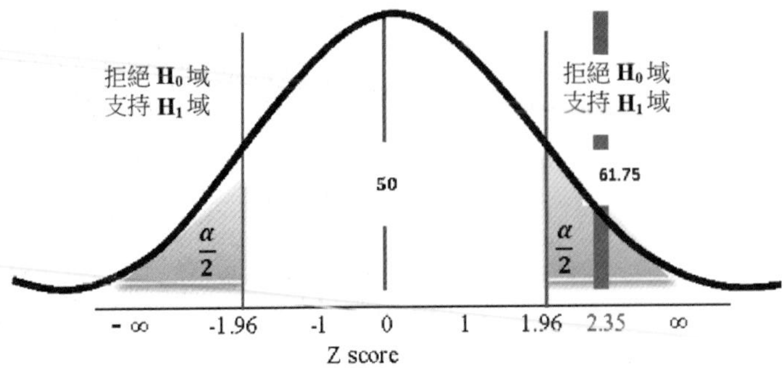

(2) 使用軟體運算：

$p = 0.0094 < \frac{\alpha}{2} = 0.025$，落入拒絕$H_0$域，拒絕$H_0$且支持$H_1$。

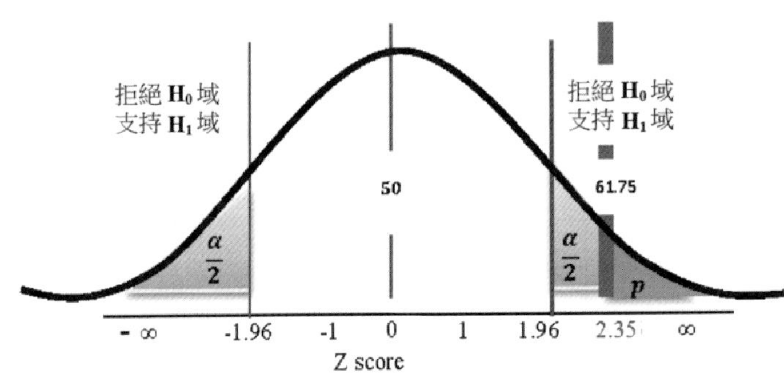

結論 單一樣本的檢定 Z 值=2.35，$p < 0.05$，考驗結果達顯著水準，表示此 4 位女性的平均體重與全國女性的平均體重有顯著差異存在，此 4 位女性的平均體重（61.75公斤）顯著高於全國女性的平均體重（50 公斤）。

7-3 單一樣本 Z 檢定（σ 未知，n≥30）

自變項是一組樣本，樣本數 n≥30，依變項為連續變項，樣本平均數$\bar{X}$，想知道此樣本來自母體平均數 μ（σ未知）的可能性，採用單一樣本 Z 檢定。

第一層次 母群體所有觀察值分配(X's)。

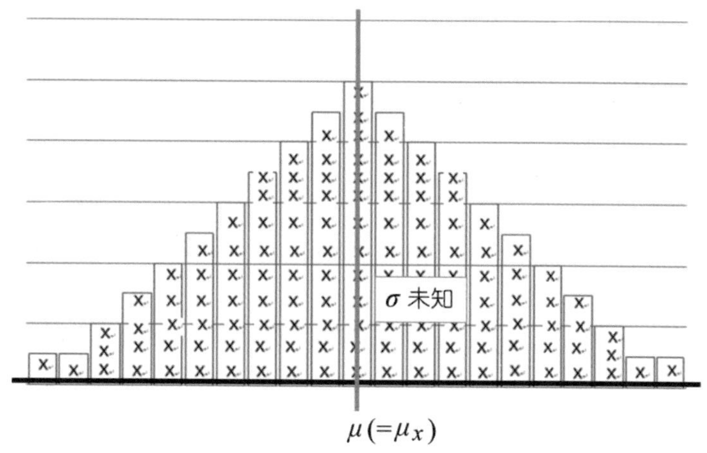

第二層次 樣本平均數抽樣分配($\bar{X}$'s)。

依據中央極限定理(CLT)，從母體隨機抽取樣本，每次抽出 n 個數值，計算其平均數$\bar{X}$。重複抽樣無限次，此無限多組樣本平均數之分配，稱為「樣本平均數抽樣分配」($\bar{X}$'s)。

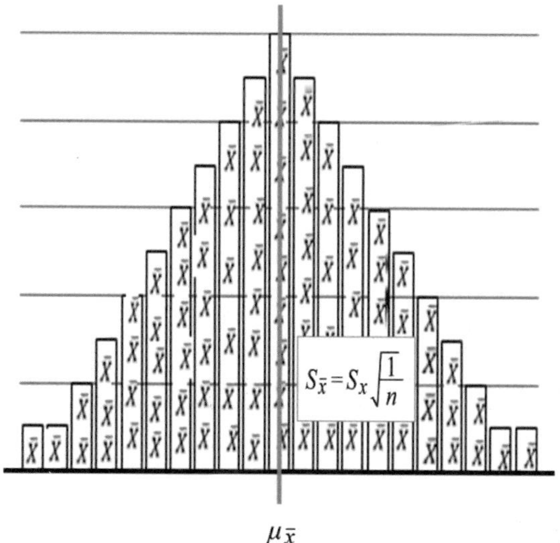

7-3-1 樣本平均數的抽樣分配($\bar{X}$'s)的特性（σ 未知，n≥30）

1. $\mu_{\bar{x}}=\mu=(\mu_x)$：

樣本平均數抽樣分配的平均數=母體平均數

2. $S_{\bar{x}}$（樣本平均數抽樣分配的標準誤）：

$$S_{\bar{x}}=\frac{S}{\sqrt{n}}=\left(\frac{S_x}{\sqrt{n}}=S_x\sqrt{\frac{1}{n}}=\sqrt{\frac{{S_x}^2}{n}}\right)$$

樣本平均數抽樣分配的標準誤=樣本標準差÷樣本數的平方根

=樣本標準差× $\sqrt{\frac{1}{樣本數}}$)

=（樣本變異數÷樣本數）的平方根

$$S=(S_x)=\sqrt{\frac{(x_i-\bar{x})^2}{n-1}}=\sqrt{\frac{\sum {x_I}^2-n\bar{x}^2}{n-1}}$$

當抽樣樣本數越大時，樣本平均數抽樣分配的標準誤($S_{\bar{x}}$)越小，代表新分配的差異性越小。用數學符號簡寫為$\bar{X}$~N(μ，${S_{\bar{x}}}^2$)。

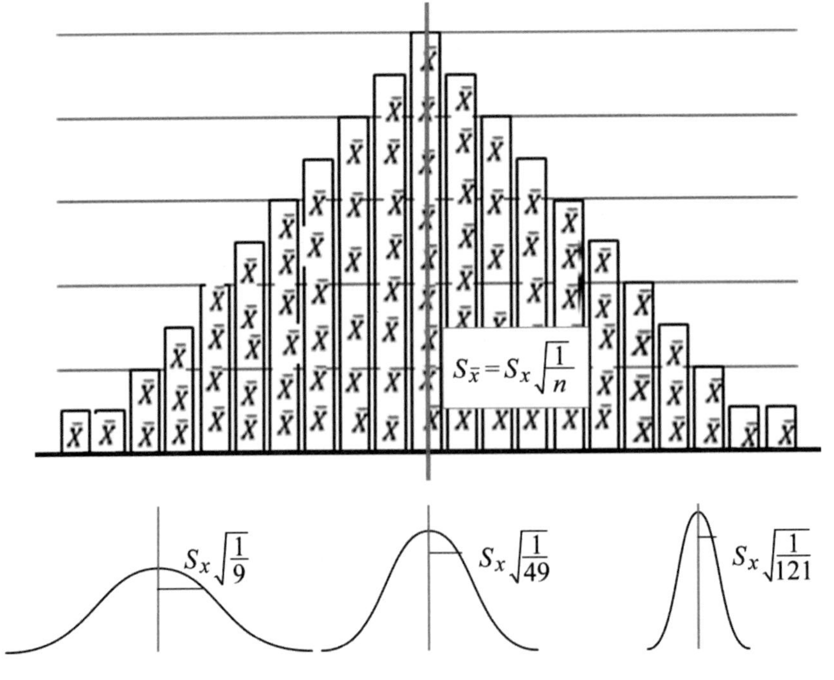

7-3-2 樣本檢定統計量（母體標準差 σ 未知，n≥30）

自變項是一組樣本，樣本數 n≥30，依變項為連續變項，樣本平均數($\bar{X}$)，此樣本來自母體平均數 μ（σ 未知），依據中央極限定理(CLT)，從母體隨機抽取樣本，每次抽出 n 個數值，n≥30，計算其平均數$\bar{X}$。重複抽樣無限次，樣本平均數的抽樣分配是常態分配，採用 Z 檢定。當母群標準差 σ 未知時，樣本平均數抽樣分配的標準誤必須由樣本標準差來推估。

依據樣本平均數的抽樣分配($\bar{X}$'s)，檢定樣本平均數($\bar{X}$)是否落入接受區，若是則表示樣本來自欲比較母體的可能性大。即樣本平均數的抽樣分配其平均數($\mu_{\bar{x}}$)與欲比較母體的其平均數(μ)是相等的。樣本檢定統計量 Z 值的公式如下：

$$\text{樣本檢定統計量}Z = \frac{\bar{X}-\mu}{S_{\bar{X}}} = (Z_{\bar{X}} = \frac{\bar{X}-\mu_{\bar{x}}}{S_{\bar{X}}} = \frac{\bar{X}-\mu_X}{\frac{S_X}{\sqrt{n}}} = \frac{\bar{X}-\mu_X}{S_X * \sqrt{\frac{1}{n}}})$$

$\mu_{\bar{x}} = \mu = (\mu_X)$

樣本平均數抽樣分配的平均數=母體平均值

$S_{\bar{X}} = \frac{S}{\sqrt{n}} = (\frac{S_X}{\sqrt{n}} = S_X \times \sqrt{\frac{1}{n}})$

（樣本平均數抽樣分配的標準誤=樣本標準差／樣本數的平方根=樣本標準差× $\sqrt{\frac{1}{\text{樣本數}}}$）

7-3-3 單一樣本 Z 檢定的決策準則（σ 未知，n≥30）

7-3-3-1 落入拒絕H_0域／棄卻區的決策準則

1. 檢定統計量與臨界值相比較的決策準則：

(1) H_1：$\mu_1 \neq \mu$，$|Z_{\bar{x}}|$（檢定統計量 Z 值的絕對值）> $\left|Z_{\frac{\alpha}{2}}\right|$（臨界值 Z 值的絕對值），落入拒絕 H_0 域，拒絕 H_0 並且支持 H_1。

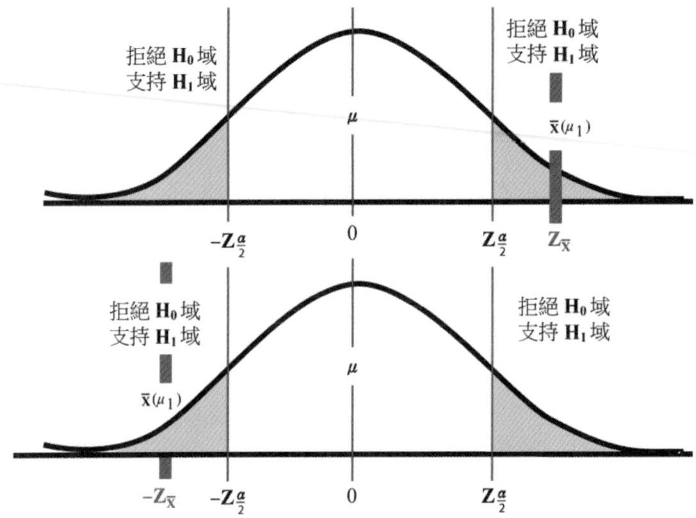

(2) H_1：$\mu_1<\mu$，$|Z_{\bar{x}}| > |Z_\alpha|$，落入拒絕$H_0$域，拒絕$H_0$且支持$H_1$。

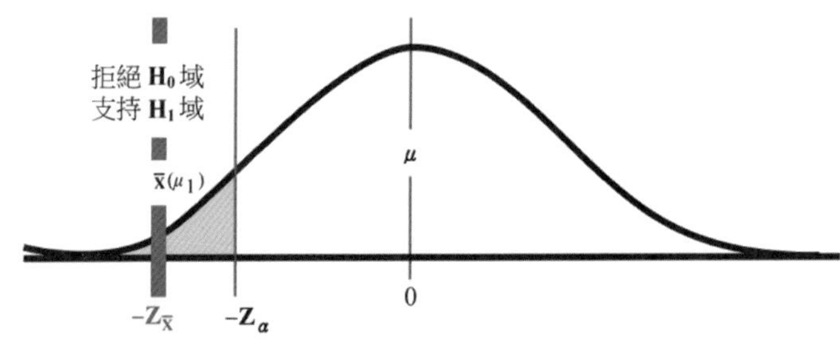

(3) H_1：$\mu_1>\mu$，$|Z_{\bar{x}}| > |Z_\alpha|$，落入拒絕$H_0$域，拒絕$H_0$且支持$H_1$。

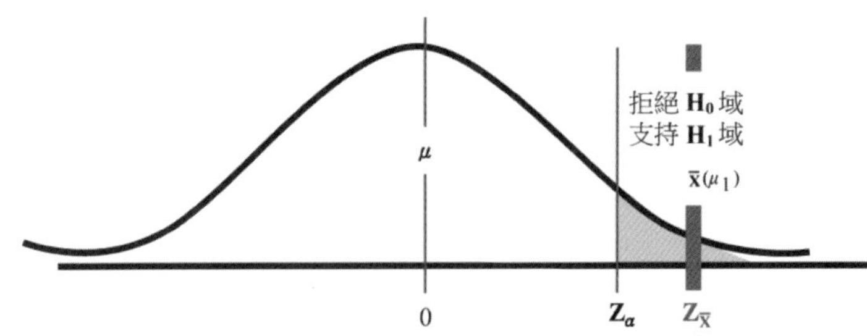

2. p 與 α 或 $\frac{\alpha}{2}$ 相比較的決策準則：

(1) H_1：$\mu_1 \neq \mu$，$p < \frac{\alpha}{2}$，落入拒絕H_0域，拒絕H_0且支持H_1。

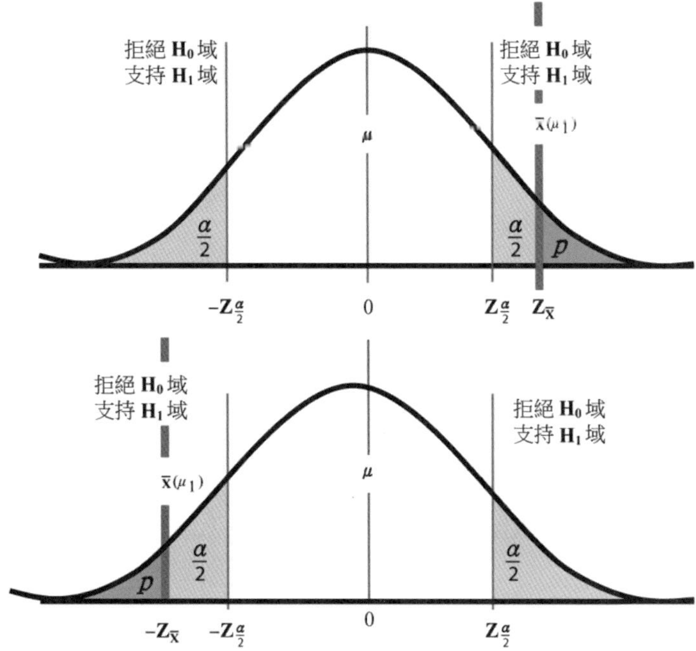

(2) H_1：$\mu_1 < \mu$，$p < \alpha$，落入拒絕H_0域，拒絕H_0且支持H_1。

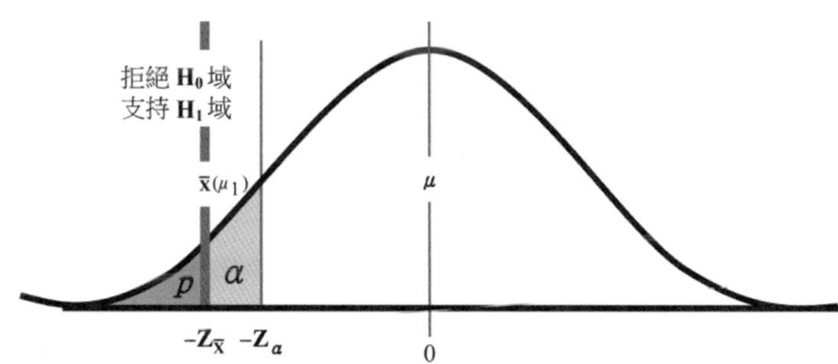

(3) H_1：$\mu_1 > \mu$，$p < \alpha$，落入拒絕H_0域，拒絕H_0且支持H_1。

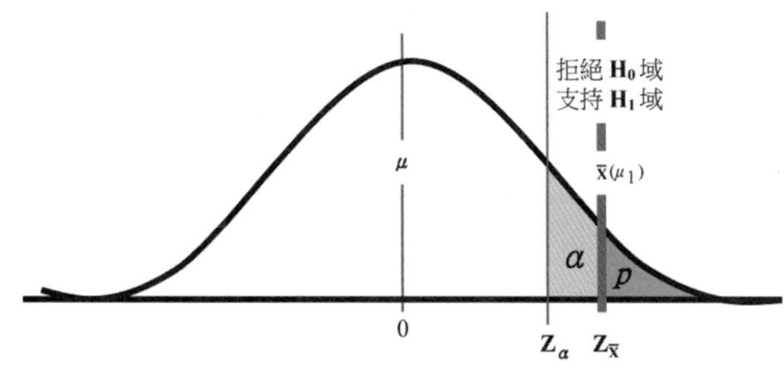

7-3-3-2 落入不拒絕H_0域的決策準則

1. 檢定統計量與臨界值相比較的決策準則：

(1) H_1：$\mu_1 \neq \mu$，$|Z_{\bar{X}}| < \left|Z_{\frac{\alpha}{2}}\right|$，落入不拒絕$H_0$域，不拒絕$H_0$且不支持$H_1$。

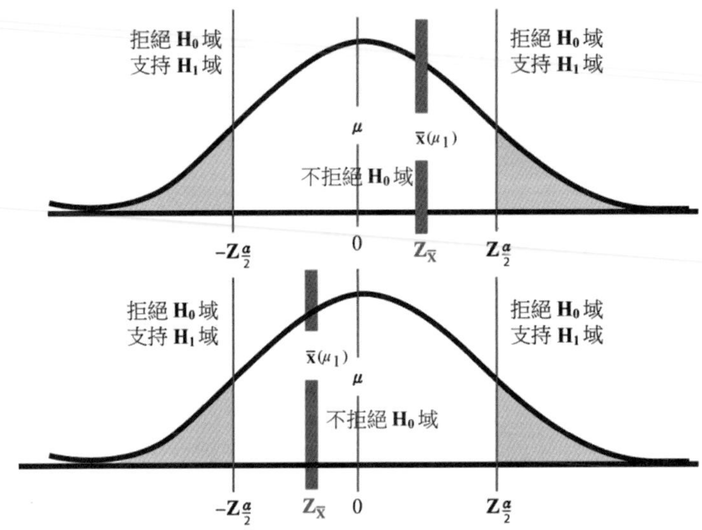

(2) H_1：$\mu_1 < \mu$，$|Z_{\bar{X}}| < |Z_\alpha|$，落入不拒絕$H_0$域，不拒絕$H_0$且不支持$H_1$。

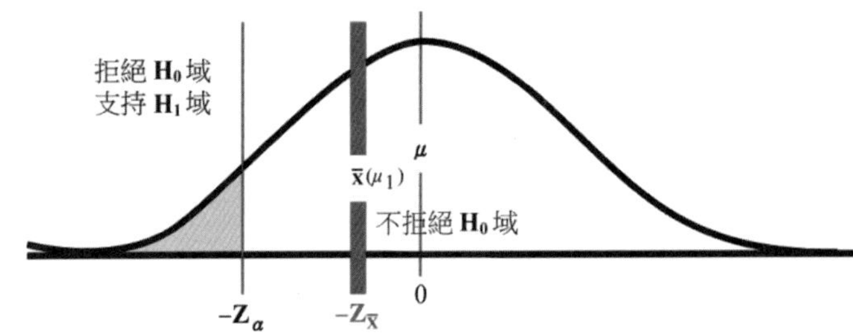

(3) H_1：$\mu_1 > \mu$，$|Z_{\bar{X}}| < |Z_\alpha|$，落入不拒絕$H_0$域，不拒絕$H_0$且不支持$H_1$。

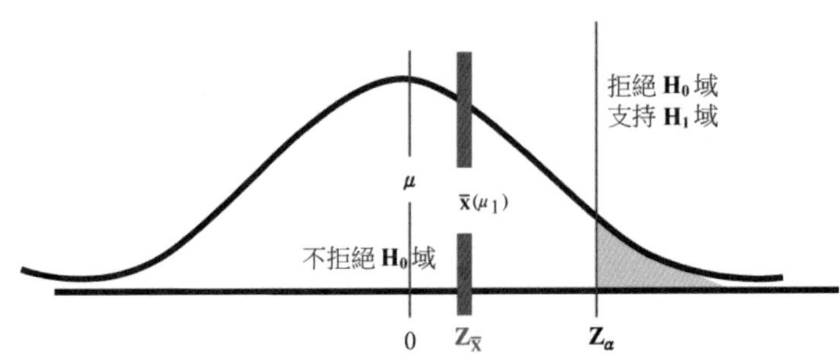

2. p 與 α 或 $\frac{\alpha}{2}$ 相比較的決策準則：

(1) H_1：$\mu_1 \neq \mu$，$p > \frac{\alpha}{2}$，落入不拒絕H_0域，不拒絕H_0且不支持H_1。

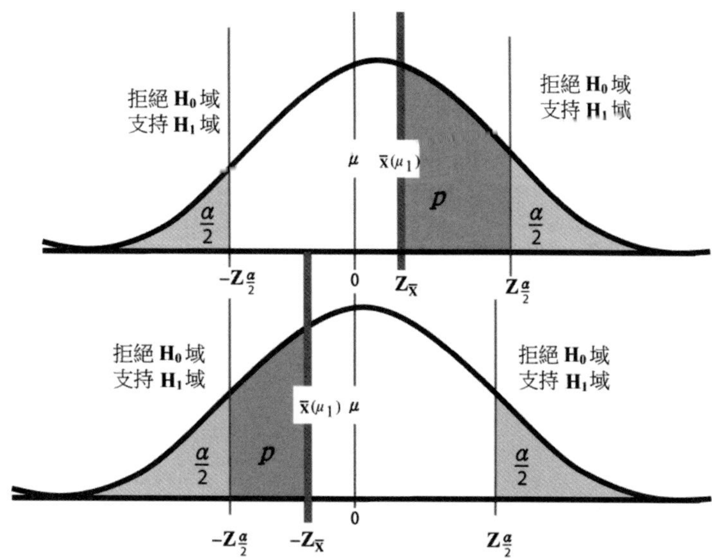

(2) H_1：$\mu_1 > \mu$，$p > \alpha$，落入不拒絕H_0域，不拒絕H_0且不支持H_1。

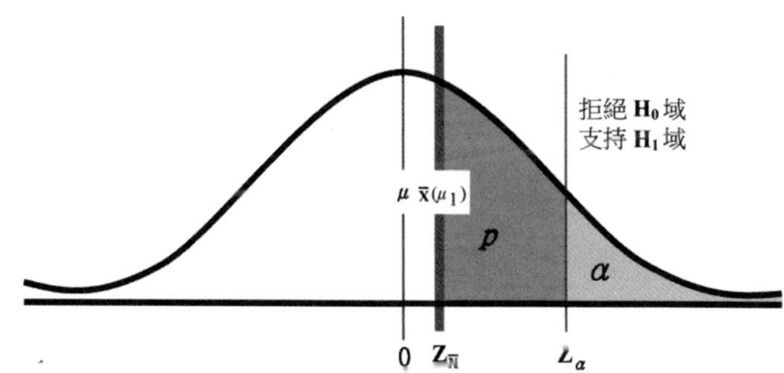

(3) H_1：$\mu_1 < \mu$，$p > \alpha$，落入不拒絕H_0域，不拒絕H_0且不支持H_1。

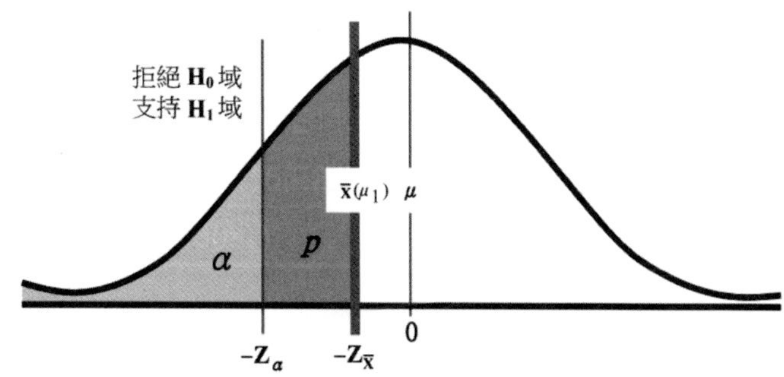

7-4 單一樣本 Z 檢定八步驟（σ 未知，n≥30）

步驟一　依據題意先寫對立假設，再寫虛無假設，並決定單或雙尾檢定。

題意	假設形式	檢定型態
有無差異、異於、不等於...	$H_1：\mu_1 \neq \mu$；$H_o：\mu_1 = \mu$	雙尾檢定
小於、輕、低...	$H_1：\mu_1 < \mu$；$H_o：\mu_1 \geq \mu$	單尾（左尾）
大於、重、高...	$H_1：\mu_1 > \mu$；$H_o：\mu_1 \leq \mu$	單尾（右尾）

步驟二　確定檢定的方法，由臨界值或 α 值，畫常態分配與拒絕區 H_o 域。

1. 臨界值或 α 值：
   (1) 依據對立假設由顯著水準，查 Z 表求出相對應的臨界值 Z_α 或 $Z_{\frac{\alpha}{2}}$（筆算或計算機運算），或 Excel 函數 NORM.S.INV。
   (2) 寫 α、$\frac{\alpha}{2}$（使用軟體運算）。

2. 畫出常態分配與拒絕 H_o 域。

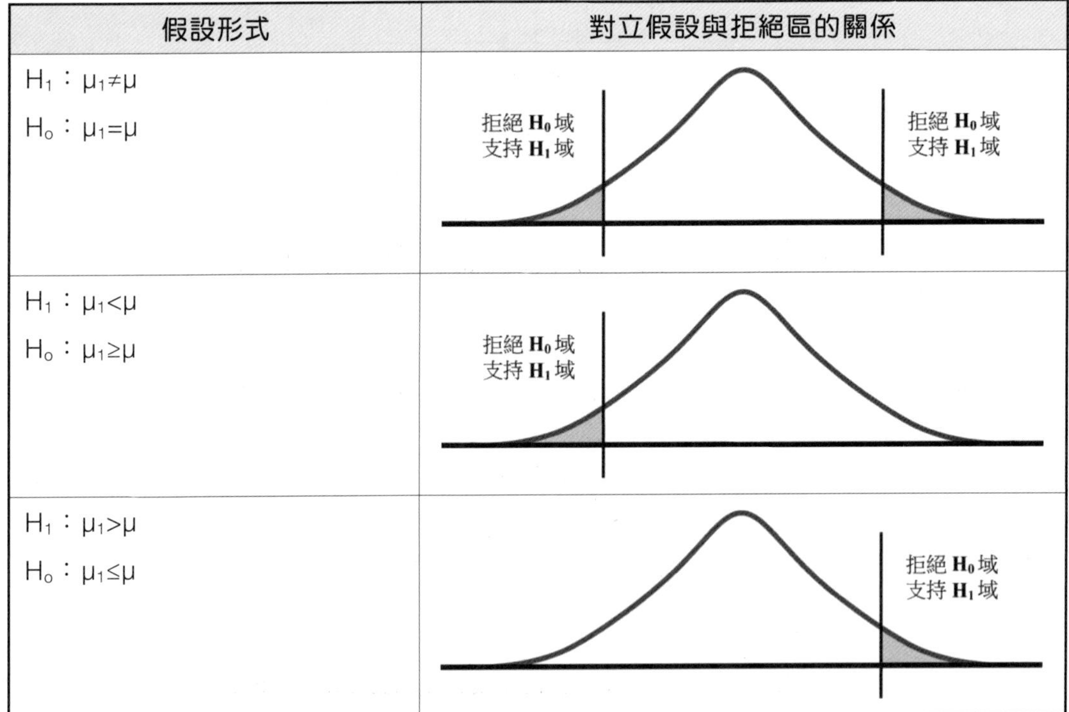

假設形式	對立假設與拒絕區的關係
$H_1：\mu_1 \neq \mu$ $H_o：\mu_1 = \mu$	拒絕 H_0 域 支持 H_1 域（左）；拒絕 H_0 域 支持 H_1 域（右）
$H_1：\mu_1 < \mu$ $H_o：\mu_1 \geq \mu$	拒絕 H_0 域 支持 H_1 域
$H_1：\mu_1 > \mu$ $H_o：\mu_1 \leq \mu$	拒絕 H_0 域 支持 H_1 域

步驟三 算樣本平均數$\overline{X} = \frac{\sum_{i=1}^{i=n} x_i}{n} = \frac{x_1 + ... + x_n}{n}$。

步驟四 算樣本平均數抽樣分配的標準誤$S_{\overline{x}}$。

樣本平均數抽樣分配的標準誤 $S_{\overline{x}} = (\frac{S_x}{\sqrt{n}} = S_x \times \sqrt{\frac{1}{n}})$。

$$S = (S_x) = \sqrt{\frac{(x_i - \overline{x})^2}{n-1}} = \sqrt{\frac{\sum X_i{}^2 - n\overline{x}^2}{n-1}}$$

步驟五 在常態分配標上 μ 值與$\overline{X}$。

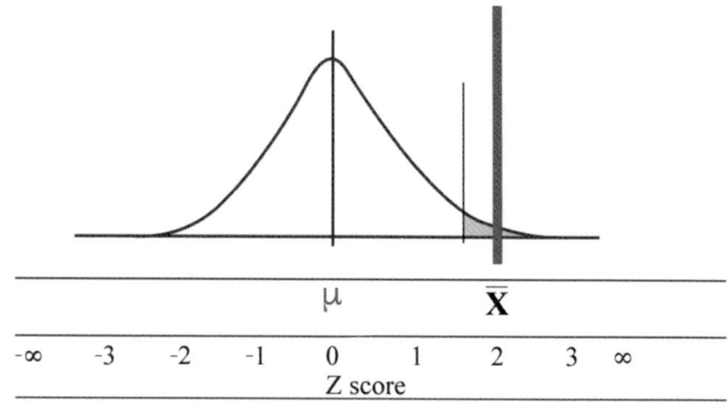

步驟六 計算樣本檢定統計量$Z_{\overline{x}}$值與樣本檢定統計量相對應p值。

1. 計算樣本檢定統計量$Z_{\overline{x}}$值：

$$Z = \frac{\overline{X} - \mu}{S_{\overline{x}}} = (Z_{\overline{x}} = \frac{\overline{X} - \mu_{\overline{x}}}{S_{\overline{x}}} = \frac{\overline{X} - \mu_x}{\frac{S_x}{\sqrt{n}}} = \frac{\overline{X} - \mu_x}{S_x \times \sqrt{\frac{1}{n}}})$$

2. 檢定統計量$Z_{\overline{x}}$值其相對應p值：

(1) 查 Z 表，查檢定統計量 $Z_{\overline{x}}$求出相對應p 值。

(2) Excel 函數 NORMDIST，求機率。

步驟七 做決策。

1. 筆算或計算機運算：樣本檢定統計量絕對值與臨界值絕對值相比較。

$|Z_{\bar{x}}|$與 $|Z_\alpha|$ or $\left|Z_{\frac{\alpha}{2}}\right|$相比較：

$|Z_{\bar{x}}| > |Z_\alpha|$ or $\left|Z_{\frac{\alpha}{2}}\right|$，落入拒絕$H_0$域，則拒絕$H_0$且支持$H_1$。

$|Z_{\bar{x}}| < |Z_\alpha|$ or $\left|Z_{\frac{\alpha}{2}}\right|$，落入不拒絕$H_0$域，則不拒絕$H_0$且不支持$H_1$。

2. 使用軟體運算：p 與 α、$\frac{\alpha}{2}$相比較：

$p<\alpha$、$p<\frac{\alpha}{2}$→落入拒絕H_0域，則拒絕H_0且支持H_1。

$p>\alpha$、$p>\frac{\alpha}{2}$→落入不拒絕H_0域，則不拒絕H_0且不支持H_1。

步驟八 下結論。

例題 **某國家女性的平均體重 50 kg，從中抽取 36 位女性的體重分別是** 58、59、80、50、60、60、60、60、60、60、60、61、62、63、64、65、66、67、68、69、70、71、72、73、74、75、76、77、78、79、80、81、82、83、84、85，**請問此 36 位女性的平均體重是否異於全國女性的平均體重？**($\alpha = 0.05$)

1. 對立假說H_1：$\mu_1 \neq \mu$（代表兩組有差異），雙尾檢定。

虛無假說H_0：$\mu_1 = \mu$（代表兩組無差異）。

2. 確定 Z 檢定的方法，查臨界$Z_{\frac{\alpha}{2}}$值或寫$\frac{\alpha}{2}$值，畫常態分配與拒絕H_0區。

(1) 筆算或計算機運算：

由 $\frac{\alpha}{2} = \frac{0.05}{2} = 0.025$，查 Z 表得臨界值 $Z_{\frac{\alpha}{2}} = Z_{0.025} = 1.96$。

Z	右尾機率	Z	右尾機率	Z	右尾機率	Z	右尾機率	Z	右尾機率	Z	右尾機率
0.46	0.3228	0.96	0.1685	1.46	0.0722	1.96	0.0250	2.46	0.0069	2.96	0.0015

或 Excel 函數 NORM.S.INV(0.025)=1.96。

畫常態分配與拒絕H_0域。

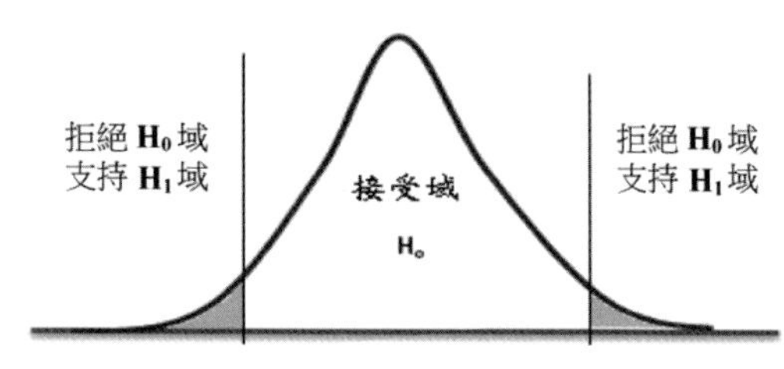

$-Z_{0.025}=-1.96$　　　　　　$Z_{0.025}=1.96$

(2) 使用軟體運算：

$\frac{\alpha}{2}=\frac{0.05}{2}=0.025$

畫常態分配與拒絕H_0域。

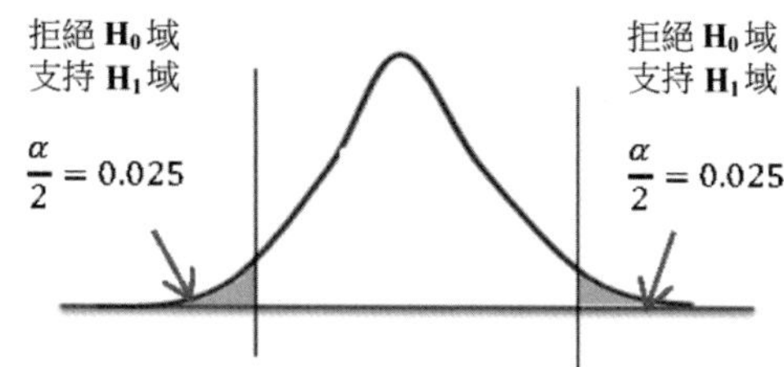

3. 樣本平均數$\overline{X}=\frac{50+58+59+80+60+\cdots+70+71+\cdots\cdots+85}{36}=69.22$。

4. 樣本平均數抽樣分配的標準誤：

$$S_{\bar{x}}=\frac{S}{\sqrt{n}}=(\frac{S_x}{\sqrt{n}}=S_x\times\sqrt{\frac{1}{n}})=\frac{9.21}{\sqrt{36}}=9.21\sqrt{\frac{1}{36}}=1.53$$

$$S=(S_x)=\sqrt{\frac{(x_i-\bar{x})^2}{n-1}}=\sqrt{\frac{\sum X_I{}^2-n\bar{x}^2}{n-1}}=\sqrt{\frac{(50^2+58^2+59^2+\cdots+84^2+85^2)-36\times(69.22)^2}{36-1}}$$

$=9.21$。

5. 在常態分配寫上 μ、$\overline{X}$。

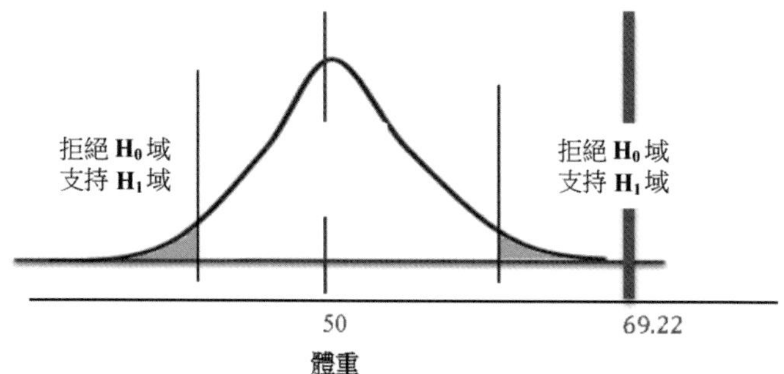

6. 計算樣本檢定統計量$Z_{\bar{X}}$值，查 Z 表求出相對應的p值：

(1) 檢定統計量$Z = \frac{\bar{X}-\mu}{S_{\bar{X}}} = (Z_{\bar{X}}=\frac{\bar{X}-\mu_{\bar{X}}}{S_{\bar{X}}}=\frac{\bar{X}-\mu_X}{\frac{S_X}{\sqrt{n}}}=\frac{\bar{X}-\mu_X}{S_X\times\sqrt{\frac{1}{n}}}) = \frac{69.22-50}{\frac{9.21}{\sqrt{36}}} = \frac{69.22-50}{9.21\sqrt{\frac{1}{36}}}$

$= \frac{19.22}{1.53} = 12.52$。

(2) 查 Z 表，當$Z_{\bar{X}} = 12.52$ 時，$p<0.0014$。

Z	右尾機率	Z	右尾機率	Z	右尾機率	Z	右尾機率	Z	右尾機率	Z	右尾機率
0.49	0.3132	0.99	0.1611	1.49	0.0681	1.99	0.0233	2.49	0.0064	2.99	0.0014

7. 做決策：

(1) 筆算或計算機運算：

$|Z_{\bar{X}}| = 12.52 > \left|Z_{\frac{\alpha}{2}}\right| = |Z_{0.025}| = 1.96$，落入拒絕$H_0$域，拒絕$H_0$且支持$H_1$。

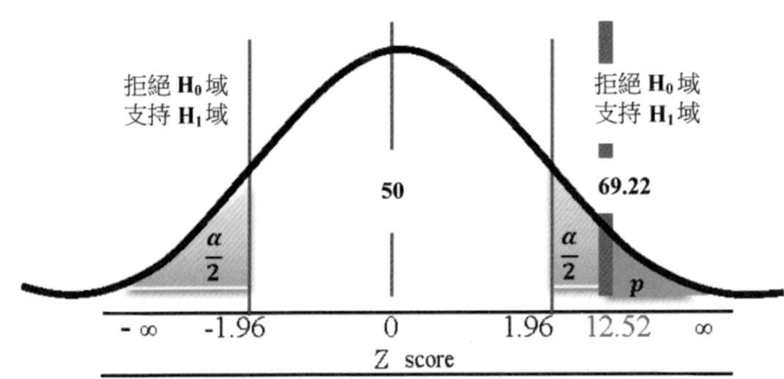

(2) 使用軟體運算：

$p < 0.0014 < \frac{\alpha}{2} = 0.025$，落入拒絕$H_0$域，拒絕$H_0$且支持$H_1$。

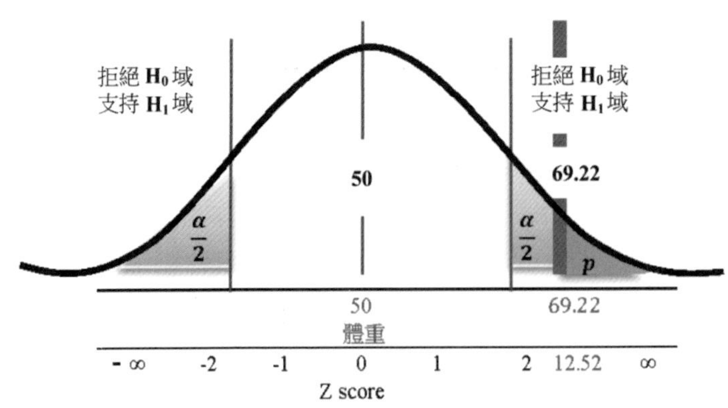

結論 單一樣本的檢定（σ未知）Z 值=12.52，$p < 0.05$，考驗結果達顯著水準，表示此 36 位女性的平均體重與全國女性的平均體重有顯著差異存在，此 36 位女性的平均體重（69.22公斤）顯著高於全國女性的平均體重（50 公斤）。

7-5 單一樣本 Z 檢定-Excel 應用

7-5-1 單一樣本 Z 檢定（σ已知）-Excel 應用

例題 某國家女性的平均體重 50 kg，標準差 10 kg，從中抽取 36 位女性的體重分別是 58、59、80、50、60、60、60、60、60、60、60、61、62、63、64、65、66、67、68、69、70、71、72、73、74、75、76、77、78、79、80、81、82、83、84、85，請問此 36 位女性的平均體重是否異於全國女性的平均體重？($\alpha = 0.05$)

步驟一 在 A1-A36 欄位分別輸入 58、59、80、50、60、60、60、60、60、60、60、61、62、63、64、65、66、67、68、69、70、71、72、73、74、75、76、77、78、79、80、81、82、83、84、85。($\alpha = 0.05$)

步驟二 把游標移置 B1，輸入「母體平均數」，把游標移置 C1，輸入「50」。把游標移置 B2，輸入「母體標準差」，把游標移置 C2，輸入「10」。把游標移置 B3，輸入「樣本平均數」，把游標移置 B4，輸入「p」。

步驟三 把游標移置 C3，點「*fx*」選「AVERAGE」，按確定。在「AVERAGE」對話方塊中的「Value 1」，按「▦」輸入「A1：A36」，按「▦」，得知平均數「69.222222」。

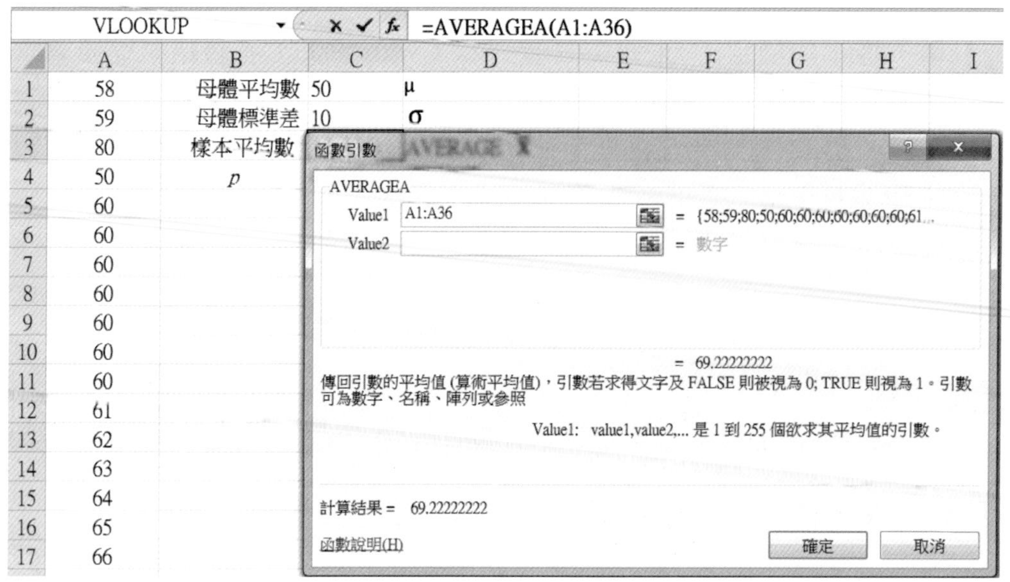

步驟四 把游標移置 C4，點「fx」選「ZTEST」，按確定。在「ZTEST」對話方塊中的「Array」欄位按「▦」輸入「A1：A36」按「▦」，「X」欄位按「▦」點「C1」按「▦」，「Sigma」欄位按「▦」點「C2」按「▦」得知 p 值「4.48029E − 31」。

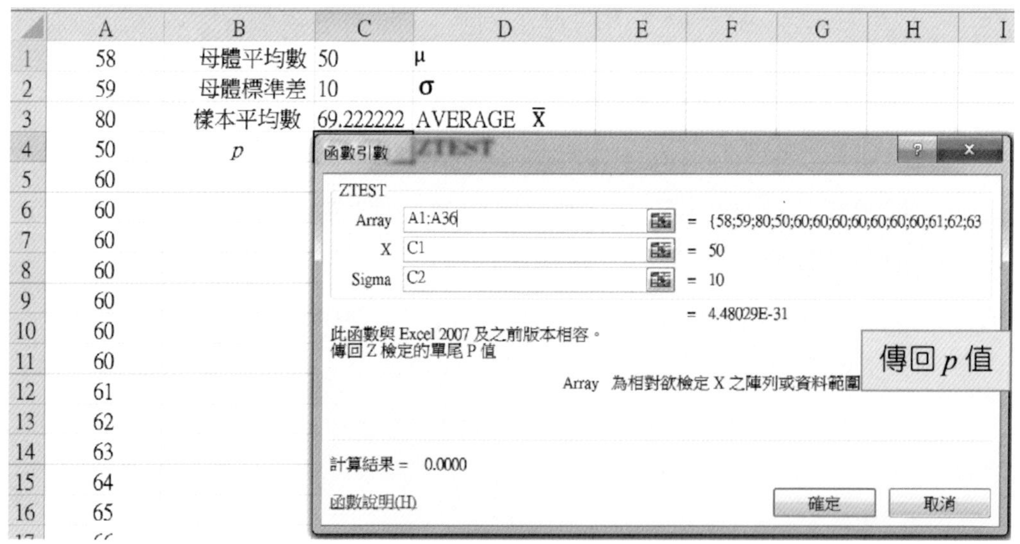

Array 資料範圍
X 表示虛無假設 H_0 的檢定值(μ)
Sigma 母體標準差，已知則給定數值，未知則空白

結論 單一樣本 Z 檢定（σ 已知）Z 值＝12.52，$p < 0.05$，考驗結果達顯著水準，表示此 36 位女性的平均體重與全國女性的平均體重有顯著差異存在，此 36 位女性平均體重（69.22 公斤）顯著高於全國女性的平均體重（50 公斤）。

7-5-2 單一樣本 Z 檢定（σ 未知）-Excel 應用

例題 某國家女性的平均體重 50 kg，從中抽取 36 位女性的體重分別是 58、59、80、50、60、60、60、60、60、60、60、61、62、63、64、65、66、67、68、69、70、71、72、73、74、75、76、77、78、79、80、81、82、83、84、85，請問此 36 位女性的平均體重是否異於全國女性的平均體重？$(\alpha = 0.05)$

步驟一 在 A1-A36 欄位分別輸入 58、59、80、50、60、60、60、60、60、60、60、61、62、63、64、65、66、67、68、69、70、71、72、73、74、75、76、77、78、79、80、81、82、83、84、85。

步驟二 把游標移置 B1，輸入「母體平均數」，把游標移置 C1，輸入「50」。把游標移置 B2 輸入「樣本平均數」，把游標移置 B3 輸入「樣本標準差」，把游標移置 B4 輸入「p」。

步驟三 把游標移置 C2，點「fx」選「AVERAGE」，按確定。在「AVERAGE」對話方塊中的「Value 1」，按「」輸入「A1：A36」，按「」，得知平均數「69.222222」。

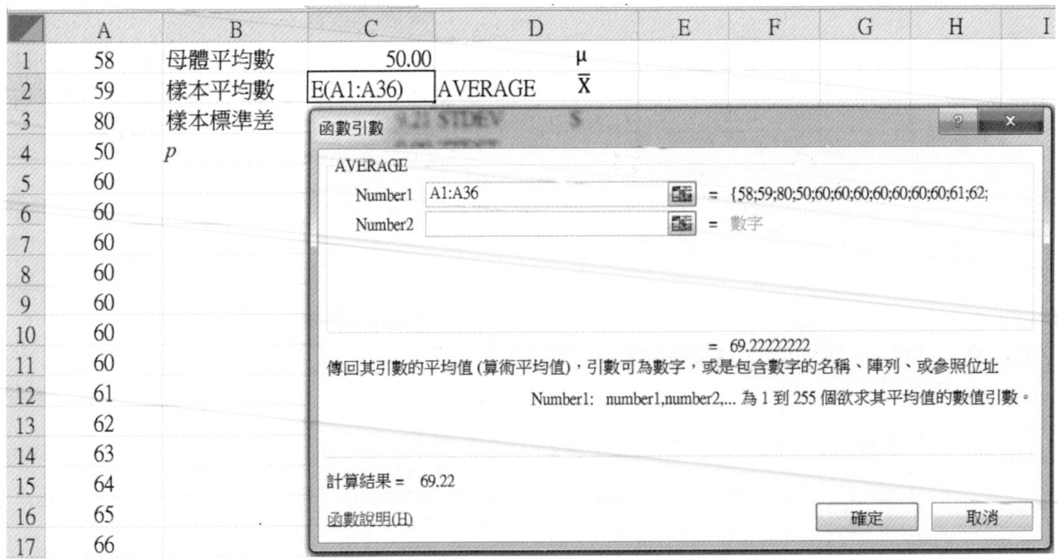

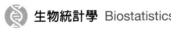

步驟四 把游標移置 C3，點「*fx*」選「STDEV.S」，按確定。在「STDEV.S」對話方塊中的「Number1」欄位按「▦」輸入「A1：A36」按「▦」，得知樣本標準差「9.20903628」。

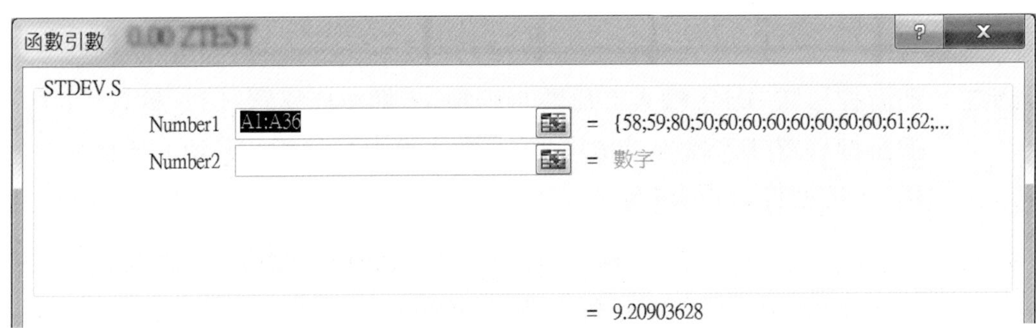

步驟五　把游標移置 C4，點「*fx*」選「ZTEST」，按確定。在「ZTEST」對話方塊中的「Array」欄位按「」輸入「A1：A36」按「」，「X」欄位按「」輸入「C1」按「」，得知 p 值「2.76153E-36」。

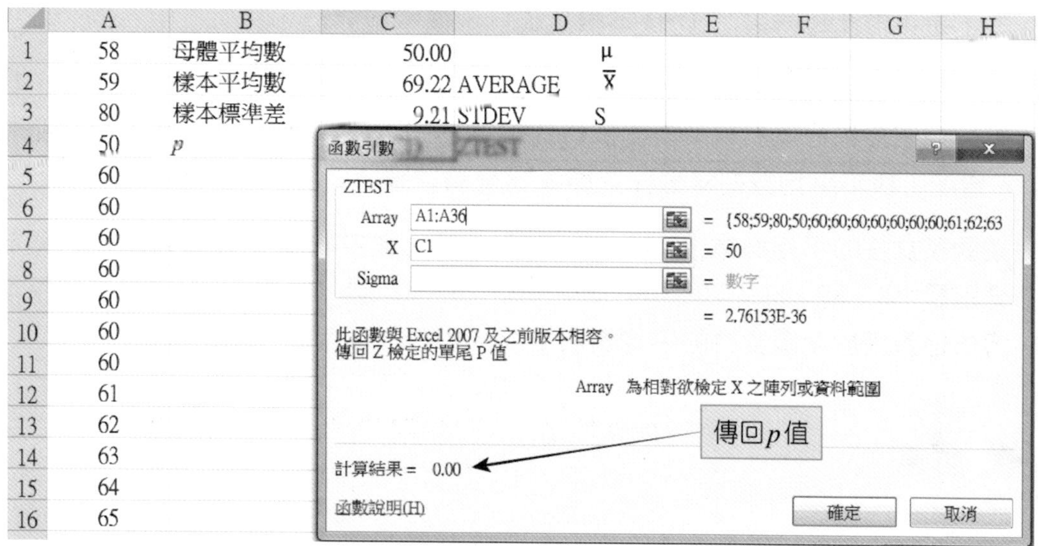

結論　單一樣本單一樣本 Z 檢定（σ 未知）Z 值=12.52，$p < 0.05$，考驗結果達顯著水準，表示此 36 位女性的平均體重與全國女性的平均體重有顯著差異存在，此 36 位女性的平均體重（69.22公斤）顯著高於全國女性的平均體重（50 公斤）。

7-6 課後實作

1. $p<0.05$ 表示：(A)結果無達「統計顯著意義」 (B)表示接受 H_0 (C)表示樣本不是來自此母群體 (D)樣本檢定統計量值<臨界值。
2. 依據中央極限定理$\bar{X}$'s 的特性下列何者為非：(A) $\bar{X}$'s 會趨近常態分布 (B)樣本平均數抽樣分配的標準誤等於母體標準差除以樣本數 n 的平方根 (C)隨著 n 增加，樣本平均數抽樣分配之標準誤會隨之變大。
3. 某國家女性的平均壽命 85 歲，標準差 5 歲，從中抽取 9 位女性的平均壽命分別是 88、89、80、70、78、89、80、70、82 歲，請問此 9 位女性的平均壽命是否異於全國女性的平均壽命？($\alpha=0.05$)

解答

1. C
2. C
3. 解答如下：

步驟一 H_1：$\mu_1 \neq \mu$；H_0：$\mu_1 = \mu$，雙尾檢定。

步驟二 查 Z 表，$Z_{\frac{\alpha}{2}} = Z_{0.025} = 1.96$。

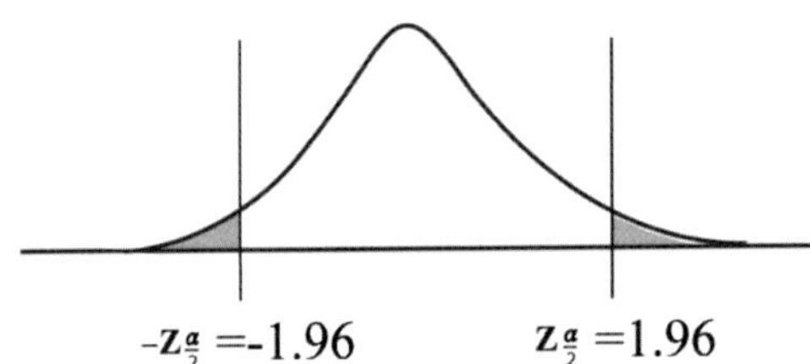

步驟三 樣本平均數$\bar{X} = \frac{\sum_{i=1}^{i=n} x_i}{n} = \frac{x_1+....+x_n}{n} = \frac{88+....+82}{9} = 80.67$。

步驟四 算平均數的標準誤$\sigma_{\bar{x}} = \left(\frac{\sigma_x}{\sqrt{n}} = \sigma_x \times \sqrt{\frac{1}{n}}\right) = 5 \times \sqrt{\frac{1}{9}}$。

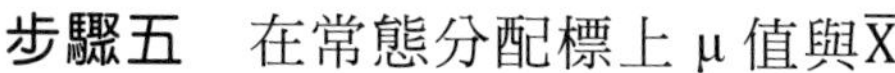

步驟五 在常態分配標上 μ 值與$\bar{X}$

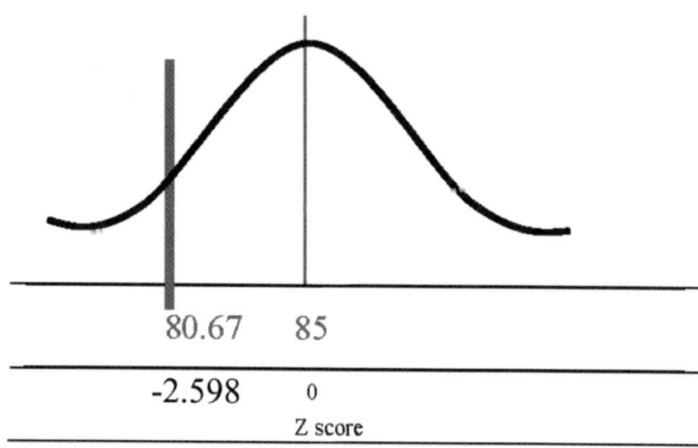

步驟六 檢定統計量 $Z = \frac{\bar{X}-\mu}{\sigma_{\bar{x}}} = \left(Z_{\bar{x}} = \frac{\bar{X}-\mu_{\bar{x}}}{\sigma_{\bar{x}}} = \frac{\bar{X}-\mu_{x}}{\frac{\sigma_{x}}{\sqrt{n}}} = \frac{\bar{X}-\mu}{\sigma_{x}\times\sqrt{\frac{1}{n}}}\right)$

$= \frac{80.67-85}{5\times\sqrt{\frac{1}{9}}} = -2.598$。

步驟七 $|Z_{\bar{x}}| = 2.598 > |Z_{\alpha}| = 1.96$，落入拒絕$H_0$域，則拒絕$H_0$且支持$H_1$。

步驟八 下結論：

單一樣本 Z 檢定的檢定 Z 值=−2.598，$p < 0.05$，考驗結果達顯著水準，表示此 9 位女性的平均壽命與全國女性的平均壽命有顯差異存在。

MEMO

Biostatistics

08 單一樣本 *t* 檢定

Biostatistics

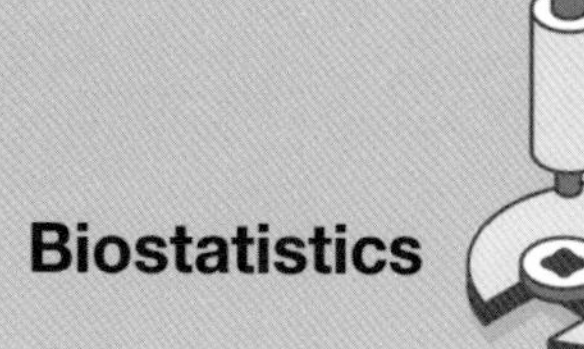

8-1 前提假設與使用時機

8-1-1 前提假設與使用時機

自變項是一組樣本，樣本數 n<30，依變項為連續變項，此樣本平均數($\bar{X}$)，樣本來自母體平均數 μ（σ 未知），採用 *t* 檢定。這種小樣本數的概念，約在西元 1915 年，由愛爾蘭的都柏林黑啤酒釀造所的一位顧問統計師郭歇特(William Seely Gosset)所倡用。以司徒登(Student)的假名，在機率論和統計學中，**學生 *t*-分配**(Student's *t*-distribution)，可簡稱為 *t* 分配。*t* 分配是取決於**樣本大小**(n)；當樣本數大於等於 30，*t* 分配趨近於 Z 分配。

t 檢定改進了 **Z 檢定(Z-test)**，因為 Z 檢定以母體**標準差**已知為前提，雖然在樣本數量大（超過 30 個）時，可以應用 Z 檢定來求得近似值，但 Z 檢定用在小樣本會產生很大的誤差，因此必須改用 *t* 檢定以求準確。

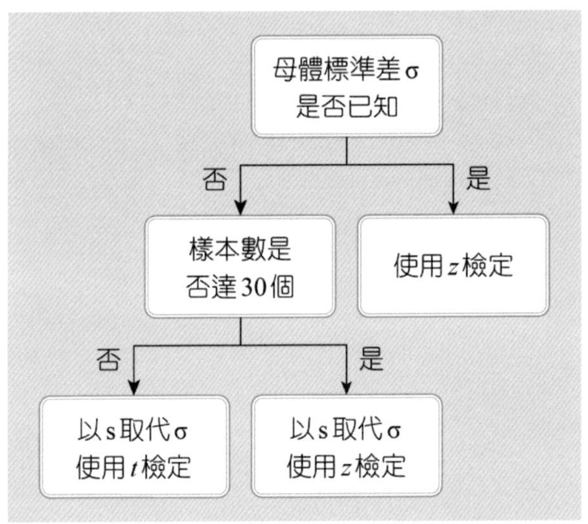

標準化→$Z_{\bar{X}} = \frac{(\bar{X}-\mu_{\bar{X}})}{\sigma_{\bar{X}}}$

$= \frac{(\bar{X}-\mu)}{\frac{\sigma_X}{\sqrt{n}}} = \frac{\bar{X}-\mu_{\bar{X}}}{\sigma_X \times \sqrt{\frac{1}{n}}}$

（σ已知）

1. $\mu_{\bar{X}} = \mu = \mu_X$

   樣本平均數抽樣分配的平均數＝母體平均數

2. $\sigma_{\bar{X}} = \frac{\sigma_X}{\sqrt{n}} = \sigma_X \times \sqrt{\frac{1}{n}}$

   樣本平均數抽樣分配的**標準誤**＝母體標準差×$\frac{1}{樣本數}$開根號

標準化→$Z_{\bar{X}} = (\frac{\bar{X}-\mu_{\bar{X}}}{S_{\bar{X}}})$

$= (\frac{\bar{X}-\mu_X}{\frac{S_X}{\sqrt{n}}} = \frac{\bar{X}-\mu_X}{S_X \times \sqrt{\frac{1}{n}}})$

（σ未知，n ≥ 30）

1. $\mu_{\bar{X}} = \mu = (\mu_X)$

2. $S_{\bar{X}} = (\frac{S_X}{\sqrt{n}} = S_X \times \sqrt{\frac{1}{n}})$

   樣本平均數抽樣分配的**標準誤**＝樣本標準差×$\sqrt{\frac{1}{樣本數}}$

標準化→$t_{\bar{X}} = \frac{\bar{X}-\mu_{\bar{X}}}{S_{\bar{X}}}$

$= (\frac{\bar{X}-\mu_X}{\frac{S_X}{\sqrt{n}}} = \frac{\bar{X}-\mu_{\bar{X}}}{S_X \times \sqrt{\frac{1}{n}}})$

（σ未知，n < 30）

1. $\mu_{\bar{X}} = \mu = (\mu_X)$

   樣本平均數抽樣分配的平均數＝母體群平均數

2. $S_{\bar{X}} = (\frac{S_{\bar{X}}}{\sqrt{n}} = S_{\bar{X}} \times \sqrt{\frac{1}{n}})$

   樣本平均數抽樣分配的**標準誤**＝樣本標準差×$\sqrt{\frac{1}{樣本數}}$

8-1-2 樣本平均數的抽樣分配($\bar{X}$'s)

自變項是一組樣本，樣本數 n <30，依變項為連續變項，樣本平均數($\bar{X}$)，想知道此樣本來自母體平均數（σ 未知）的母體的可能性。

第一層次 母群體所有觀察值分配(X's)。

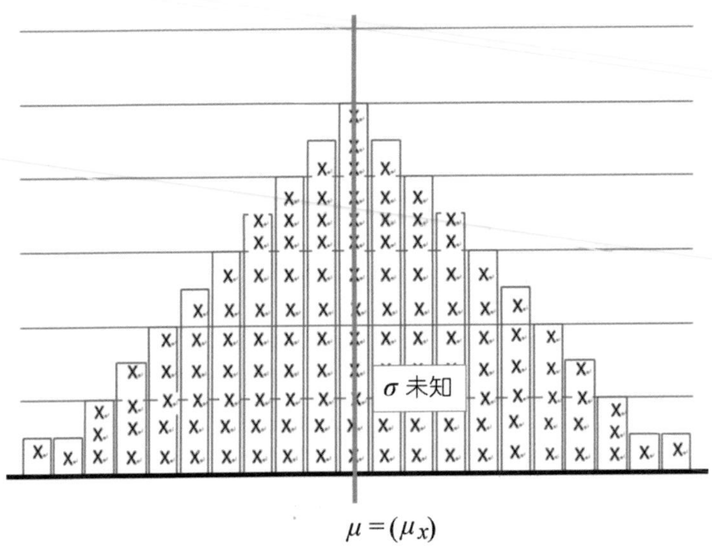

第二層次 樣本平均數的抽樣分配($\bar{X}$'s)。

依據**中央極限定理**，從母體隨機抽取樣本，每次抽出 n 個數值，計算其平均數$\bar{X}$。重複抽樣無限次，樣本平均數的抽樣分配($\bar{X}$'s)是常態分配。

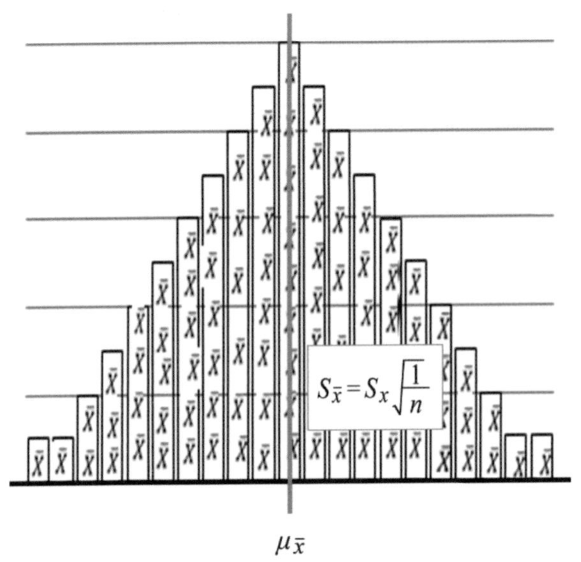

8-1-3 樣本平均數的抽樣分配($\overline{X}$'s)特性（σ未知，n<30）

1. $\mu_{\bar{x}} = \mu = (\mu_x)$：

樣本平均數抽樣分配的平均數 = 母體平均數

2. $S_{\bar{x}}$（樣本平均數抽樣分配的標準誤）：

$$S_{\bar{x}} = \frac{S}{\sqrt{n}} = \left(\frac{S_x}{\sqrt{n}} = S_x \times \sqrt{\frac{1}{n}}\right)$$

樣本平均數抽樣分配的標準誤=樣本標準差÷樣本數的平方根

$$= 樣本標準差\sqrt{\frac{1}{樣本數}}$$

$$S = (S_x) = \sqrt{\frac{(x_i - \bar{x})^2}{n-1}} = \sqrt{\frac{\sum X_i^2 - n\bar{x}^2}{n-1}}$$

當抽樣**樣本數越大**時，**樣本平均數抽樣分配的標準誤**($S_{\bar{x}}$)**越小**，代表新分配的差異性越小。用數學符號簡寫為$\overline{X}$~N (μ，$S_{\bar{x}}^2$)。

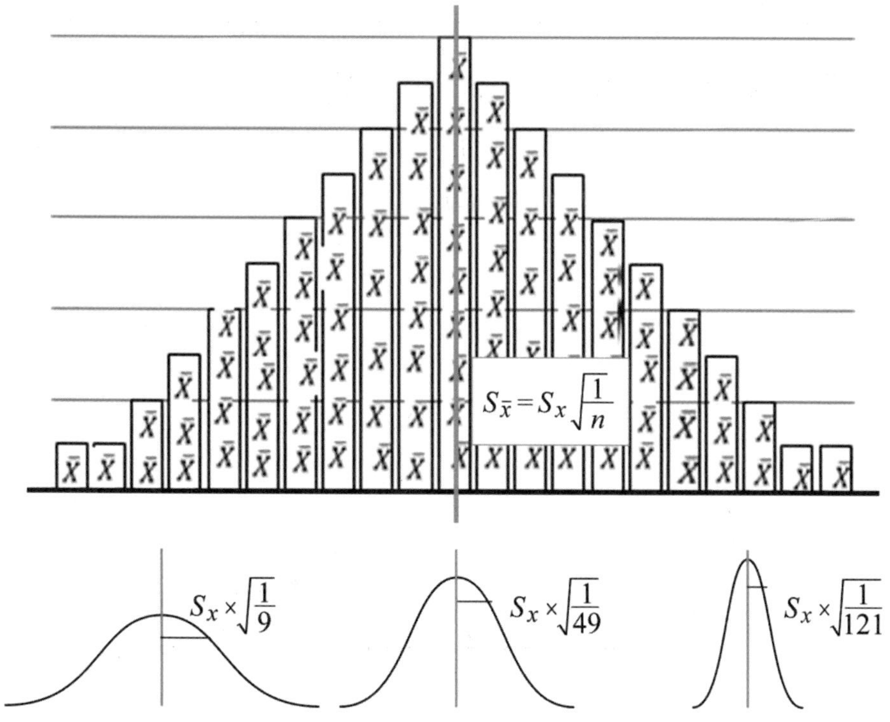

8-1-4 檢定統計量$t_{\bar{X}}$值（σ 未知，n<30）

自變項是一組樣本，抽自常態母體之小樣本(n<30)，依變項為連續變項，樣本平均數($\bar{X}$)，可能因為樣本過小而造成偏誤，而需使用 t 檢定(t test)來進行考驗。

當 σ 未知時，樣本平均數抽樣分配的標準誤($S_{\bar{x}}$)必須由樣本標準差(S)推估，檢定統計量$t_{\bar{X}}$值的公式如下：

檢定統計量 $t=\frac{\bar{X}-\mu}{S_{\bar{X}}}=(t_{\bar{X}}=\frac{\bar{X}-\mu_{\bar{X}}}{S_{\bar{X}}}=\frac{\bar{X}-\mu_X}{\frac{S_X}{\sqrt{n}}}=\frac{\bar{X}-\mu_X}{S_X\times\sqrt{\frac{1}{n}}})$　　df=n-1

> 自由度=樣本數-1　(df=n-1)
>
> $\mu_{\bar{X}}$（樣本平均數抽樣分配的平均數）＝ μ（母體平均數）
>
> $S_{\bar{X}}$（樣本平均數抽樣分配的標準誤）$=\frac{S_X}{\sqrt{n}}$
>
> $=S_X\times\sqrt{\frac{1}{n}}$
>
> $=$樣本標準差$\times\sqrt{\frac{1}{\text{樣本數}}}$

8-1-5 自由度(degree of freedom, df)

自由度＝樣本數－受限制的個數(df = n-1)。郭歇特(William Seely Gosset)認為小樣本平均數抽樣分配的曲線與 Z 分配曲線略異，當自由度越大，變異數越趨近於 1，接近 Z 分配；自由度越小，變異數越大於 1，也就是比 Z 分配更趨於分散扁平。

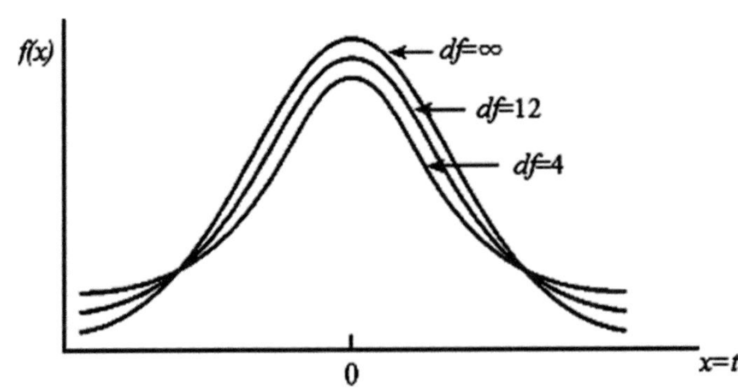

就觀察所得，小樣本平均數抽樣分配其平均數的位置比 Z 分配低，但小樣本平均數抽樣分配的兩側或兩端比 Z 分配高。

在統計學中，自由度常用於檢定時找 *t* 臨界值之用。每個臨界 *t* 值，係依顯著水準和自由度而來。拒絕虛無假設所需的臨界 *t* 值，在某一顯著水準(α)是比 Z 分配**較高了一些**。但隨著樣本數的增加，用來拒絕虛無假設的臨界 *t* 值漸減，且接近於 Z 臨界值。

8-1-6 單一樣本決策準則（σ 未知，n<30）

當觀察的樣本數小(n<30)時，用來**決定統計顯著性的是查 *t* 分配表**，而不是 Z 分配表。

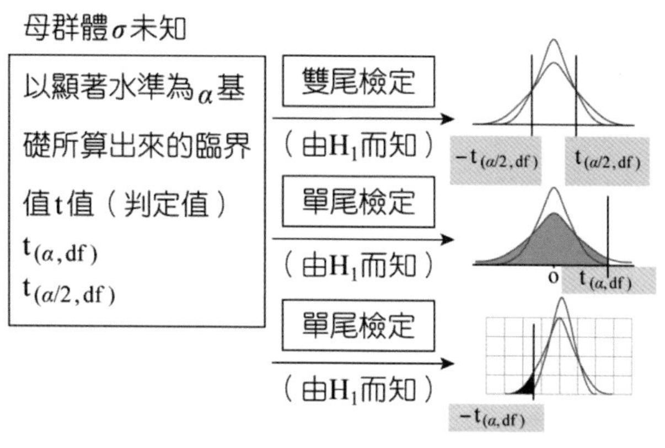

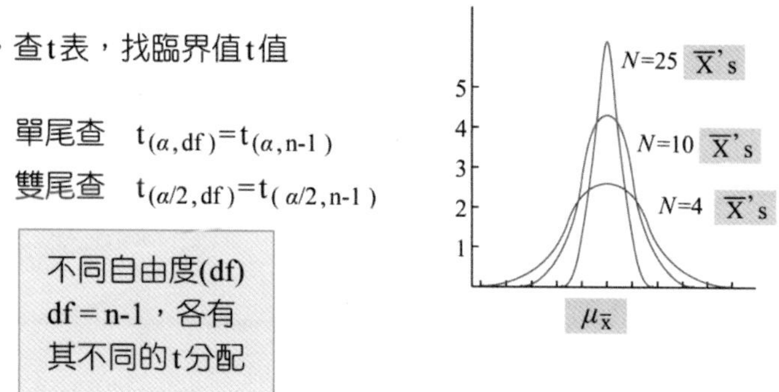

t 分配表不像 Z 分配表一樣給很多數值對應下的機率，而是給一些常見機率下的數值，如 0.05、0.025、0.01 等。所以對特定 *t* 值所查出來的機率值就沒那麼精準，可以找出特定 *t* 值的機率落在什麼範圍內。

8-1-6-1 落入拒絕域的決策準則

1. **檢定統計量$t_{\bar{x}}$值與臨界值$\left|t_{(\frac{\alpha}{2},df)}\right|$、$\left|t_{(\alpha,df)}\right|$相比較的決策準則：**

檢定統計量$t_{\bar{x}}$值落於拒絕域／棄卻區(critical region)時，表示拒絕 H_0 且支持 H_1，代表兩比較參數不相等。

拒絕域的範圍是依據所預先規定的顯著水準 α 值與自由度而定，基與保守原則，拒絕區域習慣不包含臨界值。

統計假設	決策準則
雙尾檢定 H_1：$\mu_1 \neq \mu$ H_o：$\mu_1 = \mu$	若 $\lvert t_{\bar{x}}\rvert > \left\lvert t_{(\frac{\alpha}{2},df)}\right\rvert$，落入拒絕 Ho 域， 拒絕$H_0$且支持$H_1$。
單尾檢定（左尾檢定） H_1：$\mu_1 < \mu$ H_o：$\mu_1 \geq \mu$	若 $\lvert t_{\bar{x}}\rvert > \lvert t_{(\alpha,df)}\rvert$，落入拒絕 Ho 域， 拒絕$H_0$且支持$H_1$。
單尾檢定（右尾檢定） H_1：$\mu_1 > \mu$ H_o：$\mu_1 \leq \mu$	若 $\lvert t_{\bar{x}}\rvert > \lvert t_{(\alpha,df)}\rvert$，落入拒絕 Ho 域， 拒絕$H_0$且支持$H_1$。

a. **H_1：$\mu_1 \neq \mu$**，$\lvert t_{\bar{x}}\rvert$（檢定統計量 t 值的絕對值）$> \left|t_{(\frac{\alpha}{2},df)}\right|$（臨界值 t 值的絕對值），落入拒絕 H_o 域，拒絕 H_0 並且支持 H_1。

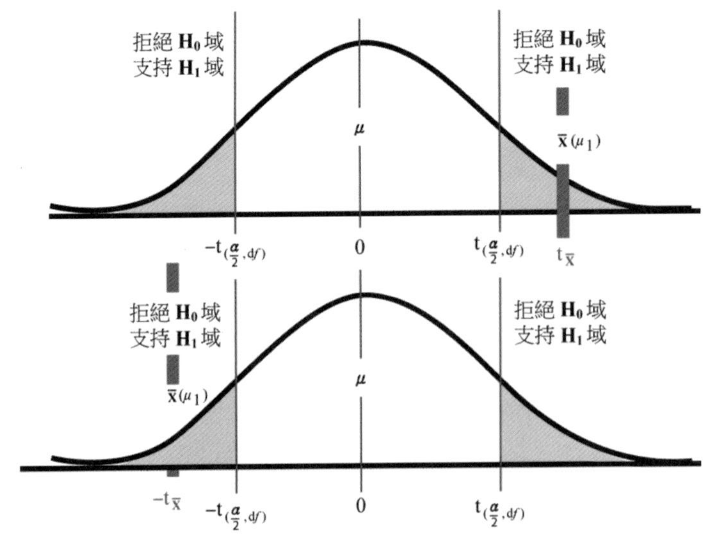

b. H_1：$\mu_1<\mu$，$|t_{\bar{x}}| > |t_{(\alpha,df)}|$，落入拒絕$H_0$域，拒絕$H_0$且支持$H_1$。

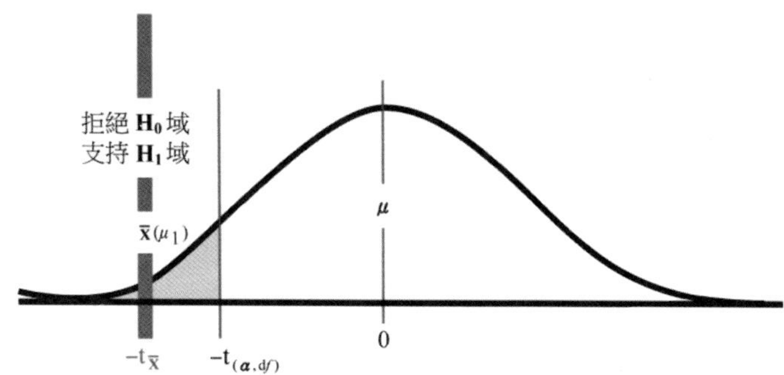

c. H_1：$\mu_1>\mu$，$|t_{\bar{x}}| > |t_{(\alpha,df)}|$，落入拒絕$H_0$域，拒絕$H_0$且支持$H_1$。

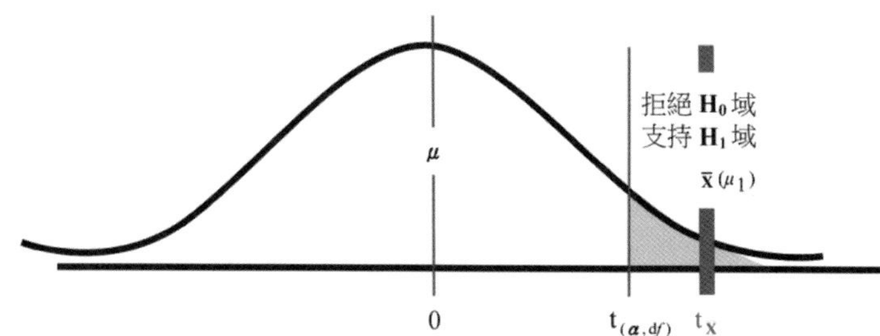

2. p與 α、$\frac{\alpha}{2}$ 相比較的決策準則：

檢定統計$t_{\bar{x}}$值，查 t 表轉換成 p 值，p 值和虛無假設的決策有關。當 $p<\alpha$、$p<\frac{\alpha}{2}$，則拒絕H_0且支持 H_1，表示兩比較參數不相等。

統計假設	決策準則
雙尾檢定 H_1：$\mu_1\neq\mu$ H_0：$\mu_1=\mu$	$p<\frac{\alpha}{2}$，拒絕H_0且支持H_1
左尾檢定 H_1：$\mu_1<\mu$ H_0：$\mu_1\geq\mu$	$p<\alpha$，拒絕H_0且支持H_1
右尾檢定 H_1：$\mu_1>\mu$ H_0：$\mu_1\leq\mu$	$p<\alpha$，拒絕H_0且支持H_1

當 $p<\frac{\alpha}{2}$或 $p<\alpha$，研究報告中常用達「**統計顯著意義**」(statistical significant)來呈述結果。表示拒絕 H_0 且支持 H_1，「成功地證明μ_1和 μ 有顯著差異性」，表示樣本不是來自此母群體。p 值越小，表示拒絕虛無假設的信心越高。在研究結果只要驗證出有顯著差異即可，並無依照「＊」數目多寡，而有顯著的強弱之分。

p 值代表之統計顯著意義

p 值	H_0 成立概率大小	解釋	符號表示
$p>0.05$	H_0 成立概率較大	統計結果並不顯著	不特別註記
$p<0.05$	H_0 成立概率較小	統計結果為顯著	*
$p<0.01$	H_0 成立概率極小	統計結果為顯著	**

a. **H_1：$\mu_1 \neq \mu$**，$p<\frac{\alpha}{2}$，落入拒絕H_0域，拒絕H_0且支持H_1。

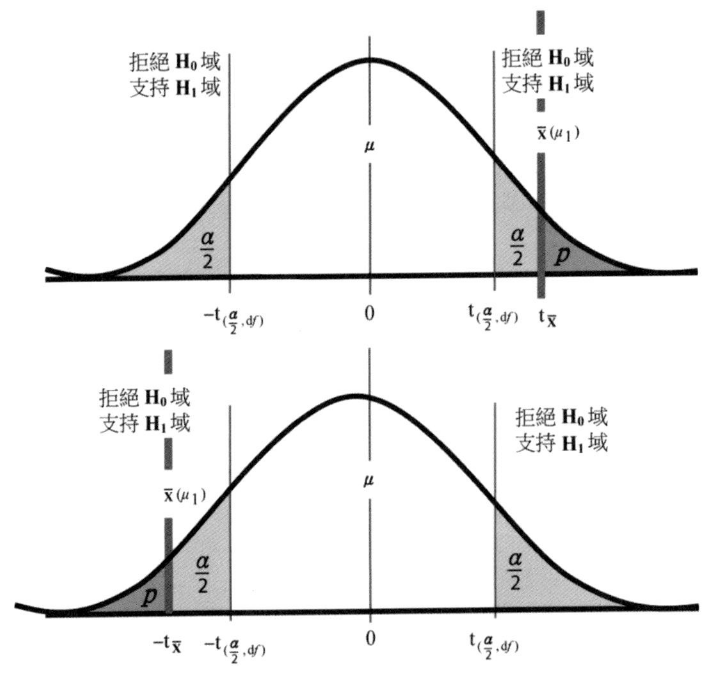

b. **H_1：$\mu_1<\mu$**，$p < \alpha$，落入拒絕H_0域，拒絕H_0且支持H_1。

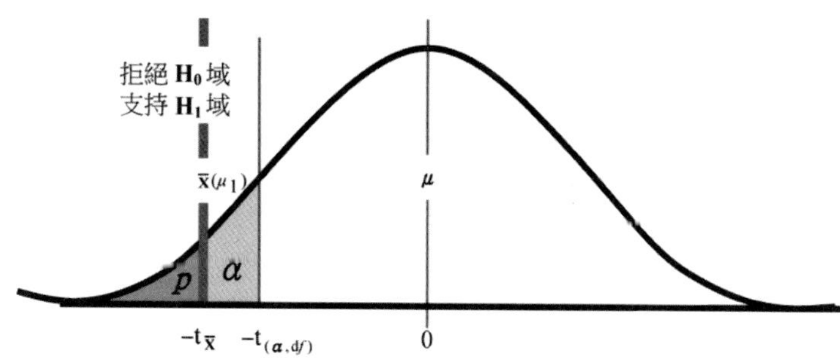

c. **H_1：$\mu_1>\mu$**，$p < \alpha$，落入拒絕H_0域，拒絕H_0且支持H_1。

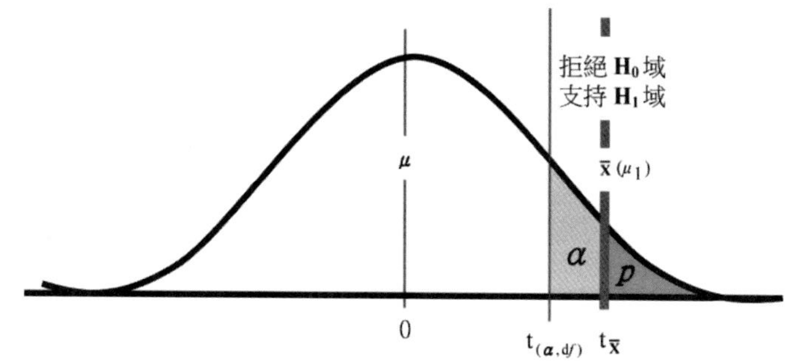

8-1-6-2 落入不拒絕H_0域的決策準則

1. 檢定統計$t_{\bar{x}}$值與臨界值$\left|t_{(\frac{\alpha}{2},df)}\right|$、$\left|t_{(\alpha,df)}\right|$比的決策準則：

檢定統計$t_{\bar{x}}$值落於不拒絕H_0域／非拒絕域(nonrejection region)時，表示不拒絕 H_0 且不支持 H_1，代表兩比較參數相等。

統計假設	決策準則
雙尾檢定 H_1：$\mu_1\neq\mu$ H_0：$\mu_1=\mu$	若 $\lvert t_{\bar{x}}\rvert < \left\lvert t_{(\frac{\alpha}{2},df)}\right\rvert$，落入不拒絕$H_0$域， 不拒絕 H_0 且不支持 H_1。
單尾檢定（左尾檢定） H_1：$\mu_1<\mu$ H_0：$\mu_1\geq\mu$	若 $\lvert t_{\bar{x}}\rvert < \lvert t_{(\alpha,df)}\rvert$，落入不拒絕$H_0$域， 不拒絕 H_0 且不支持 H_1。
單尾檢定（右尾檢定） H_1：$\mu_1>\mu$ H_0：$\mu_1\leq\mu$	若 $\lvert t_{\bar{x}}\rvert < \lvert t_{(\alpha,df)}\rvert$，落入不拒絕$H_0$域， 不拒絕 H_0 且不支持 H_1。

(1) H_1：$\mu_1 \neq \mu$，$|t_{\bar{x}}|$（檢定統計量t的絕對值）$< \left|t_{\left(\frac{\alpha}{2}, df\right)}\right|$（臨界 t 值的絕對值），落入不拒絕 H_0 域，不拒絕 H_0 且不支持 H_1。

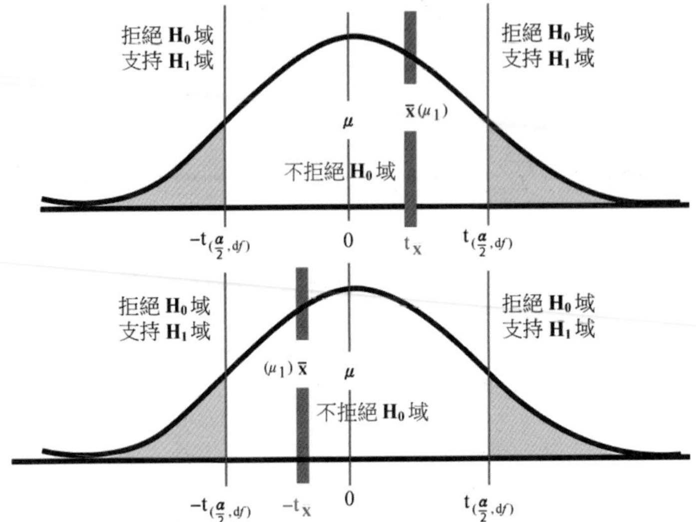

(2) H_1：$\mu_1 < \mu$，$|t_{\bar{x}}| < \left|t_{(\alpha, df)}\right|$，落入不拒絕$H_0$域，不拒絕$H_0$且不支持$H_1$。

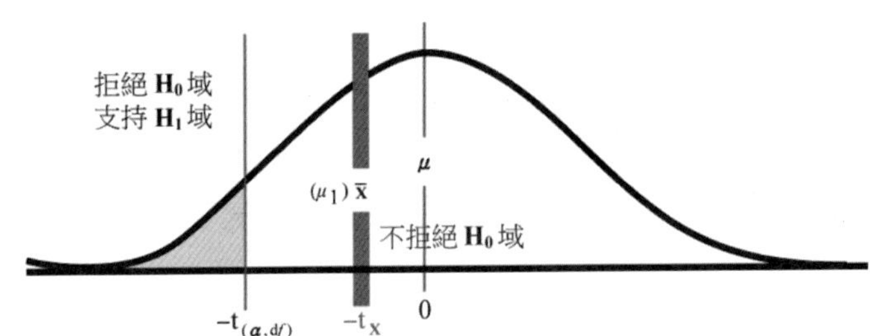

(3) H_1：$\mu_1 > \mu$，$|t_{\bar{x}}| < \left|t_{(\alpha, df)}\right|$，落入不拒絕$H_0$域，不拒絕$H_0$且不支持$H_1$。

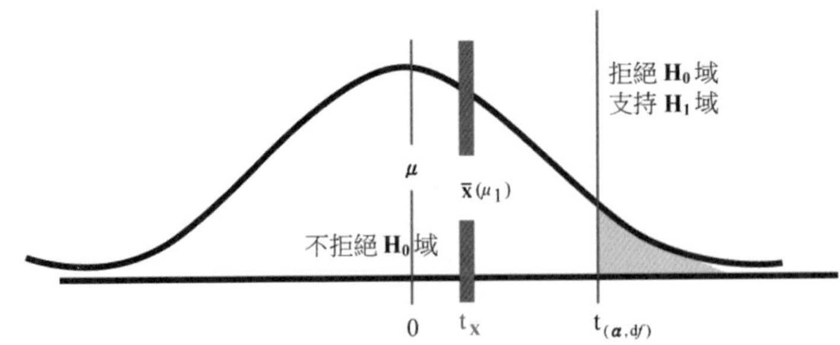

2. p與 α、$\frac{\alpha}{2}$**比的決策準則：**檢定統計$t_{\bar{x}}$值與 df，查 t 表轉換成 p 值。當 $p>\alpha$、$p>\frac{\alpha}{2}$，則不拒絕H_0且不支持H_1，表示兩比較參數相等。

統計假設	決策準則
雙尾檢定 H_1：$\mu_1 \neq \mu$ H_0：$\mu_1 = \mu$	若$p>\frac{\alpha}{2}$，落入不拒絕H_0域， 不拒絕II_0且不支持H_1。
左尾檢定 H_1：$\mu_1 < \mu$ H_0：$\mu_1 \geq \mu$	若$p>\alpha$，落入不拒絕H_0域， 不拒絕H_0且不支持H_1。
右尾檢定 H_1：$\mu_1 > \mu$ H_0：$\mu_1 \leq \mu$	若$p>\alpha$，落入不拒絕H_0域， 不拒絕H_0且不支持H_1。

當 $p>\alpha$或 $p>\frac{\alpha}{2}$，研究報告中常用「**無達統計顯著意義**」(not significant)來呈述結果。「μ_1和 μ 無顯著差異性」，表示樣本是來自此母群體。p 值越大，表示不拒絕虛無假設的信心越高。

(1) H_1：$\mu_1 \neq \mu$，$p>\frac{\alpha}{2}$，落入不拒絕H_0域，不拒絕H_0且不支持H_1。

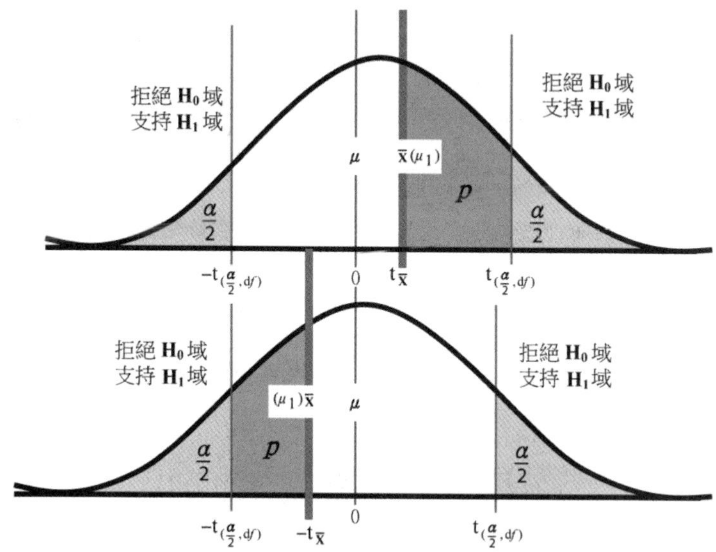

(2) H_1：$\mu_1>\mu$，$p>\alpha$，落入不拒絕H_0域，不拒絕H_0且不支持H_1。

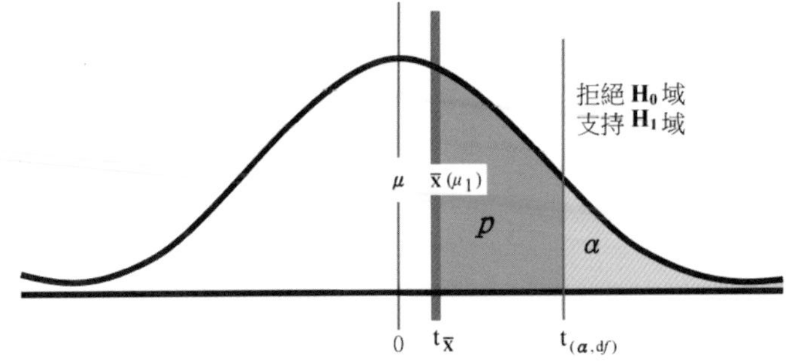

(3) H_1：$\mu_1<\mu$，$p>\alpha$，落入不拒絕H_0域，不拒絕H_0且不支持H_1。

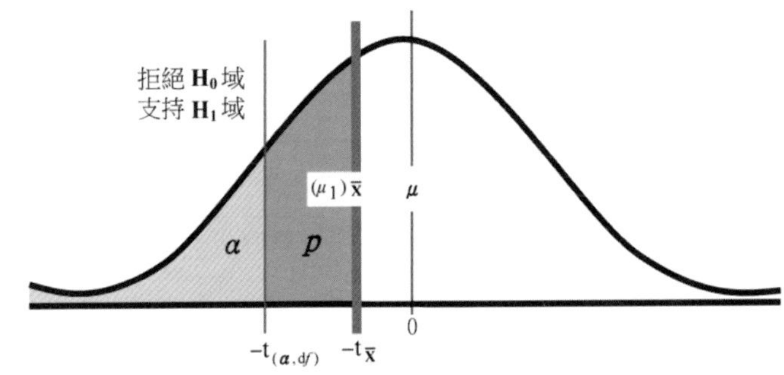

8-2 單一樣本 *t* 檢定八步驟

8-2-1 單一樣本 *t* 檢定八步驟（σ未知，n<30）

步驟一 依據題意先寫對立假設，再寫虛無假設，並決定左、右、或雙尾檢定。

題意	假設形式	檢定型態
有無差異、異於、不等於…	H_1：$\mu_1\neq\mu$；H_0：$\mu_1=\mu$	雙尾檢定
小於、輕、低…	H_1：$\mu_1<\mu$；H_0：$\mu_1\geq\mu$	單尾（左尾）
大於、重、高…	H_1：$\mu_1>\mu$；H_0：$\mu_1\leq\mu$	單尾（右尾）

步驟二 確定檢定的方法，由臨界值或 α 值，畫出拒絕區域。

1. 臨界值或 α 值：

   (1) 筆算或計算機運算：查臨界值 t 值，依據對立假設及顯著水準，查 *t* 表，找出臨界值$\left|t_{(\alpha,df)}\right|$或$\left|t_{(\frac{\alpha}{2},df)}\right|$。

   (2) 使用軟體運算：寫 α、$\frac{\alpha}{2}$。

2. 畫出拒絕區域。

假設形式	對立假設與拒絕區的關係
H_1：$\mu_1 \neq \mu$ H_0：$\mu_1 = \mu$	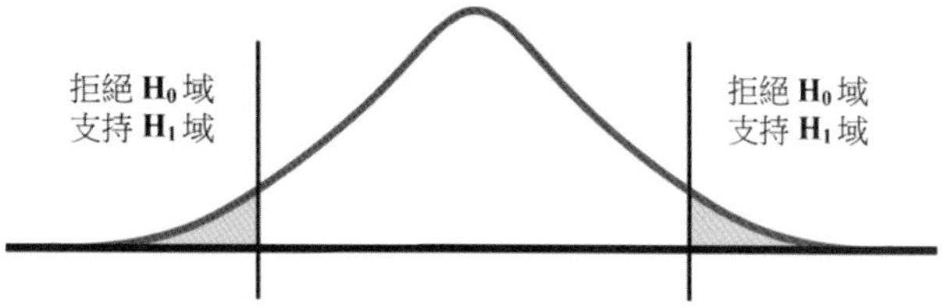 拒絕 H_0 域 支持 H_1 域（左）；拒絕 H_0 域 支持 H_1 域（右）
H_1：$\mu_1 < \mu$ H_0：$\mu_1 \geq \mu$	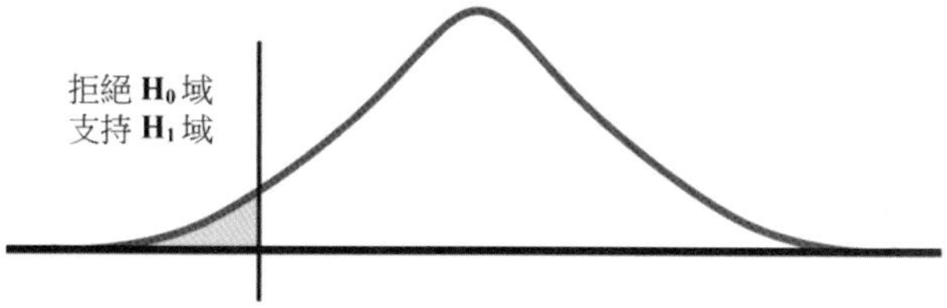 拒絕 H_0 域 支持 H_1 域（左）
H_1：$\mu_1 > \mu$ H_0：$\mu_1 \leq \mu$	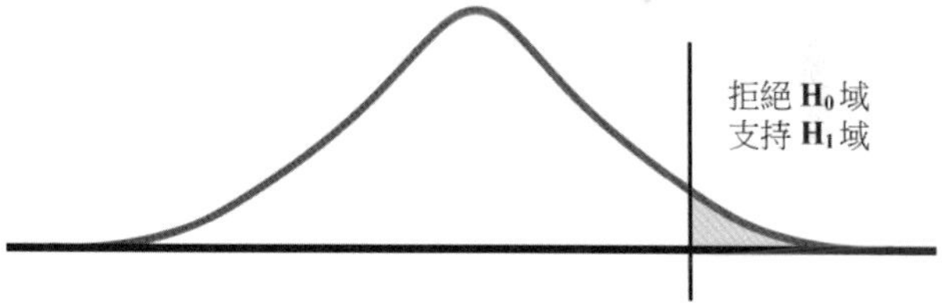 拒絕 H_0 域 支持 H_1 域（右）

步驟三 算樣本平均數$\overline{X} = \frac{\sum_{i=1}^{i=n} x_i}{n} = \frac{x_1+....+x_n}{n}$。

步驟四 算樣本平均數抽樣分配的標準誤$S_{\bar{x}}$。

$$\text{樣本平均數抽樣分配的標準誤}S_{\bar{x}} = \left(\frac{S_x}{\sqrt{n}} = S_x \times \sqrt{\frac{1}{n}}\right)$$

$$S_x = \sqrt{\frac{(x_i-\bar{x})^2}{n-1}} = \sqrt{\frac{\sum X_I{}^2 - n\bar{x}^2}{n-1}}$$

步驟五 畫常態分配，標上 μ 值與$\overline{X}$。

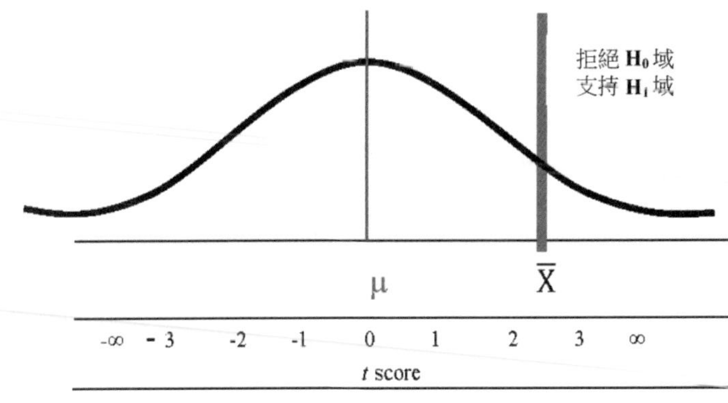

步驟六 計算樣本檢定統計量值$t_{\overline{x}}$與樣本檢定統計量其相對應p值。

1. 計算樣本μ檢定統計量$t_{\overline{x}}$值，df，查 t 表求相對應p 值：

$$t=\frac{\overline{X}-\mu}{S_{\overline{X}}}=(t_{\overline{X}}=\frac{\overline{X}-\mu_{\overline{X}}}{S_{\overline{X}}}=\frac{\overline{X}-\mu_X}{\frac{S_X}{\sqrt{n}}}=\frac{\overline{X}-\mu_X}{S_X\times\sqrt{\frac{1}{n}}})\ \ df=n-1$$

2. 樣本檢定統計量其相對應p值 ：
   (1) 查 t 表，當 df=n-1 與樣本檢定統計量$t_{\bar{x}}$值時相對應 p 值。
   (2) Excel 函數 TDIST。

步驟七 做決策（若在拒絕區域則拒絕H_0）。

1. 樣本檢定統計量值與臨界值相比較（筆算或計算機運算）:

   $|t_{\overline{X}}|$與$|t_{(\alpha,df)}|$或$\left|t_{(\frac{\alpha}{2},df)}\right|$相比較，

   $|t_{\overline{x}}|>|t_{(\alpha,df)}|$或$\left|t_{(\frac{\alpha}{2},df)}\right|$，落入拒絕$H_0$域，則拒絕$H_0$且支持$H_1$。

   $|t_{\overline{x}}|<|t_{(\alpha,df)}|$或$\left|t_{(\frac{\alpha}{2},df)}\right|$，落入不拒絕$H_0$域，則不拒絕$H_0$且不支持$H_1$。

2. p 與 α、$\frac{\alpha}{2}$相比較（使用軟體運算）:

   $p<\alpha$、$p<\frac{\alpha}{2}$ →落入拒絕H_0域，則拒絕H_0且支持H_1。

   $p>\alpha$、$p>\frac{\alpha}{2}$ →落入不拒絕H_0域，則不拒絕H_0且不支持H_1。

步驟八 下結論。

例題 某個國家男性的平均體重為 70 kg，從中抽 25 位男性其體重分別是 58、59、80、50、50、58、59、80、50、50、58、59、80、50、50、58、59、80、50、50、58、59、80、50、50，請問此 25 位男性的平均體重是否異於全國男性的平均體重？（$\alpha = 0.05$）

步驟一 對立假說H_1：$\mu_1 \neq \mu$（代表兩組有差異），雙尾檢定。

虛無假說H_0：$\mu_1 = \mu$（代表兩組無差異）。

（μ_1 代表 25 位男性抽樣分配的平均體重，μ 代表某個國家男性的平均體重）

步驟二 雙尾檢定，由臨界值$\left|t_{(\frac{\alpha}{2},df)}\right|$值或$\frac{\alpha}{2}$值畫出拒絕區域。

1. 筆算或計算機運算：

查 t 表，df=n-1=24，$\frac{\alpha}{2} = \frac{0.05}{2}$ =0.025，

臨界值$\left|t_{(\frac{\alpha}{2},df)}\right| = \left|t_{(0.025,24)}\right| = \pm 2.064$。

df	α											
	0.25	0.20	0.15	0.10	0.05	0.025	0.02	0.01	0.005	0.0025	0.001	0.0005
24	0.685	0.857	1.059	1.318	1.711	2.064	2.172	2.492	2.797	3.091	3.467	3.745

畫出拒絕區域。

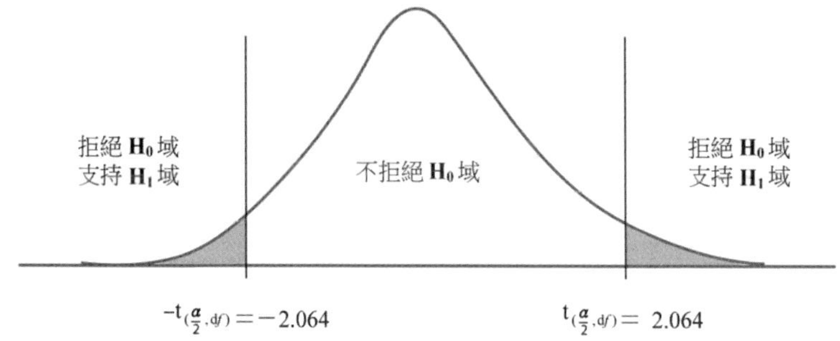

2. 使用軟體運算：

$$\frac{\alpha}{2} = \frac{0.05}{2} = 0.025$$

畫拒絕區域。

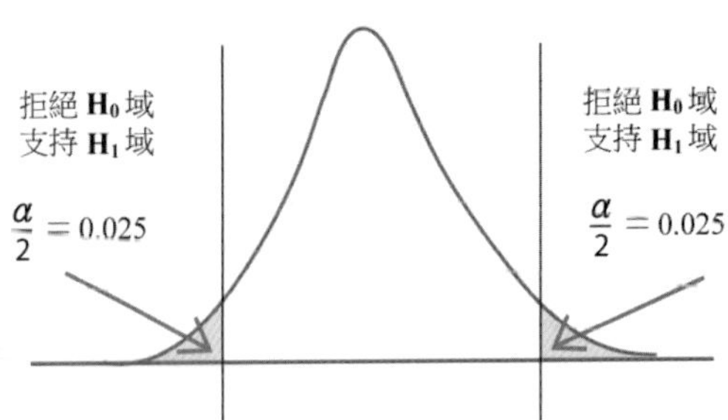

步驟三　計算樣本平均數$\overline{X} = \frac{58+59+\cdots\ldots\ldots+50}{25} = 59.4$。

步驟四　計算 $S_{\bar{x}}$（樣本平均數抽樣分配的標準誤）。

$$S_{\overline{X}} = \frac{S_X}{\sqrt{n}} = \frac{11.21}{\sqrt{25}} = S_X \times \sqrt{\frac{1}{n}} = 11.21\sqrt{\frac{1}{25}} = 2.2402$$

樣本標準差$S_X = S = \sqrt{\frac{(x_i-\bar{x})^2}{n-1}} = \sqrt{\frac{\sum {X_I}^2 - n\bar{x}^2}{n-1}}$

$$= \sqrt{\frac{(58^2+59^2+\cdots+50^2)-25\times 59.4^2}{25-1}} = 11.21$$

步驟五　畫常態分配，標上 μ 值與$\overline{X}$。

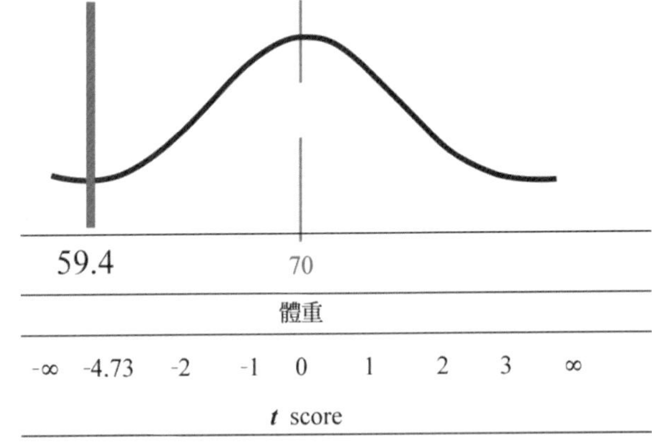

步驟六　計算樣本檢定統計量與樣本檢定統計量其相對應p值。

1. 樣本檢定統計量$t_{\overline{X}} = \frac{\overline{X}-\mu}{S_{\overline{X}}} = (t_{\overline{X}} = \frac{\overline{X}-\mu_{\overline{X}}}{S_{\overline{X}}} = \frac{\overline{X}-\mu_X}{\frac{S_X}{\sqrt{n}}} = \frac{\overline{X}-\mu_X}{S_X \times \sqrt{\frac{1}{n}}})$

$$= \frac{59.4-70}{11.21\sqrt{\frac{1}{25}}} = -\frac{11.6}{2.24} = -4.73$$

2. 樣本檢定統計量$t_{\bar{x}}$值轉換成相對應p值：

(1) 查 t 表，df=24，$t_{\bar{x}} = -4.73$，p 值<0.0005。

df	α											
	0.25	0.20	0.15	0.10	0.05	0.025	0.02	0.01	0.005	0.0025	0.001	0.0005
24	0.685	0.857	1.059	1.318	1.711	2.064	2.172	2.492	2.797	3.091	3.467	3.745

(2) Excel 函數 TDIST：A1 欄輸入「t」，A1 欄輸入「-4.73」，輸入「p」於 B1 欄，將游標移置 B2，點「fx」選「TDIST」，按確定。在「TDIST」的對話方塊中的「X」，輸入「ABS(A2)」。在「TDIST」對話方塊中的「Deg_freedom」，輸入「24」。在「TDIST」對話方塊中的「Tails」，輸入「2」。

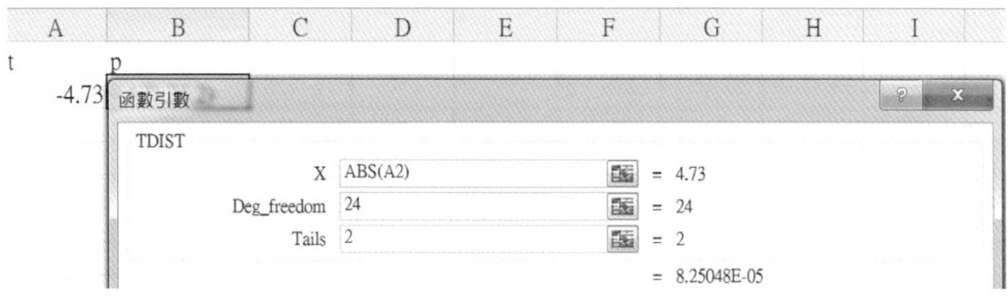

步驟七 做決策（若在拒絕區域則拒絕 H_0）。

1. 樣本檢定統計量值與臨界值相比較（筆算或計算機運算）：

$$|t_{\bar{x}}| = |-4.73| > \left|t_{(\frac{\alpha}{2},df)}\right| = \left|t_{(0.025,24)}\right| = |\pm 2.064|$$

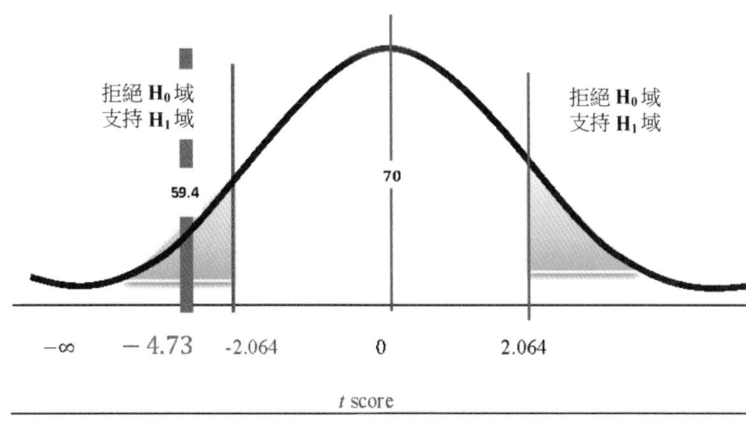

2. p 與$\frac{\alpha}{2}$相比較（使用軟體運算）：

$p< 8.25048E-05 < \frac{\alpha}{2} = \frac{0.05}{2} = 0.025 \rightarrow$ 則拒絕H_0且支持H_1。

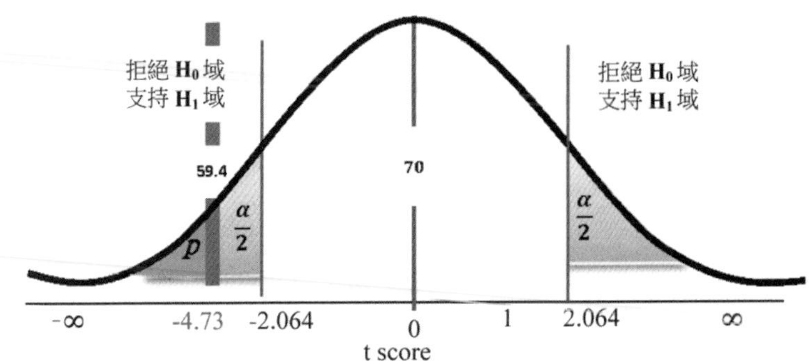

結論 兩個獨立樣本的檢定 t 值=-4.73，df=24，$p < 0.05$，考驗結果達顯著水準，表示此 25 位男性的平均體重與全國男性的平均體重有顯著差異存在，此 25 位男性的平均體重（59.40公斤）顯著低於全國男性的平均體重（70 公斤）。

8-3 單一樣本 *t* 檢定-Excel 應用

例題 某個國家男性的平均體重為 70 kg，從中抽 25 位男性其體重分別是 58、59、80、50、50、58、59、80、50、50、58、59、80、50、50、58、59、80、50、50、58、59、80、50、50，請問此 25 位男性的平均體重是否異於全國男性的平均體重? ($\alpha = 0.05$)

Excel 無函數可直接進行單一樣本 t 檢定，需經過下列步驟完成分別輸入。

步驟一 A1 欄輸入「體重」，A1-A26 分別輸入 58、59、80、50、50、58、59、80、50、50、58、59、80、50、50、58、59、80、50、50、58、59、80、50、50。

步驟二 B2 欄輸入「μ」，C2 欄輸入「70」，B3 欄輸入「$\overline{X}$」。

A	B		C
體重			
58	μ	母體平均數	70.00
59	$\bar{X}$	樣本平均數	
80			
50			
50			

步驟三 將游標移置 C3，點「*fx*」選「AVERAGE」。在「AVERAGE」對話方塊中的「Number1」鍵入「A2:A26」，按確定，出現 59.40。

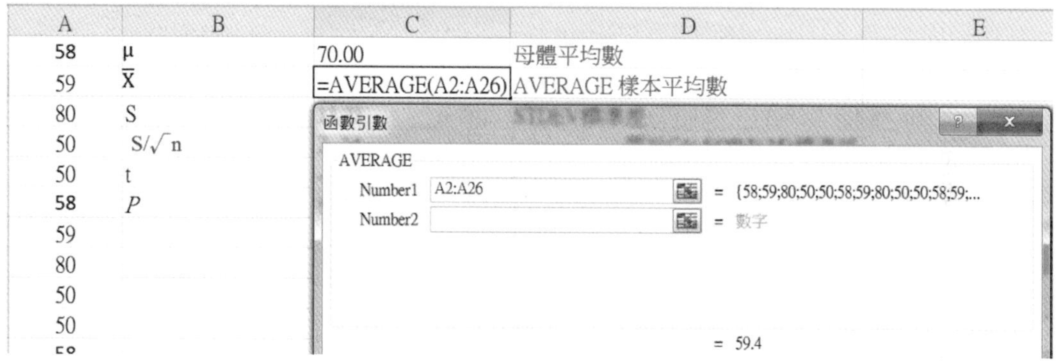

步驟四 B4 輸入「S」，將游標移置 C4，點「*fx*」選「STDEV」，按確定。在「STDEV」對話方塊中的「Number1」鍵入「A2:A26」，按確定，出現 11.21011448。

函數引數

STDEV

Number1	A2:A26	= {58;59;80;50;50;58;59;80;50;50;58;59;80;...
Number2		= 數字
Number3		= 數字

= 11.21011448

步驟五 B5 欄輸入「$S/\sqrt{n}$」，將游標移置 C5，輸入「=C4/SQRT(25)」，按 enter。

A	B	C
58	μ	70.00
59	$\overline{X}$	59.40
80	S	11.21
50	S/√n	=C4/SQRT(25)
50	t	
58	*P*	
59		
80		

函數引數
SQRT
Number 25 = 25
= 5

步驟六 B6 欄輸入「t」，將游標移置 C6，鍵入「=(C3-C2)/C5」，得-4.73。

	A	B	
2	58	μ	70.00
3	59	$\overline{X}$	59.40
4	80	S	11.21
5	50	S/√n	2.24
6	50	t	=(C3-C2)/C5

步驟七 B7 欄輸入「p」，游標移置 C7，點「*fx*」選「TDIST」非 T.DIST，按確定。在「TDIST」對話方塊中的「X」，輸入「ABS(C6)」，「Deg_freedom」，輸入「24」，「Tails」，輸入「2」(雙尾檢定)，得「8.29521E-05」。

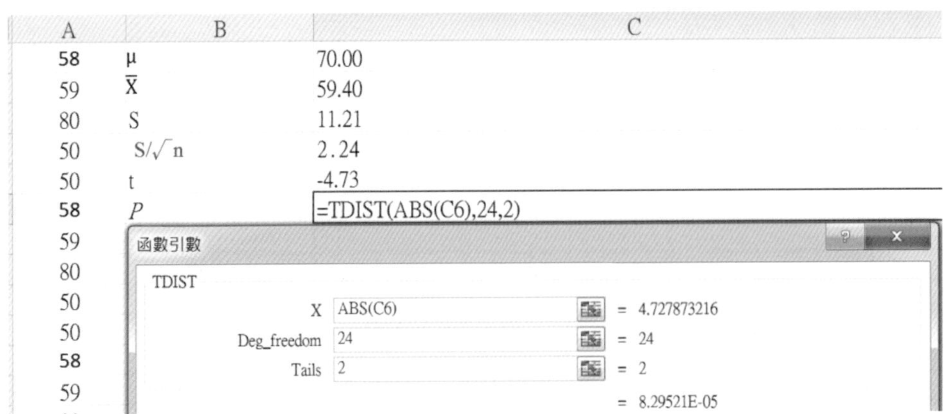

結論 單一樣本的檢定 t 值=-4.73，$p < 0.05$，考驗結果達顯著水準，表示此 25 位男性的平均體重與全國男性的平均體重有顯著差異存在，此 25 位男性的平均體重（59.40公斤）顯著異於全國男性的平均體重（70 公斤）。

8-4 課後實作

1. 某個國家國民的平均健康得分是 70 分，從中抽 16 位國民其健康得分是 59、80、50、50、58、59、80、50、50、58、59、80、50、50、58、59，請問此 16 位國民的平均健康得分是否異於全國男性的平均健康得分？

解答

1. 解答如下：

步驟一　H_1：$\mu_1 \neq \mu$；H_o：$\mu_1 = \mu$，雙尾檢定。

步驟二　查 t 表，$t_{(\frac{\alpha}{2},df)} = t_{(0.025,16-1)} = 2.131$。

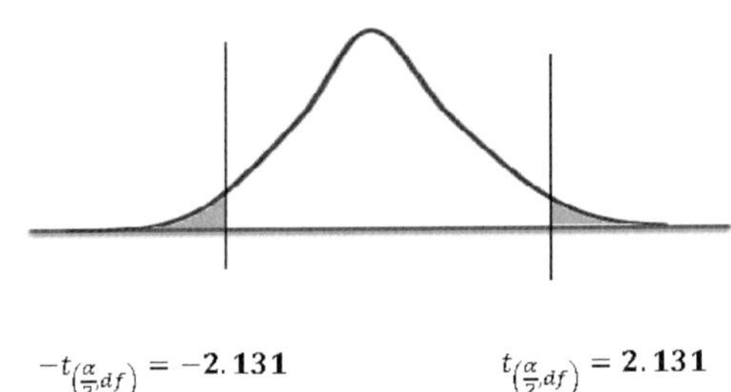

$-t_{(\frac{\alpha}{2},df)} = -\mathbf{2.131}$　　$t_{(\frac{\alpha}{2},df)} = \mathbf{2.131}$

步驟三　樣本平均數$\bar{X} = \dfrac{\sum_{i=1}^{i=n} x_i}{n} = \dfrac{x_1+\ldots+x_n}{n} = \dfrac{59+\ldots+59}{16} = 59.38$。

步驟四　樣本平均數抽樣分配的標準誤。

$$S_{\bar{x}} = (\frac{S_x}{\sqrt{n}} = S_x \times \sqrt{\frac{1}{n}})$$

$$=10.98 \times \sqrt{\frac{1}{16}}$$

$$S_x = \sqrt{\frac{(x_i-\bar{x})^2}{n-1}} = \sqrt{\frac{\sum X_I{}^2 - n\bar{x}^2}{n-1}}$$

$$= \sqrt{\frac{59^2+80^2+\cdots+58^2+59^2-16\times 59.38^2}{16-1}} = 10.98$$

步驟五 在常態分配標上 μ 值與 $\bar{X}$。

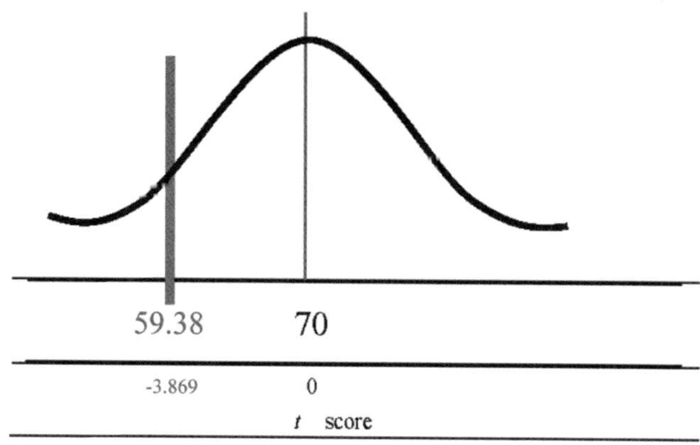

步驟六 檢定統計量 $t=\frac{\bar{X}-\mu}{S_{\bar{X}}}=(t_{\bar{X}}=\frac{\bar{X}-\mu_{\bar{X}}}{S_{\bar{X}}}=\frac{\bar{X}-\mu_X}{\frac{S_X}{\sqrt{n}}}=\frac{\bar{X}-\mu_X}{S_X\times\sqrt{\frac{1}{n}}})$ $\quad df=n-1$

$$=\frac{59.38-70}{10.98\times\sqrt{\frac{1}{16}}}=-3.869 \qquad df=15$$

步驟七 $|t_{\bar{X}}|=3.869>\left|t_{\left(\frac{\alpha}{2},df\right)}\right|=2.131$，落入拒絕 H_0 域，則拒絕 H_0 且支持 H_1。

步驟八 下結論：

單一樣本 t 檢定的檢定 t 值=−3.869，$p<0.05$，考驗結果達顯著水準，表示 16 位國民的平均健康得分與全國男性的平均健康得分有顯著差異存在。

MEMO

09 單一母體信賴區間

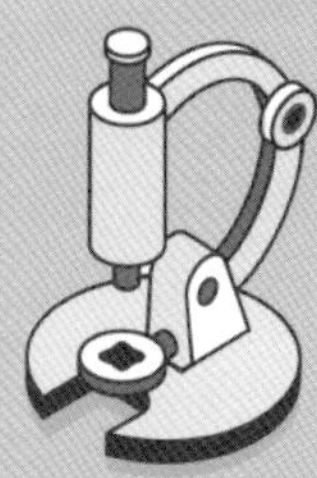

Biostatistics

9-1 估 計

估計是指從樣本統計量去推估參數。

9-1-1 點估計(point estimation)

由母體抽取一組樣本數為 n 的隨機樣本，並以由此得到的樣本之單一統計量來估計參數，稱為點估計。良好的點估計具有不偏性(unbiasness)、一致性(consistency)、高效性(efficiency)、充分性(sufficiency)。

$\overline{X}$為 μ 之不偏估計值、S^2為 σ^2之不偏估計值。

$\overline{X}$為 μ 最佳估計值、S^2為 σ^2最佳估計值。

9-1-2 信賴區間(confidence interval, CI)

由於點估計量的值不會恰好等於母數，利用信賴區間(CI)估計的概念來說明可能涵蓋母數的範圍。

100 (1-α)% CI 是指在一個既定的信賴水準下所構成的一個區間，是由樣本統計量及抽樣誤差對未知的母數估計出包含上限與下限的區間，並指出該區間包含母數的可靠度。

100 (1-α)%稱為**信心水準**，又稱信賴度或稱信賴係數，視需要決定，常用 99%、95%、90%。

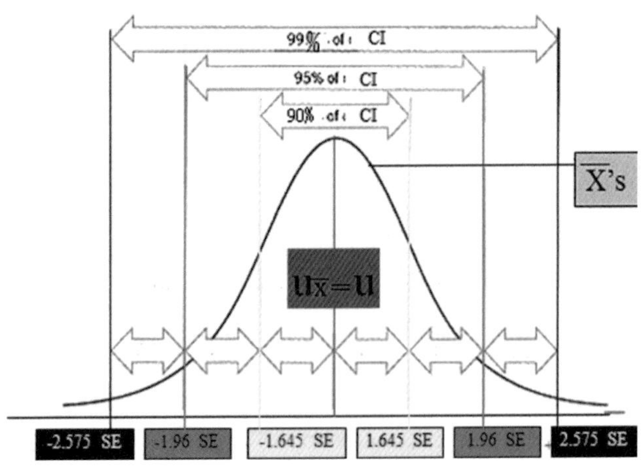

信賴水準 100 (1-α)%	α	$\frac{\alpha}{2}$	$Z_{\frac{\alpha}{2}}$	100 (1-α)% CI
0.90	0.10	0.05	1.645	$\bar{x}\pm 1.645\sigma_{\bar{x}}$
0.95	0.05	0.025	1.96	$\bar{x}\pm 1.96\sigma_{\bar{x}}$
0.99	0.01	0.005	2.575	$\bar{x}\pm 2.575\sigma_{\bar{x}}$

9-1-3 單一樣本母數平均值的 100 (1-α)% CI

單一樣本母數平均值的 100 (1-α)% CI 步驟：

1. 母數的信賴區間值並做統計推論。
2. 取得樣本統計量的抽樣分配。
3. 導出母數的信賴區間。
4. 求出母數的信賴區間值並做統計推論。

單一樣本母數平均值的 100 (1-α)% CI 公式

σ 已知	100 (1−α)% CI $=(\bar{x}-Z_{\frac{\alpha}{2}}\times\sigma_{\bar{x}}, \bar{x}+Z_{\frac{\alpha}{2}}\times\sigma_{\bar{x}})$ 信賴區間下限 $\bar{x}-Z_{\frac{\alpha}{2}}\times\frac{\sigma}{\sqrt{n}} = (\bar{x}-Z_{\frac{\alpha}{2}}\times\sigma_{x}\times\sqrt{\frac{1}{n}})$ 信賴區間上限$\bar{x}+Z_{\frac{\alpha}{2}}\times\frac{\sigma}{\sqrt{n}} = (\bar{x}+Z_{\frac{\alpha}{2}}\times\sigma_{x}\sqrt{\frac{1}{n}})$
σ 未知，n≥30	100 (1−α)% CI $=(\bar{x}-Z_{\frac{\alpha}{2}}\times S_{\bar{x}}, \bar{x}+Z_{\frac{\alpha}{2}}\times S_{\bar{x}})$ 信賴區間下限 $\bar{x}-Z_{\frac{\alpha}{2}}\times S\sqrt{\frac{1}{n}} = (\bar{x}-Z_{\frac{\alpha}{2}}\times S_{x}\times\sqrt{\frac{1}{n}})$ 信賴區間上限$\bar{x}+Z_{\frac{\alpha}{2}}\times S\sqrt{\frac{1}{n}} = (\bar{x}+Z_{\frac{\alpha}{2}}\times S_{x}\times\sqrt{\frac{1}{n}})$
σ 未知，n<30	100(1−α)%CI $=(\bar{x}-t_{(\frac{\alpha}{2},df)}\times S_{\bar{x}}, \bar{x}+t_{(\frac{\alpha}{2},df)}\times S_{\bar{x}})$ 信賴區間下限$\bar{x}-t_{(\frac{\alpha}{2},df)}\times S\sqrt{\frac{1}{n}} = (\bar{x}-t_{(\frac{\alpha}{2},df)}\times S_{x}\times\sqrt{\frac{1}{n}})$ 信賴區間上限 $\bar{x}+t_{(\frac{\alpha}{2},df)}\times S\sqrt{\frac{1}{n}} = (\bar{x}+t_{(\frac{\alpha}{2},df)}\times S_{x}\times\sqrt{\frac{1}{n}})$

100(1-0.05)%CI 就是 95 信賴區間，代表有 95 信心母數 μ 含在內，意指有 95%的信心 μ 在樣本其所建立之範圍內（由同一群體重複抽 100 次，由該 100 組樣本分別估計 μ 可能的範圍，其中有 95 個區間會包括真正的 μ 值）用$\bar{x}$來估計 μ 的範圍，是一個範圍而不只是一個數值。

95%信賴區間，表示有 5%的可能性，母體體平均數 μ 不在樣本其所建立的之範圍內。

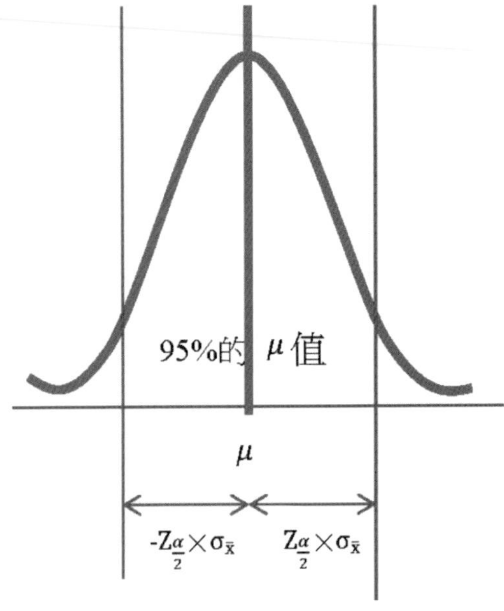

例題 某母體尿酸值的平均數μ，標準差 1 mg/dL，隨機抽一個 16 位個案的樣本其尿酸值的平均數 6.5 mg/dL，請問 95%信賴水準下，以$\bar{x}$估計μ所得的信賴區間。

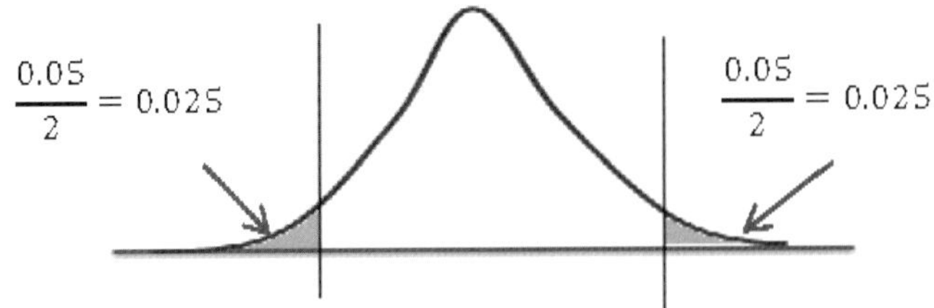

Z	右尾機率	Z	右尾機率	Z	右尾機率	Z	右尾機率	Z	右尾機率	Z	右尾機率
0.46	0.3228	0.96	0.1685	1.46	0.0722	1.96	0.0250	2.46	0.0069	2.96	0.0015

查 Z 表，$Z_{0.025}=1.96$

$$95\%CI=(\bar{x}-Z_{\frac{\alpha}{2}}\times\sigma_{\bar{x}}，\ \bar{x}+Z_{\frac{\alpha}{2}}\times\sigma_{\bar{x}})$$

$$=(\bar{x}-Z_{\frac{\alpha}{2}}\times\sigma_{x}\times\sqrt{\frac{1}{n}}，\ \bar{x}+Z_{\frac{\alpha}{2}}\times\sigma_{x}\times\sqrt{\frac{1}{n}})$$

$$=(6.5-1.96\times1\times\sqrt{\frac{1}{16}}，6.5+1.96\times1\times\sqrt{\frac{1}{16}})$$

$$=(6.5-0.49，6.5+0.49)=(6.01,\ 6.99)$$

因為σ已知，以 Z 分配來作區間估計，$\alpha=0.05$，故$\frac{0.05}{2}=0.025$，查$Z_{\frac{\alpha}{2}}=Z_{\frac{0.05}{2}}=1.96$，可得此樣本μ的 95%信賴區間為(6.01, 6.99)，有 95%信心(6.01, 6.99)這區間會包含母體尿酸值的平均數μ。

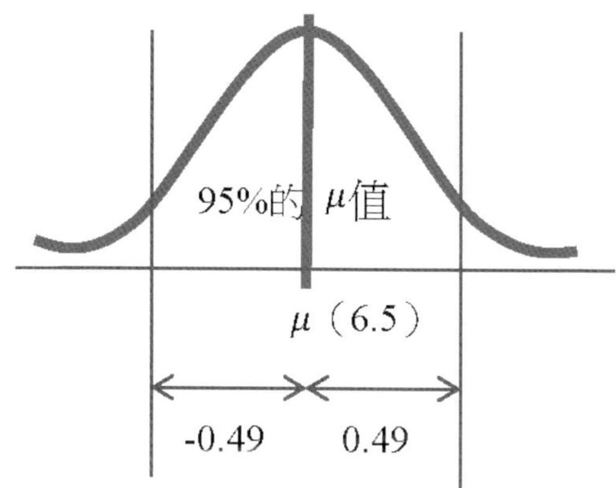

例題 某母體尿酸值的平均數μ，隨機抽一個 25 位個案的樣本其尿酸值的平均數 5.5 mg/dL，標準差 1 mg/dL，請問 95%信賴水準下，以$\bar{x}$估計μ所得的信賴區間。

df	α											
df	0.25	0.20	0.15	0.10	0.05	0.025	0.02	0.01	0.005	0.0025	0.001	0.0005
24	0.685	0.857	1.059	1.318	1.711	2.064	2.172	2.492	2.797	3.091	3.467	3.745

查 t 表，$t_{(\frac{\alpha}{2},df)} = t_{(\frac{\alpha}{2},n-1)} = t_{(0.025,24)} = 2.064$

$$95\%\text{CI} = (\bar{x} - t_{(\frac{\alpha}{2},df)} \times S_x \times \sqrt{\frac{1}{n}}\ ，\ \bar{x} + t_{(\frac{\alpha}{2},df)} \times S_x \times \sqrt{\frac{1}{n}})$$

$$= (5.5-2.064\times 1 \times \sqrt{\frac{1}{25}}，5.5+2.064\times 1 \times \sqrt{\frac{1}{25}})$$

$$= (5.5-0.41，5.5+0.41) = (5.09, 5.91)$$

因為σ未知以 t 分配來作區間估計，$\alpha = 0.05$，故 $\frac{0.05}{2} = 0.025$，df=24，查 $t_{(0.025,24)} = 2.064$，此樣本μ的 95%信賴區間為(5.09, 5.91)，有 95%信心(5.09, 5.91)這區間會包含母體尿酸值的平均數μ。

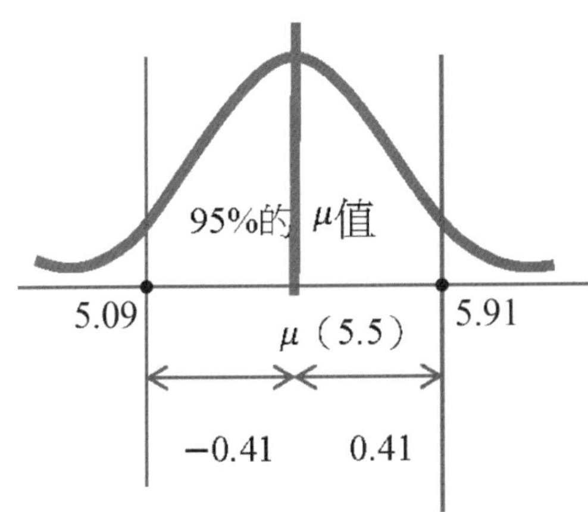

9-2 區間估計-Excel 應用

9-2-1 100(1 - α)% CI（σ 已知）

例題 某母體尿酸值的平均數μ，標準差 1 mg/dL，隨機抽一個 16 位個案的樣本其尿酸值的平均數 6.5 mg/dL，請問μ的 95%信賴區間。($\alpha = 0.05$)

步驟一 在 A1 欄位輸入「母體標準差」，在 B1 欄位輸入「樣本數」，C1 欄位輸入「樣本平均數」，D1 欄位輸入「$Z_{\frac{\alpha}{2}} \times \frac{\sigma}{\sqrt{n}}$」，E1 欄位輸入「信賴上限」，在 F1 欄位輸入「信賴下限」。

步驟二 把游標移置 A2輸入「1」，把游標移置 B2輸入「16」，把游標移置 C2輸入「6.5」。

步驟三 把游標移置 D2，點「*fx*」選「CONFIDENCE」，按確定。在「CONFIDENCE」的對話方塊中的「Alpha」輸入「0.05」，「Standard_dev」按「▦」鍵入「A2」，按「▦」，「Size」按「▦」鍵入「B2」，按「▦」，得知「0.489990996」。

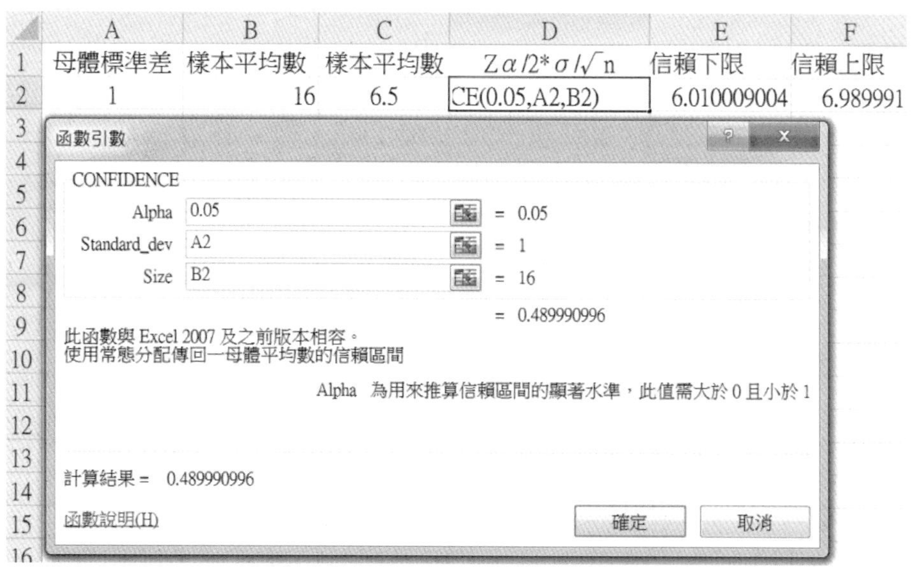

步驟四 把游標移置 E2，鍵入「 = C2 − D2」，得「6.010009004」，把游標移置 F2，鍵入「= C2 + D2」，得知「6.989991」。

	A	B	C	D	E	F
1	母體標準差	樣本平均數	樣本平均數	Zα/2×σ/√ n	信賴下限	信賴上限
2	1	16	6.5	0.489990996	6.010009004	6.989991

因為σ已知，以 Z 分配來作區間估計，$\alpha=0.05$，故$\frac{0.05}{2}=0.025$，查$Z_{\frac{\alpha}{2}}=Z_{\frac{0.05}{2}}=1.96$，可得此樣本μ的 95%信賴區間為(6.01, 6.99)，有 95%信心(6.01, 6.99)這區間會包含母體尿酸值的平均數μ。

9-2-2 100(1-α)% CI（σ未知）

例題 某國家女性的平均體重μ，從中抽取 36 位女性的體重分別是 58、59、80、50、60、60、60、60、60、60、60、61、62、63、64、65、66、67、68、69、70、71、72、73、74、75、76、77、78、79、80、81、82、83、84、85，請問μ的 95%信賴區間。($\alpha = 0.05$)

步驟一 在 A1輸入「體重」，A2-A36 欄位分別輸入 58、59、80、50、60、60、60、60、60、60、60、61、62、63、64、65、66、67、68、69、70、71、72、73、74、75、76、77、78、79、80、81、82、83、84、85。

步驟二 選資料、資料分析、敘述統計，按確定。

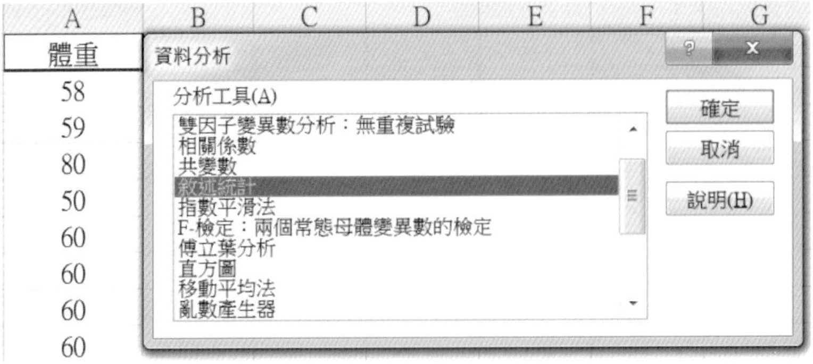

A	B	C	D	E	F	G
體重						
58						
59						
80						
50						
60						
60						
60						
60						

資料分析

分析工具(A)

雙因子變異數分析：無重複試驗
相關係數
共變數
敘述統計
指數平滑法
F-檢定：兩個常態母體變異數的檢定
傅立葉分析
直方圖
移動平均法
亂數產生器

確定　取消　說明(H)

步驟三 在敘述統計對話框的「輸入範圍」鍵入「$A$1:$A$37」，分組方式選「逐欄」，勾選類別軸記是在第一列上輸出範圍鍵入「$B$1」，選摘要統計，選平均數信賴度。

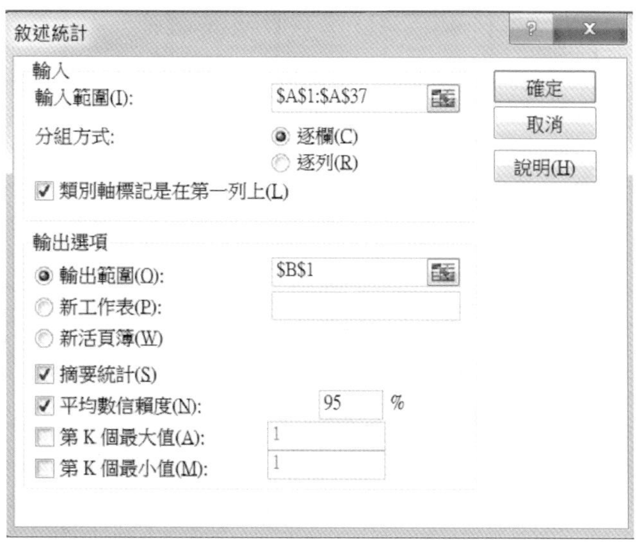

體重	體重	
58		
59	平均數	69.22222
80	標準誤	1.534839
50	中間值	68.5
60	眾數	60
60	標準差	9.209036
60	變異數	84.80635
60	峰度	-1.08116
60	偏態	0.087496
60	範圍	35
60	最小值	50
61	最大值	85
62	總和	2492
63	個數	36
64	信賴度(95.0%)	3.11589

此樣本μ的 95% 信賴區為(69.22222−3.11589, 69.22222+3.11589)，有 95% 信心(66.10633, 72.33811)這區間會包含某國家女性的平均體重。

9-3 課後實作

1. 某母體尿酸值的平均數μ，標準差 2 mg/dL，隨機抽一個 9 位個案的樣本其尿酸值的平均數 6.5 mg/dL，請問μ的 95%信賴區間。
2. 某母體尿酸值的平均數μ，標準差 2 mg/dL，隨機抽一個 49 位個案的樣本其尿酸值的平均數 6.5 mg/dL，請問μ的 95%信賴區間。
3. 某母體尿酸值的平均數μ，標準差 2 mg/dL，隨機抽一個 49 位個案的樣本其尿酸值的平均數 6.5 mg/dL，請問μ的 99%信賴區間。
4. 上述例題 1~3 題後，你發現了哪些重點？
5. 某國家罹患第二型糖尿病患者的平均體重是μ，從中抽取 25 位女性的體重分別是 58、59、50、60、60、45、50、52、46、56、61、62、63、64、65、66、67、68、69、47、44、42、54、54、55，請問μ的 95%信賴區間。($\alpha = 0.05$)
6. 有關 100 (1-α)%信賴區間的敘述何者為非：(A)100 (1-α)%為信心水準 (B)100 (1-α)%視需要決定，常用 99%、95%、90% (C)用 X 來估計 μ 的範圍，100 (1-α)%信賴區間是一個數值。

解答

1. 查 Z 表，$Z_{\frac{\alpha}{2}}=Z_{0.025}=1.96$，

$$95\%CI=(\bar{x}-Z_{\frac{\alpha}{2}}\times\sigma_{\bar{x}}，\bar{x}+Z_{\frac{\alpha}{2}}\times\sigma_{\bar{x}})$$

$$=(\bar{x}-Z_{\frac{\alpha}{2}}\times\sigma_{x}\times\sqrt{\frac{1}{n}}，\bar{x}+Z_{\frac{\alpha}{2}}\times\sigma_{x}\times\sqrt{\frac{1}{n}})$$

$$=(6.5-1.96\times2\times\sqrt{\frac{1}{9}}, 6.5+1.96\times2\times\sqrt{\frac{1}{9}})$$

$$=(5.19 , 7.81)$$

此樣本μ的 95%信賴區間為(5.19 , 7.81)。

2. 查 Z 表，$Z_{\frac{\alpha}{2}}=Z_{0.025}=1.96$，

$95\%CI=(\bar{x}-Z_{\frac{\alpha}{2}}\times\sigma_{\bar{x}}\ ,\ \bar{x}+Z_{\frac{\alpha}{2}}\times\sigma_{\bar{x}})$

$=(\bar{x}-Z_{\frac{\alpha}{2}}\times\sigma_{x}\times\sqrt{\frac{1}{n}}\ ,\bar{x}+Z_{\frac{\alpha}{2}}\times\sigma_{x}\times\sqrt{\frac{1}{n}})$

$=(605\text{-}1.96\times2\times\sqrt{\frac{1}{49}}\ ,\ 65+1.96\times2\times\sqrt{\frac{1}{49}})$

$=(5.94\ ,\ 7.06)$

此樣本μ的 95%信賴區間為(5.94 , 7.06)。

3. 查 Z 表，$Z_{\frac{\alpha}{2}}=Z_{0.005}=2.575$，

$95\%CI=(\bar{x}-Z_{\frac{\alpha}{2}}\times\sigma_{\bar{x}}\ ,\ \bar{x}+Z_{\frac{\alpha}{2}}\times\sigma_{\bar{x}})$

$=(\bar{x}-Z_{\frac{\alpha}{2}}\times\sigma_{x}\times\sqrt{\frac{1}{n}}\ ,\ \bar{x}+Z_{\frac{\alpha}{2}}\times\sigma_{x}\times\sqrt{\frac{1}{n}})$

$=(6.5\text{-}2.575\times2\times\sqrt{\frac{1}{49}}\ ,\ 6.5+2.575\times2\times\sqrt{\frac{1}{49}})$

$=(5.76\ ,\ 7.24)$

此樣本μ的 99%信賴區間為(5.76 , 7.24)。

5. 查 t 表，$t_{(\frac{\alpha}{2},\ df)}=t_{(0.025,\ 25-1)}=2.064$，

樣本平均數：$\overline{X}=\frac{\sum_{i=1}^{i=n}x_i}{n}=\frac{x_1+....+x_n}{n}=\frac{58+59+....+54+55}{25}=56.68$，

$S_X=\sqrt{\frac{\Sigma(x\ \ -\bar{X})^2}{n-1}}=\sqrt{\frac{\sum x^2-n\bar{x}^2}{n-1}}=\sqrt{\frac{58^2+59^2+\cdots+54^2+55^2-25\times56.68^2}{25-1}}=8.06$，

$95\%CI=(\bar{x}-t_{(\frac{\alpha}{2},df)}\times S_{\bar{x}},\ \bar{x}+t_{(\frac{\alpha}{2},df)}\times S_{\bar{x}})$

$=(\bar{x}-t_{(\frac{\alpha}{2},df)}\times S_x\times\sqrt{\frac{1}{n}},\ \bar{x}+t_{(\frac{\alpha}{2},df)}\times S_x\times\sqrt{\frac{1}{n}})$

$=(\bar{x}-t_{(\frac{\alpha}{2},df)}\times S_x\times\sqrt{\frac{1}{n}},\ \bar{x}+t_{(\frac{\alpha}{2},df)}\times S_x\times\sqrt{\frac{1}{n}})$

$=(56.68\text{-}2.064\times8.06\times\sqrt{\frac{1}{25}}$，$56.68+2.064\times8.06\times\sqrt{\frac{1}{25}})$

$=(53.35,\ 60.01)$

此樣本μ的 95%信賴區間為(53.35, 60.01)。

6. C

MEMO

10 兩個獨立樣本 *t* 檢定

Biostatistics

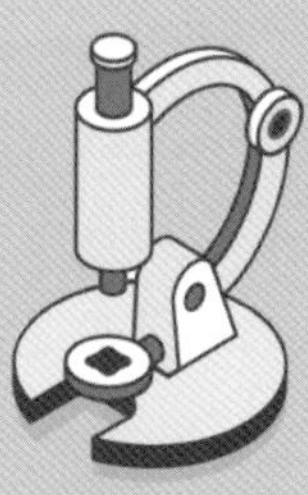

10-1 兩個獨立樣本 t 檢定使用時機

10-1-1 使用時機

兩個**母體平均數**的顯著性檢定分為：

1. 成對樣本 t 檢定(paired-sample t test)：兩個樣本是同一群人，比較來自**同一母體**的兩個不同樣本間的差異（第十一章）。本章節探討兩個獨立樣本 t 檢定。
2. 兩個獨立樣本 t 檢定(independent-sample t test)：兩個樣本在選取時彼此獨立，比較**兩個母體**在某種特質上的差異；兩個獨立樣本 t 檢定是用來檢定兩個獨立樣本的平均數差異是否達到顯著的水準。

- 自變項：分兩個樣本，兩個樣本在選取時彼此獨立，受測者隨機分派至不同組別，各組別的受測者沒有任何關係（一組樣本抽樣不會影響另一組抽樣的決定）。
- 依變項：等距、等比變項。
- 母體標準差 σ 未知。

10-1-2 兩個母體平均數差的抽樣分配$(\bar{X}_1 - \bar{X}_2)'s$

兩個獨立樣本，樣本 1，樣本數n_1個，觀察值 $X_{11} \ldots X_{1n_1}$；樣本 2，樣本數n_2個，觀察值 $X_{21} \ldots X_{2n_2}$，想知道此兩組獨立樣本的平均數是否有所差異？

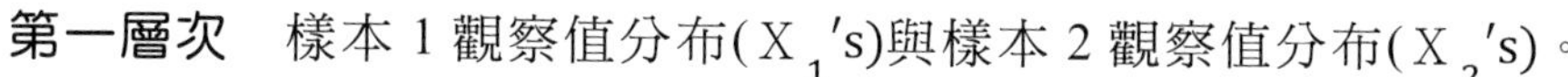
第一層次 樣本 1 觀察值分布(X_1's)與樣本 2 觀察值分布(X_2's)。

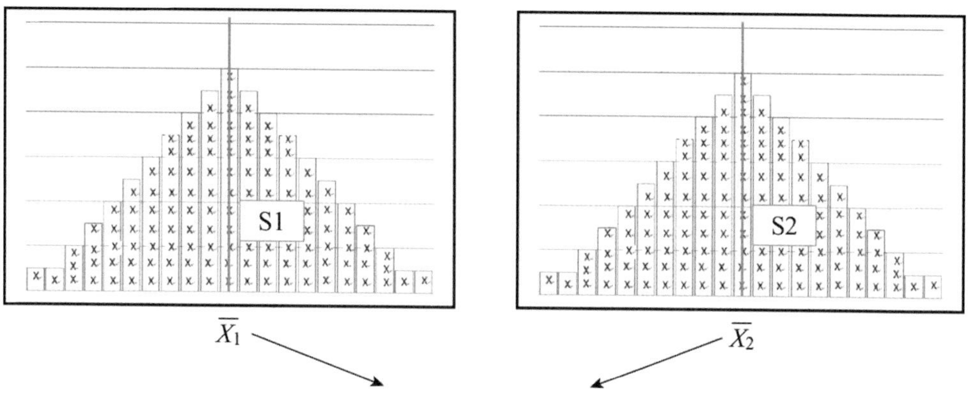

第二層次 兩個母體平均數差抽樣分配$(\bar{X}_1-\bar{X}_2)$'s。

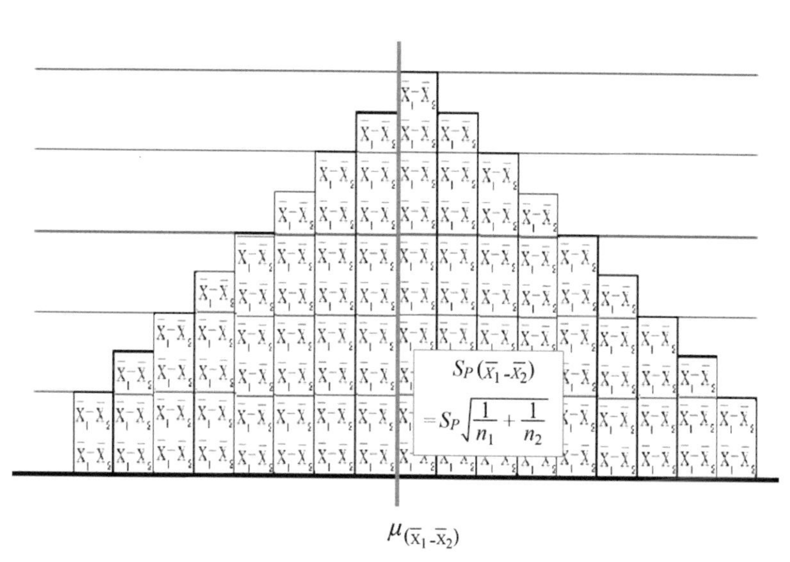

10-1-3 兩個母體平均數差抽樣分配$(\bar{X}_1-\bar{X}_2)$'s特性

1. $\mu_{(\bar{X}_1-\bar{X}_2)}=\left(\frac{X_{11}+X_{12}+\cdots+X_{1n_1}}{n_1}\right)-\left(\frac{X_{21}+X_{22}+\cdots+X_{2n_2}}{n_2}\right)=0$

   兩個母體平均數差抽樣分配的平均數=0

2. $S_{p(\bar{X}_1-\bar{X}_2)}=\sqrt{\frac{Sp^2}{n_1}+\frac{Sp^2}{n_2}}=\sqrt{S_p{}^2\left(\frac{1}{n_1}+\frac{1}{n_2}\right)}=S_p\sqrt{\frac{1}{n_1}+\frac{1}{n_2}}$

   兩個母體平均數差抽樣分配的標準誤

   $=$綜合樣本標準差$\times\sqrt{\frac{1}{\text{第 1 組樣本數}}+\frac{1}{\text{第 2 組樣本數}}}$

$$S_p（綜合樣本標準差）= \sqrt{\frac{\Sigma(x_{1\iota}-\bar{x}_1)^2+\Sigma(x_{2\iota}-\bar{x}_2)^2}{(n_1-1)+(n_2-1)}}$$

$$= \sqrt{\frac{(n_1-1)\times S_1{}^2+(n_2-1)\times S_2{}^2}{(n_1-1)+(n_2-1)}}$$

$$= \sqrt{\frac{(第1組樣本數-1)\times第1組樣本變異數+(第2組樣本數-1)\times第2組樣本變異數}{(第1組樣本數-1)+(第2組樣本數-1)}}$$

$$S_1=\sqrt{\frac{\Sigma(x_{1\iota}-\bar{x}_1)^2}{n_1-1}}=\sqrt{\frac{(n_1-1)\times S_1{}^2}{n_1-1}}$$

$$= \sqrt{\frac{(第1組樣本數-1)\times第1組樣本變異數}{(第1組樣本數-1)}}$$

$$S_2=\sqrt{\frac{\Sigma(x_{2\iota}-\bar{x}_2)^2}{n_2-1}}=\sqrt{\frac{(n_2-1)\times S_2{}^2}{n_2-1}}$$

$$= \sqrt{\frac{(第2組樣本數-1)\times第2組樣本變異數}{(第2組樣本數-1)}}$$

當抽樣樣本數越大時，兩個母體平均數差抽樣分配的標準誤$S_{p(\bar{X}1-\bar{X}2)}$越小，代表新分配差異性越小。用數學符號簡寫為$\bar{X}\sim N\,(\mu，\frac{S_{p(\bar{X}1-\bar{X}2)}{}^2}{n})$。

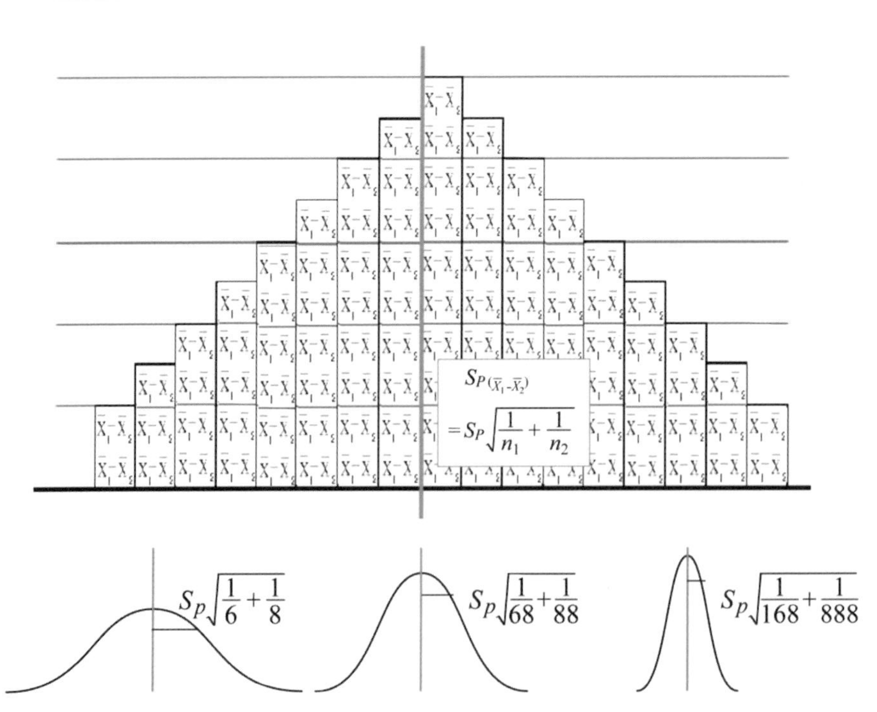

10-1-4 *t*檢定的基本假設

1. **常態性假設**：依據中央極限定理(central limit theory, CLT)，從兩個母體隨機抽取樣本，每次抽出n_1、n_2個數值，計算其平均數$\bar{X}_1$、$\bar{X}_2$。重複抽樣無限次兩組平均數差異$(\bar{X}_1-\bar{X}_2)$，便有無限個兩組平均數差異組成一分布$(\bar{X}_1-\bar{X}_2)'s$，稱為兩個母體平均數差抽樣分配$(\bar{X}_1-\bar{X}_2)'s$。兩個母體平均數差抽樣分配$(\bar{X}_1-\bar{X}_2)'s$是常態分配。

2. **獨立性假設**：兩個樣本之內或之間的每個觀察值必須是獨立的，不可以以任何形式產生關聯。

3. **變異數同質性假設**：兩個樣本須具有相似的離散狀況，當兩個樣本的變異數不同質，表示兩個樣本在平均數差異之外，另外存有差異的來源，致使變異數呈現不同質的情況。變異數同質性假設若不能成立，會使得平均數的比較存有混淆因素。變異數是否同質可以用「F 檢定：兩個常態母體變異數檢定」（$F=\frac{S_1^2/\sigma_1^2}{S_2^2/\sigma_2^2}$），若達顯著水準（$p<\alpha$）表變異數不相等。若未達顯著水準（$p>\alpha$）表變異數相等。

10-1-5 變異數同質性檢定

兩組獨立樣本 *t* 檢定(independent-sample *t* test)是用來檢定 2 個獨立樣本的平均數差異是否達到顯著的水準，隨變異數是否相同，分為(1) *t* 檢定：兩個母體平均數差異檢定，假設變異數相等；(2) *t* 檢定：兩個母體平均數差異檢定，假設變異數不相等。

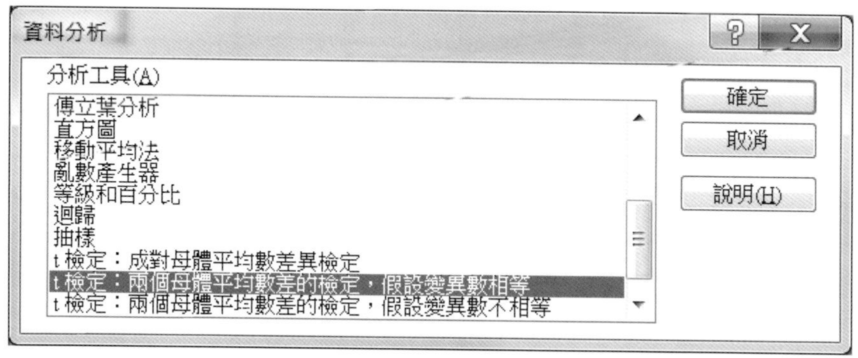

進行兩個母體平均數差異檢定前，須先檢定變異數同質性。Excel 應用：選取「工具」、「資料分析」、「F 檢定：兩個常態母體變異數檢定」。

10-1-6　檢定統計量$t_{(\bar{x}_1-\bar{x}_2)}$值

若兩個樣本的平均數($\bar{X}_1$、$\bar{X}_2$)為抽自兩個常態母體之樣本，且**母體 μ 與 σ 均未知**。其各項檢定所使用之檢定統計量，則需採用 t 值與 t 分配來處理。當母體標準差(σ_1、σ_2)未知時，兩個母體平均數差抽樣分配的標準誤必須由**綜合樣本標準差**來推估，因母體標準差(σ_1、σ_2)未知需使用 t 檢定來進行考驗。檢定統計量$t_{(\bar{x}_1-\bar{x}_2)}$值的公式如下：

$$\text{檢定統計量}\,t_{(\bar{x}_1-\bar{x}_2)}=\frac{(\bar{x}_1-\bar{x}_2)-\mu_{(\bar{x}_1-\bar{x}_2)}}{S_{p_{(\bar{x}_1-\bar{x}_2)}}}=\frac{(\bar{x}_1-\bar{x}_2)-\mathbf{0}}{S_p\sqrt{\frac{1}{\mathbf{n_1}}+\frac{1}{\mathbf{n_2}}}}$$

$$S_p=\sqrt{\frac{\Sigma(x_{1i}-\bar{x}_1)^2+\Sigma(x_{2i}-\bar{x}_2)^2}{(\mathbf{n_1}-1)+(\mathbf{n_2}-1)}}=\sqrt{\frac{(\mathbf{n_1}-1)\times\mathbf{S_1}^2+(\mathbf{n_2}-1)\times\mathbf{S_2}^2}{(\mathbf{n_1}-1)+(\mathbf{n_2}-1)}}$$

$$S_1=\sqrt{\frac{\Sigma(x_{1i}-\bar{x}_1)^2}{\mathbf{n_1}-1}}=\sqrt{\frac{(\mathbf{n_1}-1)\times\mathbf{S_1}^2}{\mathbf{n_1}-1}}$$

$$S_2=\sqrt{\frac{\Sigma(x_{2i}-\bar{x}_2)^2}{\mathbf{n_2}-1}}=\sqrt{\frac{(\mathbf{n_2}-1)\times\mathbf{S_2}^2}{\mathbf{n_2}-1}}$$

有三種情況會使得檢定統計量$t_{(\bar{x}_1-\bar{x}_2)}$增大（當 t 值愈大時，p 值愈小）：兩個樣本的平均數差異變大時、兩個樣本的變異數變小時、樣本數增大時，因 1,000 位比 10 位學生所得到的身高差距，更能說服相信男生的身高確實比女生高。

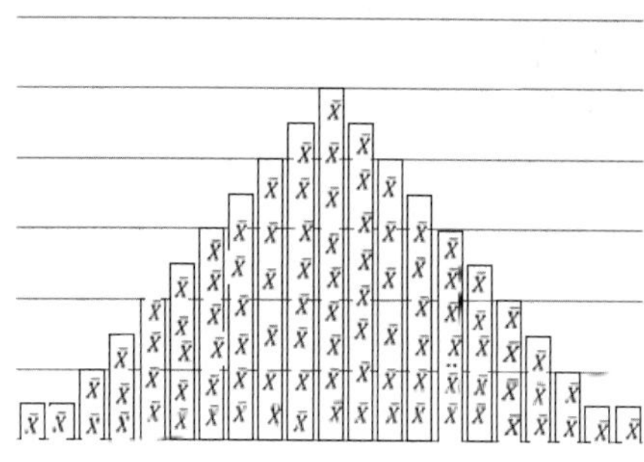

單一樣本平均數抽樣分配($\bar{X}_1$'s)

σ已知

標準化→$Z_{\bar{x}} = \frac{(\bar{X}-\mu_{\bar{x}})}{\sigma_{\bar{x}}}$

1.$\mu_{\bar{x}} = \mu = (\mu_x)$

2.$\sigma_{\bar{x}} = \sigma_x\sqrt{\frac{1}{n}}$

σ未知

標準化→$t_{\bar{x}} = \frac{(\bar{X}-\mu_{\bar{x}})}{S_{\bar{x}}}$

1.$\mu_{\bar{x}} = \mu = (\mu_x)$

2.$S_{\bar{x}} = S_x\sqrt{\frac{1}{n}}$

$$S = \sqrt{\frac{\sum(xi-\bar{x})^2}{n-1}} = \sqrt{\frac{\sum xi^2 - n\bar{x}^2}{n-1}}$$

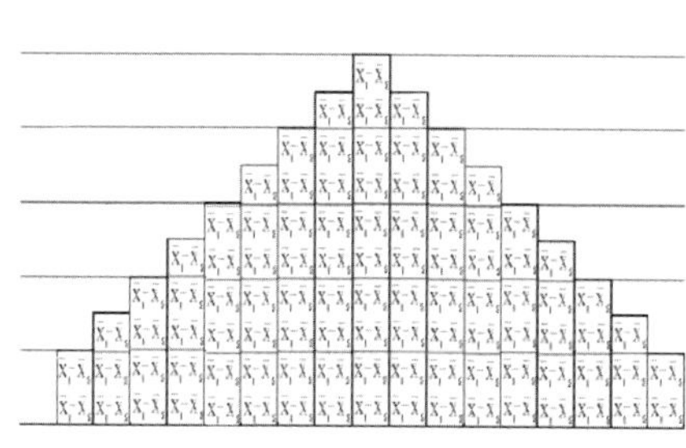

兩個母體平均差的抽樣分配

$(\bar{X}_1 - \bar{X}_2)'s$

標準化→$t_{(\bar{x}_1-\bar{x}_2)} = \frac{(\bar{X}_1-\bar{X}_2)-\mu_{(\bar{x}_1-\bar{x}_2)}}{Sp_{(\bar{x}_1-\bar{x}_2)}} = \frac{(\bar{X}_1-\bar{X}_2)-0}{Sp\sqrt{\frac{1}{n_1}+\frac{1}{n_2}}}$

1.$\mu_{(\bar{x}_1-\bar{x}_2)} = 0$

2.$Sp_{(\bar{x}_1-\bar{x}_2)} = Sp\sqrt{\frac{1}{n_1}+\frac{1}{n_2}} = \sqrt{\frac{1}{n_1}+\frac{1}{n_2}}$

Sp(綜合標準差)$= \sqrt{\frac{\sum(x_{1\iota}-\bar{x}_1)^2+\sum(x_{2\iota}-\bar{x}_2)^2}{(n_1-1)+(n_2-1)}}$

$= \sqrt{\frac{(n_1-1)\times S_1^2+(n_2-1)\times S_2^2}{(n_1-1)+(n_2-1)}}$

$$S_1 = \sqrt{\frac{\sum(x_{1\iota}-\bar{x}_1)^2}{n_1-1}} = \sqrt{\frac{\sum x_{1\iota}^2 - n_1\bar{x}_1^2}{n_1-1}}$$

$$= \sqrt{\frac{(n_1-1)\times S_1^2}{n_1-1}}$$

$$S_2 = \sqrt{\frac{\sum(x_{2\iota}-\bar{x}_2)^2}{n_2-1}} = \sqrt{\frac{\sum x_{2\iota}^2 - n_2\bar{x}_2^2}{n_2-1}}$$

$$= \sqrt{\frac{(n_2-1)\times S_2^2}{n_2-1}}$$

3.$df = (n_1-1)+(n_2-1)$

10-1-7 自由度(degree of freedom, df)

df＝(n_1-受限制的個數)＋(n_2-受限制的個數)。

10-1-8 做決策（臨界值 *t* 值）

用來決定統計顯著性的是查 *t* 表，而不是查 Z 表。

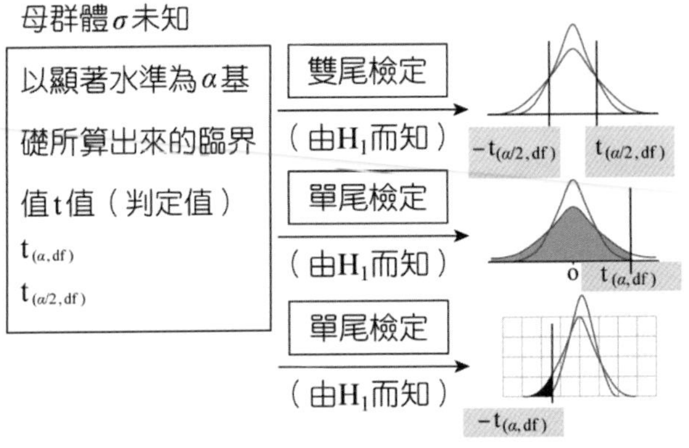

・查t表，找臨界值t值

單尾查 $t_{(\alpha,df)}=t_{(\alpha,n_1-1+n_2-1)}$

雙尾查 $t_{(\alpha/2,df)}=t_{(\alpha/2,n_1-1+n_2-1)}$

不同自由度各有不同的t分配
df＝(n_1-1)＋(n_2-1)

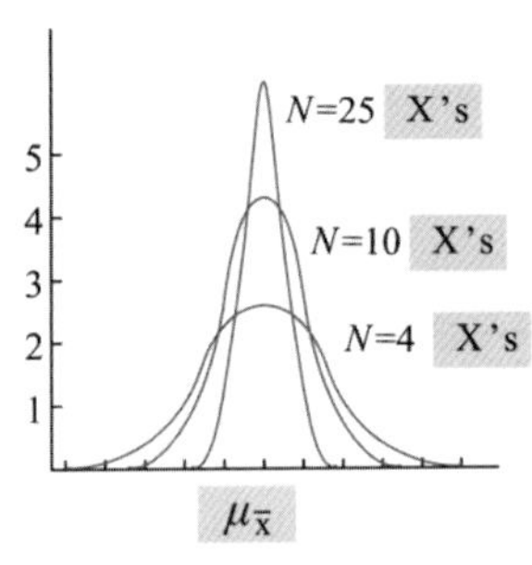

$$|t_{\bar{X}}| > \left|t_{\left(\frac{\alpha}{2},df\right)}\right| \text{或} \left|t_{(\alpha,df)}\right| \text{ 拒絕}H_0\text{且支持}H_1\text{。}$$

$$|t_{\bar{X}}| < \left|t_{\left(\frac{\alpha}{2},df\right)}\right| \text{或} \left|t_{(\alpha,df)}\right| \text{ 不拒絕}H_0\text{且不支持}H_1\text{。}$$

10-1-9 做決策（P與$\frac{\alpha}{2}$、α比）

1. 落入拒絕H_0域／棄却區的決策準則

a. H_1：$\mu_1 \neq \mu_2$，$p < \frac{\alpha}{2}$，落入拒絕H_0域，拒絕H_0且支持H_1。

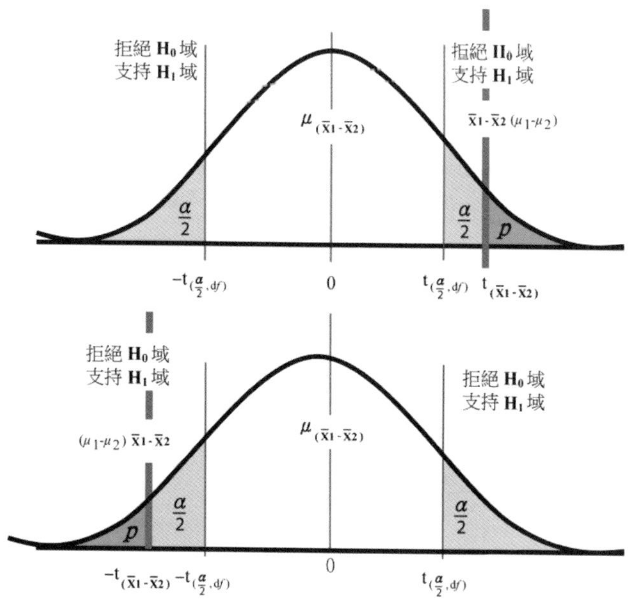

b. H_1：$\mu_1 < \mu_2$，$p < \alpha$，落入拒絕H_0域，拒絕H_0且支持H_1。

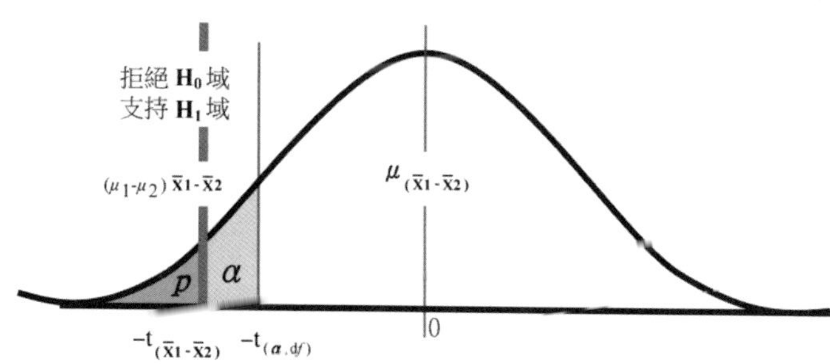

c. H_1：$\mu_1 > \mu_2$，$p < \alpha$，落入拒絕H_0域，拒絕H_0且支持H_1。

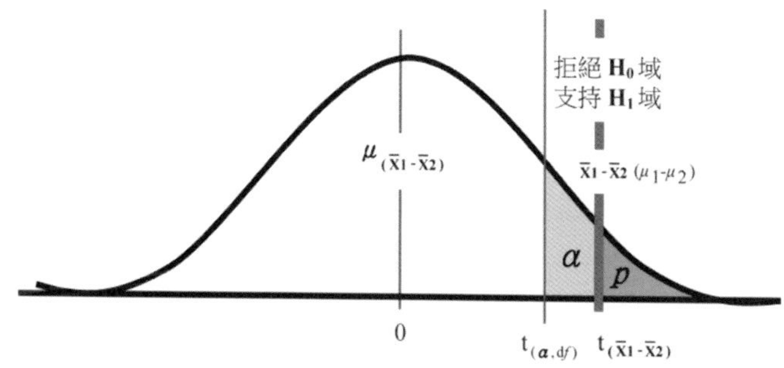

2. 落入不拒絕H_0域的決策準則

(1) H_1：$\mu_1 \neq \mu_2$，$p > \frac{\alpha}{2}$，落入不拒絕H_0域，不拒絕H_0且不支持H_1。

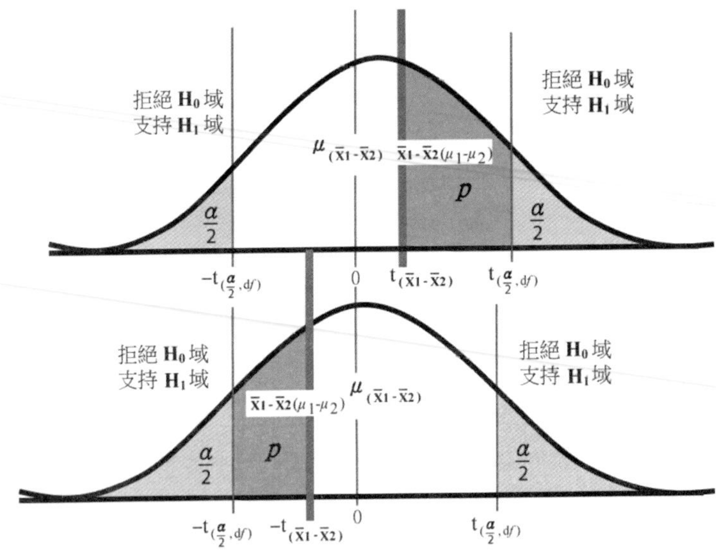

(2) H_1：$\mu_1 > \mu_2$，$p > \alpha$，落入不拒絕H_0域，不拒絕H_0且不支持H_1。

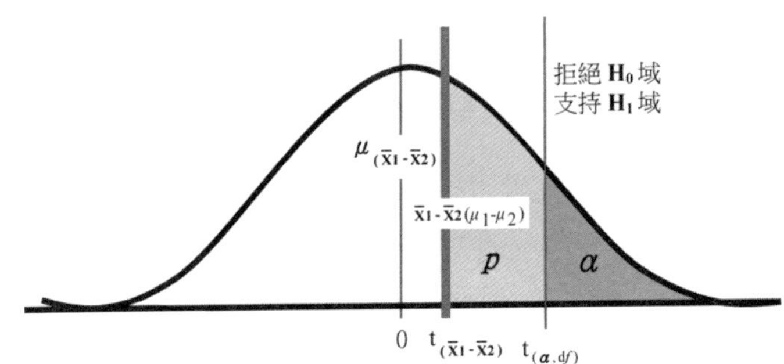

(3) H_1：$\mu_1 < \mu_2$，$p > \alpha$，落入不拒絕H_0域，不拒絕H_0且不支持H_1。

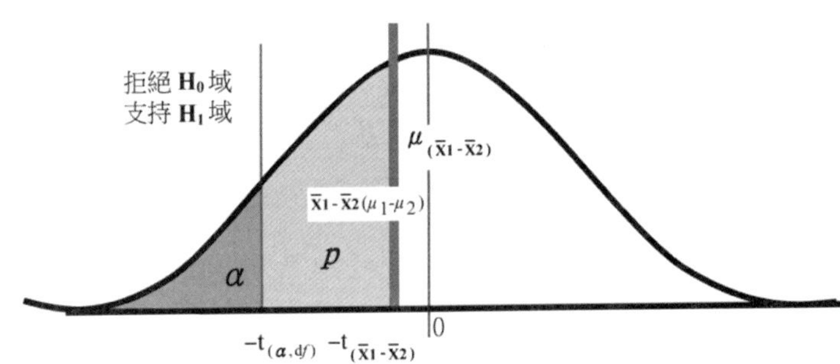

10-2 兩個獨立樣本 t 檢定八步驟

例題 探討 5 位男性護理人員和 35 位女性護理人員的工作壓力，運用問卷評量個案的工作壓力。5 位男性護理人員壓力分別 45、35、31、43、33；35 位女性護理人員壓力分別 60、61、64、58、60、63、62、71、59、58、59、72、71、64、62、56、57、62、57、58、60、59、62、58、59、70、82、77、73、72、76、80、82、68、75，請問男性護理人員、女性護理人員在工作壓力上的平均數是否有差異？($\alpha = 0.05$)

步驟一 對立假說H_1：$\mu_1 \neq \mu_2$（代表兩個母體平均數有差異）雙尾檢定。

虛無假說H_0：$\mu_1 = \mu_2$（代表兩個母體平均數無差異）。
（μ_1代表男性護理人員平均數；μ_2代表女性護理人員平均數）

步驟二 雙尾檢定，由臨界值$\left|t_{(\frac{\alpha}{2},df)}\right|$值或$\frac{\alpha}{2}$值，畫常態分配與拒絕$H_0$域。

1. 筆算或計算機運算：

df=(5-1)+(35-1)=38，雙尾檢定故 $\frac{\alpha}{2} = \frac{0.05}{2}$，查 t 表，

臨界值$\left|t_{(\frac{\alpha}{2},df)}\right| = \left|t_{(0.025,38)}\right| = \pm 2.021\text{-}2.042$。

	α					
df	0.25	0.20	0.15	0.10	0.05	0.025
30	0.683	0.854	1.055	1.310	1.697	2.042
40	0.681	0.851	1.050	1.303	1.684	2.021

畫常態分配與拒絕H_0域。

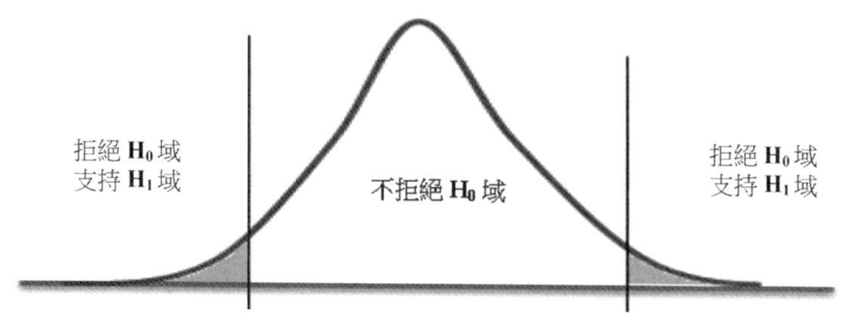

2. 使用軟體運算：

$$\frac{\alpha}{2} = \frac{0.05}{2} = 0.025$$

畫常態分配與拒絕H_0域。

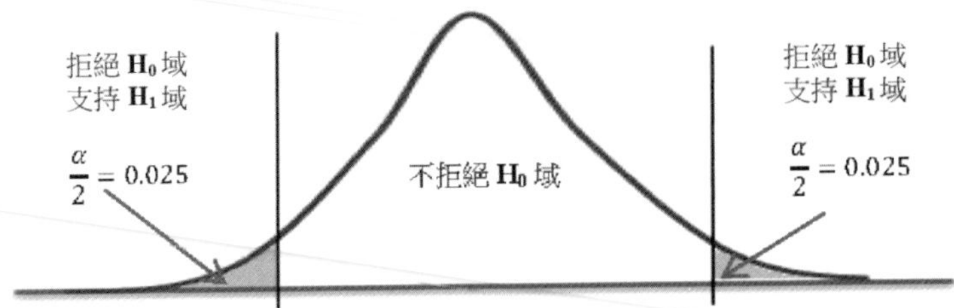

步驟三　$\bar{X}_1 - \bar{X}_2$（兩個平均數差異）。

1. 樣本平均數$\bar{X}_1$=37.40，$n_1 = 5$。

2. 樣本平均數$\bar{X}_2$=65.34，$n_2 = 35$。

3. $\bar{X}_1 - \bar{X}_2 = -27.94$，df= n_1-1 +n_2-1=38。

步驟四　算兩個母體平均數差抽樣分配的標準誤($S_{p(\bar{X}_1-\bar{X}_2)}$)。

$$S_{p(\bar{X}_1-\bar{X}_2)} = S_p\sqrt{\frac{1}{n_1}+\frac{1}{n_2}} = 7.73\sqrt{\frac{1}{5}+\frac{1}{35}} = 3.69$$

$$S_p = \sqrt{\frac{\Sigma(x_{1\iota}-\bar{X}1)^2+\Sigma(x_{2\iota}-\bar{X}2)^2}{(\mathbf{n_1}-1)+(\mathbf{n_2}-1)}} = \sqrt{\frac{(\mathbf{n_1}-1)\times \mathbf{S_1}^2+(\mathbf{n_2}-1)\times \mathbf{S_2}^2}{(\mathbf{n_1}-1)+(\mathbf{n_2}-1)}}$$

$$= \sqrt{\frac{(5-1)\times 6.23^2+34\times 7.88^2}{38}} = \sqrt{59.71} = 7.73$$

$$S_1 = \sqrt{\frac{\Sigma(x_{1\iota}-\bar{X}1)^2}{\mathbf{n_1}-1}} = \sqrt{\frac{\sum x_{1\iota}{}^2-\mathbf{n_1}\bar{X}1^2}{\mathbf{n_1}-1}} = \sqrt{\frac{(\mathbf{n_1}-1)\times \mathbf{S_1}^2}{\mathbf{n_1}-1}} = 6.23$$

$$S_2 = \sqrt{\frac{\Sigma(x_{2\iota}-\bar{X}2)^2}{\mathbf{n_2}-1}} = \sqrt{\frac{\sum x_{2\iota}{}^2-\mathbf{n_2}\bar{X}2^2}{\mathbf{n_2}-1}} = \sqrt{\frac{(\mathbf{n_2}-1)\times \mathbf{S_2}^2}{\mathbf{n_2}-1}} = 7.88$$

步驟五

1. 畫常態分配，標上 $\bar{X}_1 - \bar{X}_2 = -27.94$ 與$\mu_{(\bar{x}_1-\bar{x}_2)}$=0。

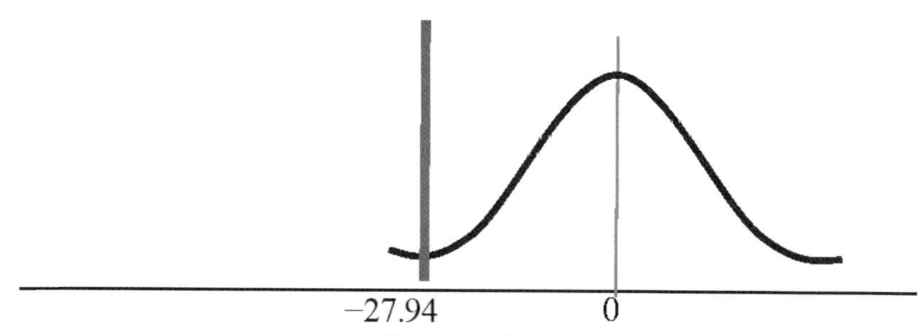

2. 使用軟體計算時：多「兩個母群體變異數 F 檢定」:
   (1) 兩個母群體變異數相同，點選「t 檢定：兩個母體平均數差的檢定，假設變異數相等」。
   (2) 兩個母群體變異數不相同，點選「t 檢定：兩個母體平均數差的檢定，假設變異數不相等」。

步驟六　樣本檢定統計量$t_{(\bar{X}_1-\bar{X}_2)}$與轉換成相對應 p 值。

1. 樣本檢定統計量$t_{(\bar{X}_1-\bar{X}_2)} = \dfrac{(\bar{X}_1-\bar{X}_2)-\mu_{(\bar{x}_1-\bar{x}_2)}}{S_{p_{(\bar{x}_1-\bar{x}_2)}}}$

$$= \frac{(\bar{X}_1-\bar{X}_2)-0}{S_p\sqrt{\frac{1}{n_1}+\frac{1}{n_2}}} = \frac{(37.40-65.34)-0}{3.69} = -7.56$$

$$df = (n_1\text{-}1)+(n_2\text{-}1) = (5\text{-}1)+(35\text{-}1) = 38$$

2. 樣本檢定統計量$t_{(\bar{X}_1-\bar{X}_2)}$與轉換成相對應 p 值：
   (1) 查 t 表，當 $df=38$，$t=-7.56$，得知 p值<0.0005。

	α											
df	0.25	0.20	0.15	0.10	0.05	0.025	0.02	0.01	0.005	0.0025	0.001	0.0005
30	0.683	0.854	1.055	1.310	1.697	2.042	2.147	2.457	2.750	3.030	3.385	3.646
40	0.681	0.851	1.050	1.303	1.684	2.021	2.123	2.423	2.704	2.971	3.307	3.551

   (2) Excel 函數 TDIST：A1 欄輸入「t」，A2 欄輸入「-7.56」，B1 欄輸入「p」。將游標移置 B2，點「*fx*」選「TDIST」，按確定。在「TDIST」的對話方塊中的「X」，輸入「ABS(A2)」。在「TDIST」對話方塊中「Deg_ freedom」，輸入「38」。在「TDIST」對話方塊中的「Tails」，輸入「2」。

步驟七 做決策。

1. 樣本檢定統計量值與臨界值相比較（筆算或計算機運算）：

$$|t_{\bar{X}}| = |-7.56| > \left|t_{\left(\frac{\alpha}{2},df\right)}\right| = \left|t_{(0.025,38)}\right| = |\pm(2.021-2.042)|$$

落入拒絕 H_0 域，拒絕 H_0 且支持 H_1。

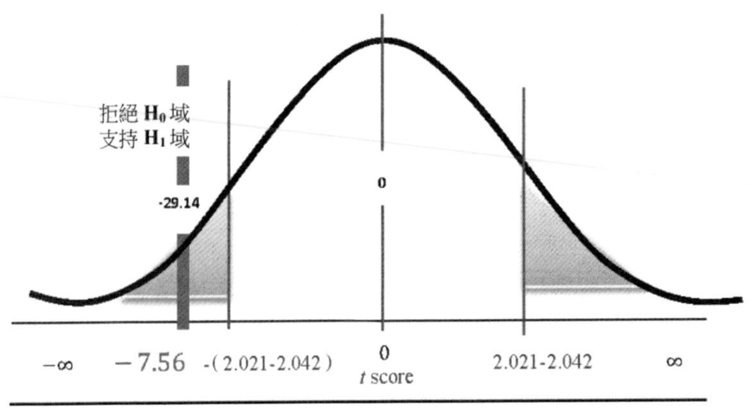

2. p 與$\frac{\alpha}{2}$相比較（使用軟體運算）：

$p < 0.0005 < \frac{\alpha}{2} = \frac{0.05}{2} = 0.025 \rightarrow$落入拒絕$H_0$域，則拒絕$H_0$且支持$H_1$。

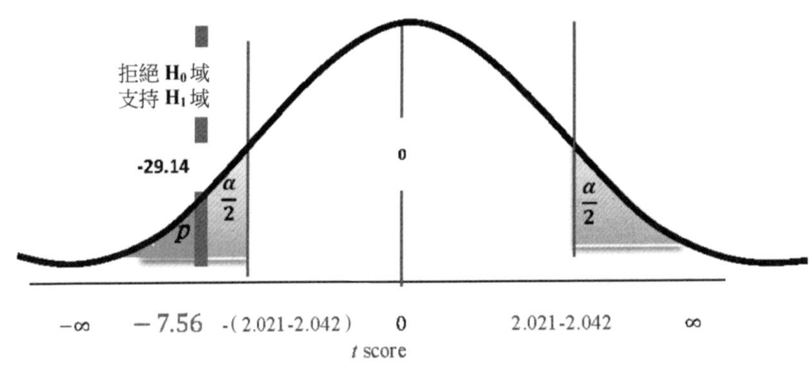

結論 兩個獨立樣本的檢定 t 值=-7.56，$p < 0.05$，考驗結果達顯著水準，表示男、女性護理人員工作壓力有顯著差異存在，女性護理人員工作壓力的平均數(65.34)顯著高於男性護理人員工作壓力的平均數(37.40)。

10-3 兩個獨立樣本 t 檢定-Excel 應用

例題 探討 5 位男性護理人員和 35 位女性護理人員的工作壓力，運用問卷評量個案的工作壓力。5 位男性護理人員壓力分別 45、35、31、43、33；35 位女性護理人員壓力分別 60、61、64、58、60、63、62、71、59、58、59、72、71、64、62、56、57、62、57、58、60、59、62、58、59、70、82、77、73、72、76、80、82、68、75，請問男性護理人員、女性護理人員在工作壓力上的平均數是否有差異? ($\alpha = 0.05$)

步驟一 男性護理人員和女性護理人員的資料置於不同的兩欄。

步驟二 兩個母群體變異數F檢定，會出現一個「資料分析」(參看本書第18頁)的對話方塊，點選「F檢定：兩個常態母體變異數檢定」。

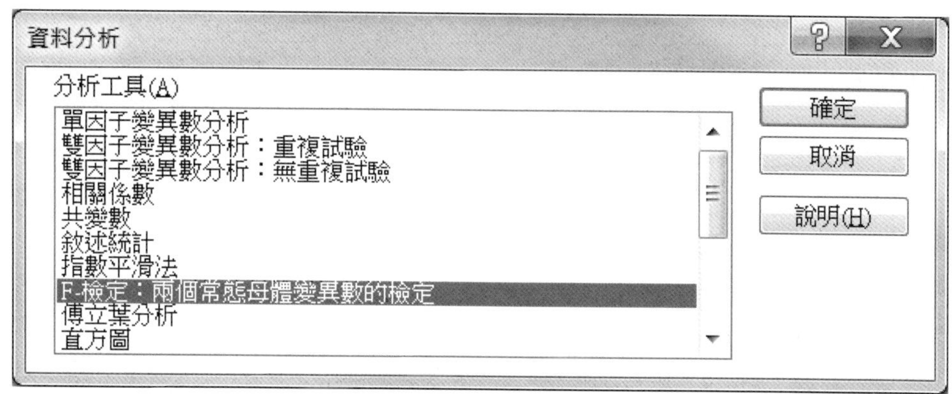

步驟三 在「變數 1 的範圍」鍵入「$A$1：$A$6」，「變數 2 的範圍」鍵入「$B$1:$B$36」，「並勾選「標記(L)」，「α(A)」鍵入「0.05」，點選「輸出範圍」，鍵入「$C$1」，最後按「確定」。

F-檢定：兩個常態母體變異數的檢定
輸入
變數 1 的範圍(1): $A$1:$A$6
變數 2 的範圍(2): $B$1:$B$36
標記(L)
α(A): 0.05
輸出選項
輸出範圍(O): $C$1
新工作表(P):
新活頁簿(W)
確定
取消
說明(H)

F 檢定：兩個常態母體變異數的檢定

	男性護理人員工	理人員工作壓力
平均數	37.40	65.34
變異數	38.80	62.17
觀察值個	5.00	35.00
自由度	4.00	34.00
F	0.62	
P(F<=f) 單	0.35	
臨界值：	0.17	

男、女性護理人員工作壓力變異數分別是 38.80、62.17，進行變異數同質性的 F 檢定結果未達顯著(F=0.62, p=0.35＞0.05)，表示這兩個樣本的離散情形無明顯差別，男性和女性護理人員在工作壓力的變異數是相等的。

步驟四 選取「資料」、「資料分析」，在「資料分析」的對話方塊中點選「t 檢定：兩個母體平均數差的檢定，假設變異數相等」，按「確定」，如圖所示。

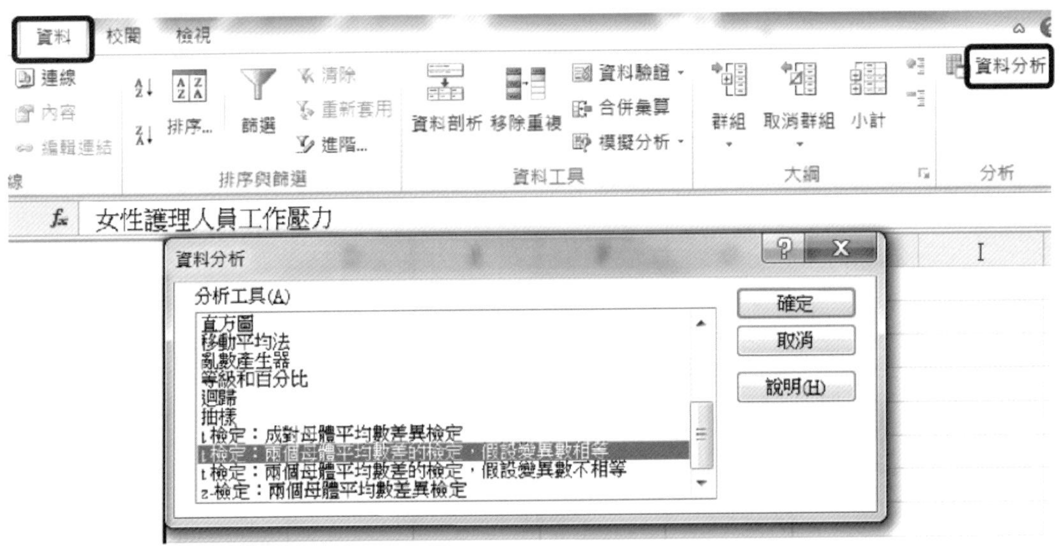

步驟五 在「t 檢定：兩個母體平均數差的檢定，假設變異數相等」的對話方塊，「變數 1 的範圍」鍵入「$A$1:$A$6」，「變數 2 的範圍」鍵入「$B$1:$B$36」，並勾選「標記(L)」，「α (A)」鍵入「0.05」，點選「輸出範圍」，鍵入「$F$1」，最後按「確定」。

t 檢定：兩個母體平均數差的檢定，假設變異數相等

輸入
變數 1 的範圍(1): $A$1:$A$6
變數 2 的範圍(2): $B$1:$B$36
假設的均數差(P): 0
☑ 標記(L)
α(A): 0.05

輸出選項
◉ 輸出範圍(O): $F$1
○ 新工作表(P):
○ 新活頁簿(W)

確定　取消　說明(H)

t 檢定：兩個母體平均數差的檢定，假設變異數相等

	男性護理人員工作	護理人員工作壓力		
平均數	37.4	65.3428571		
變異數	38.8	62.1731092		
觀察值個數	5	35		
Pooled 變異數	59.712782			
假設的均數差	0			
自由度	38			
t 統計	-7.56355878	與臨界值比	與臨界值比較	
P(T<=t) 單尾	2.1526E-09	單尾 *p* 值	單尾 *p* 值	
臨界值：單尾	1.68595446	單尾 *α* =0.0	單尾 *α* =0.05 值的臨界值	
P(T<=t) 雙尾	4.3052E-09	雙尾 p 值	雙尾 p 值	
臨界值：雙尾	2.02439416	雙尾 *α* /2=0	雙尾 *α* /2=0.05/2 值的臨界值	

結論 兩個獨立樣本的檢定 t 值=-7.56，$p<0.05$，考驗結果達顯著水準，表示男、女性護理人員工作壓力平均數有顯著差異存在，女性護理人員工作壓力的平均數(65.34)顯著高於男性護理人員工作壓力的平均數(37.40)。

10-4 課後實作

1. 有關$(\bar{X}_1-\bar{X}_2)'s$特性下列何者為非：(A)$S_{p(\bar{X}_1-\bar{X}_2)}=S_p\sqrt{\frac{1}{n_1}+\frac{1}{n_2}}$ (B)$\mu_{(\bar{X}1-\bar{X}2)}=\mu$ (C)$df=(n_1\text{-}1)+(n_2\text{-}1)$。
2. 探討 32 位護生的實習壓力，運用問卷評量護生的實習壓力。16 位男護生壓力分別 45、35、31、43、33、35、62、58、59、70、82、77、73、72、76、80。16 位女性護生實習壓力分別 60、61、64、58、60、63、62、71、59、58、59、72、71、64、62、56，請問男護生、女護生在實習壓力上的平均數是否有差異？($\alpha=0.05$)
3. 應用 Excel 進行獨立樣本 t 檢定時，下列敘述何者為非：(A)進行 t 檢定：兩個母體平均數差的檢定之前，需先進行「兩個常態母體變異數 F 檢定」(B)F 檢定結果 $p>\alpha$時表示兩個母群體變異數相同則點選「t 檢定：兩個母體平均數差的檢定，假設變異數相等」 (C)t 檢定結果 $p<\alpha$時表示兩個母體平均數無顯著性差異。

解答

1. B
2. 解答如下：

   步驟一 H_1：$\mu_1\neq\mu_2$ H_0：$\mu_1=\mu_2$，雙尾檢定。

   （μ_1代表男護生平均實習壓力分數；μ_2代表女護生平均實習壓力分數）
3. C

步驟二 df=(16-1)+(16-1)=30，雙尾檢定故 $\frac{\alpha}{2}=\frac{0.05}{2}$，查 t 表，

臨界值 $\left|t_{(\frac{\alpha}{2},df)}\right|=\left|t_{(0.025,30)}\right| = \pm 2.042$。

畫常態分配與拒絕H_0域。

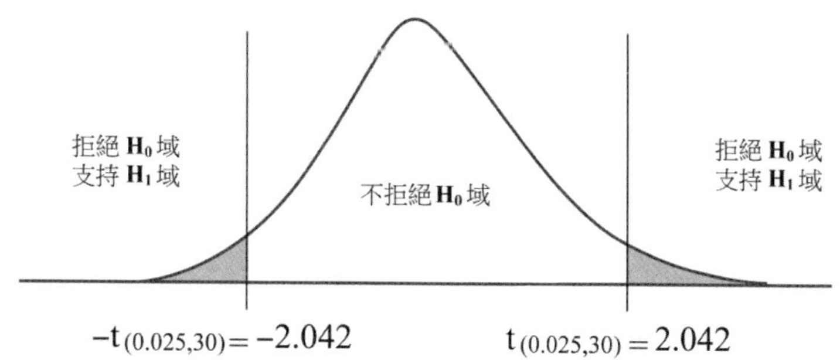

步驟三 $\bar{X}_1 - \bar{X}_2$(兩組平均數差異)：

1. 樣本平均數$\bar{X}_1$=58.19，n_1 = 16。
2. 樣本平均數$\bar{X}_2$=62.5，n_2 =16。
3. $\bar{X}_1 - \bar{X}_2 = -4.31$，df=$n_1$-1 +$n_2$-1=30。

步驟四 算兩個母體平均數差抽樣分配的標準誤($S_{p_{(\bar{X}_1-\bar{X}_2)}}$)。

$$S_{p_{(\bar{X}_1-\bar{X}_2)}} = S_p\sqrt{\frac{1}{n_{男}}+\frac{1}{n_{女}}} = 13.53\sqrt{\frac{1}{16}+\frac{1}{16}} = 4.79。$$

$$S_p=\sqrt{\frac{\Sigma(x_{1i}-\bar{X}1)^2+\Sigma(x_{2i}-\bar{X}2)^2}{(n_1-1)+(n_2-1)}}=\sqrt{\frac{(n_{男}-1)\times S_{男}{}^2+(n_{女}-1)\times S_{女}{}^2}{(n_{男}-1)+(n_{女}-1)}}=\sqrt{\frac{(16-1)\times 18.50^2+(16-1)\times 4.91^2}{(16-1)+(16-1)}}=13.53$$

$$S_{男}=\sqrt{\frac{\Sigma(x_{1i}-\bar{X}1)^2}{n_1-1}}=\sqrt{\frac{\sum x_{1i}{}^2-n_1\bar{X}1^2}{n_1-1}}=\sqrt{\frac{(n_1-1)\times S_1{}^2}{n_1-1}}=\sqrt{\frac{45^2+35^2+\cdots+76^2+80^2-15\times 58.19^2}{16-1}}=18.50$$

$$S_{女}=\sqrt{\frac{\Sigma(x_{2i}-\bar{X}2)^2}{n_2-1}}=\sqrt{\frac{\sum x_{2i}{}^2-n_2\bar{X}2^2}{n_2-1}}=\sqrt{\frac{(n_2-1)\times S_2{}^2}{n_2-1}}=4.91$$

步驟五 畫常態分配，標上 $\bar{X}_1 - \bar{X}_2 = -4.31$ 與 $\mu_{(\bar{x}_1 - \bar{x}_2)} = 0$。

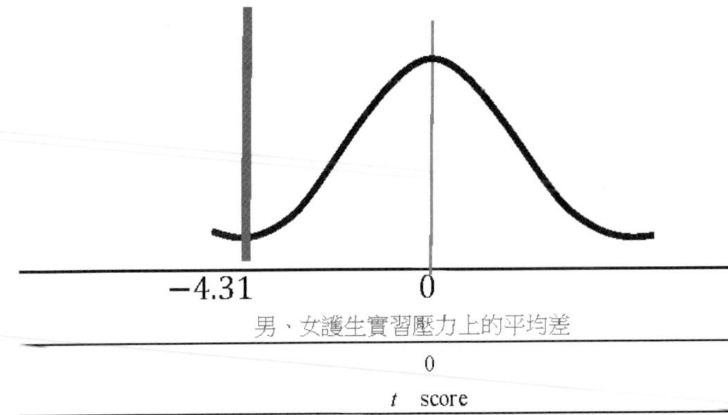

步驟六 樣本檢定統計量 $t_{(\bar{x}_1 - \bar{x}_2)} = \dfrac{(\bar{X}_1 - \bar{X}_2) - \mu_{(\bar{x}_1 - \bar{x}_2)}}{S_{p(\bar{x}_1 - \bar{x}_2)}}$

$$= \frac{(\bar{X}_1 - \bar{X}_2) - 0}{S_p\sqrt{\frac{1}{n_1} + \frac{1}{n_2}}} = \frac{-4.31 - 0}{4.79} = -0.901$$

$$df = (n_1 - 1) + (n_2 - 1) = (16 - 1) + (16 - 1) = 30$$

步驟七 $|t_{\bar{X}}| = |-0.901| < \left|t_{\left(\frac{\alpha}{2},\ df\right)}\right| = \left|t_{(0.025,30)}\right| = |\pm 2.042|$，落入不拒絕 H_0 域，則不拒絕 H_0 且不支持 H_1。

步驟八 下結論：

兩個獨立樣本的檢定 t 值=−0.901，$p > 0.05$，考驗結果未達顯著水準，表示男、女護生實習壓力未有顯著差異存在。

11 成對樣本 *t* 檢定

Biostatistics

11-1 使用時機

11-1-1 使用時機

前面「獨立樣本 t 檢定」，其兩組受測樣本間為獨立，並無任何關聯。如：甲乙班、男女生、兩不同年度、都市與鄉村等。

成對樣本 t 檢定(paired-sample t test)前提假設，是使用於相依事件，第一組的樣本與第二組的樣本之間不獨立，即選擇一案例為樣本時，會影響另一樣本是否被納入。最常用在相依樣本下的重複量測設計(repeated measure design)，也就是同一個樣本，前後量測二次。

自變項的兩組受測樣本間是同一個樣本（同一個人前後測二次、同一部車前後測二次、雙胞胎、研究者對受試者進行配對）。依變項是連續變項(continuous variable)，**必須為隨機樣本**(random variable)，**依變數的母群體必須是常態分布**(normal distribution)。兩組樣本的變異數須為**常態分布**，且為**定值(constant)**。

11-1-2 成對母體平均數差抽樣分配（相依樣本）

成對樣本來自同一母體，樣本數 n 個，依變項是連續變項（前測觀察值 $X_{11} \ldots X_{1n_1}$，後測觀察值 $X_{21} \ldots X_{2n_2}$），想知道前、後測的平均數是否有所差異？

第一層次 前測觀察值分布(X_1's)與後測觀察值分布(X_2's)。

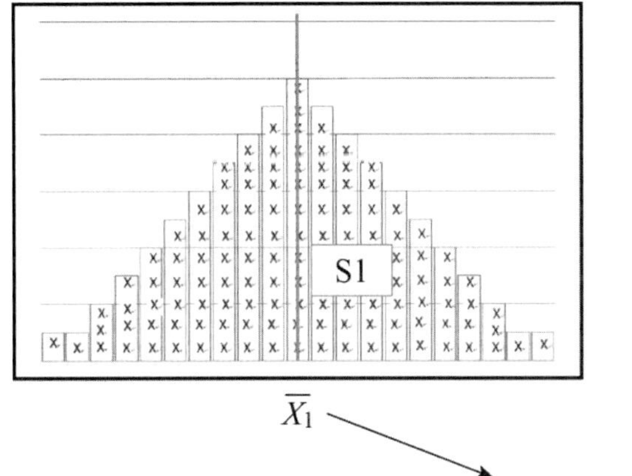

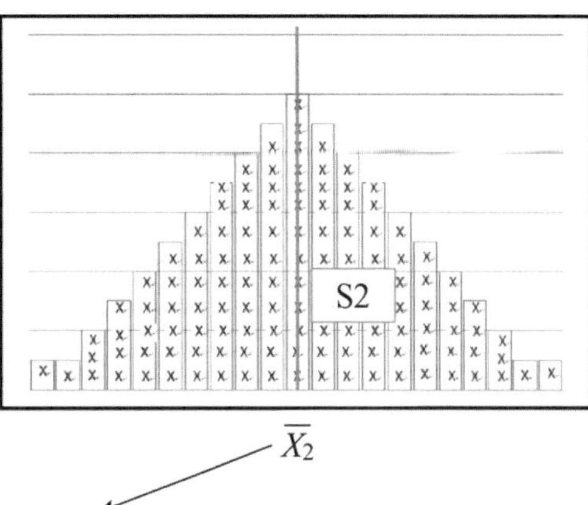

第二層次 成對平均數差抽樣分配($\bar{d}$'s)。

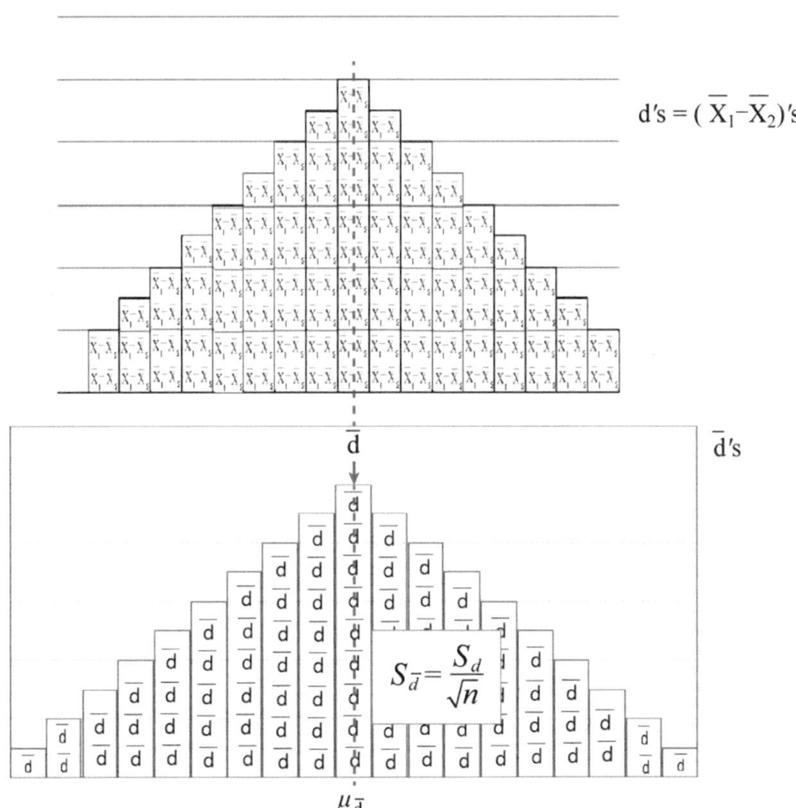

11-1-3 成對母體平均數差抽樣分配 ($\bar{d}'s$)特性（σ 未知）

依據中央極限定理(central limit theory, CLT)，無限個**成對平均數差抽樣分配($\bar{d}'s$)**，$\bar{d}'s$也是常態分配。其特性：

1. $\mu_{\bar{d}}=0$ 成對母體平均數差抽樣分配平均數=0
2. $S_{\bar{d}}=\frac{S_d}{\sqrt{n}}$ 成對母體平均數差抽樣分配的標準誤

=二個平均數差的標準差／樣本數的平方根

$$S_d=\sqrt{\frac{(d_i-d)^2}{n-1}}=\sqrt{\frac{\sum {d_I}^2-n\bar{d}^2}{n-1}}$$

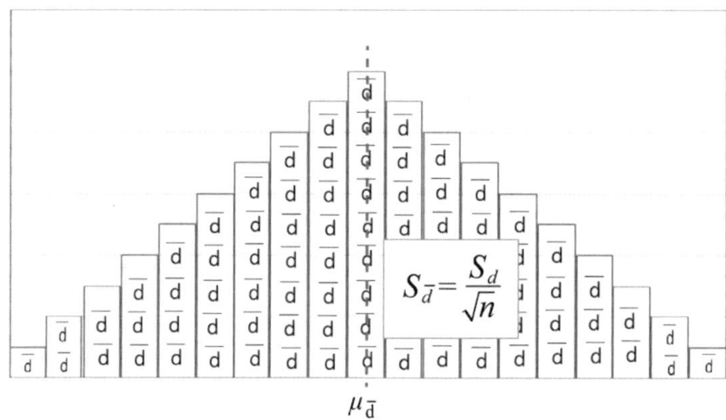

11-1-4 計算樣本檢定統計量$t_{\bar{d}}$值（σ²未知，σ 未知）

檢定統計量$t_{\bar{d}}$值$=\frac{\bar{d}-\mu_{\bar{d}}}{S_{\bar{d}}}=\frac{\bar{d}-\mu_{\bar{d}}}{\frac{S_d}{\sqrt{n}}}$

$\mu_{\bar{d}}=0$

成對母體平均數差抽樣分配的平均數=0

$S_{\bar{d}}=\frac{S_d}{\sqrt{n}}$

成對母體平均數差抽樣分配的標準誤=觀察值差異的標準差／樣本數開根號

$$S_d=\sqrt{\frac{(d_i-\bar{d})^2}{n-1}}=\sqrt{\frac{\sum {d_I}^2-n\bar{d}^2}{n-1}}$$

one sample *t*-test	paired-sample *t* test
統計量計算： $t_{\bar{x}}$值$=\frac{\bar{x}-\mu_{\bar{x}}}{S_{\bar{x}}}=\frac{\bar{x}-\mu_{\bar{x}}}{\frac{S}{\sqrt{n}}}=\frac{\bar{x}-\mu}{\frac{S}{\sqrt{n}}}$	統計量計算： $t_{\bar{d}}$值$=\frac{\bar{d}-\mu_{\bar{d}}}{S_{\bar{d}}}\ \frac{\bar{d}-\mu_{\bar{d}}}{\frac{S_d}{\sqrt{n}}}=\frac{\bar{d}-0}{\frac{S_d}{\sqrt{n}}}$

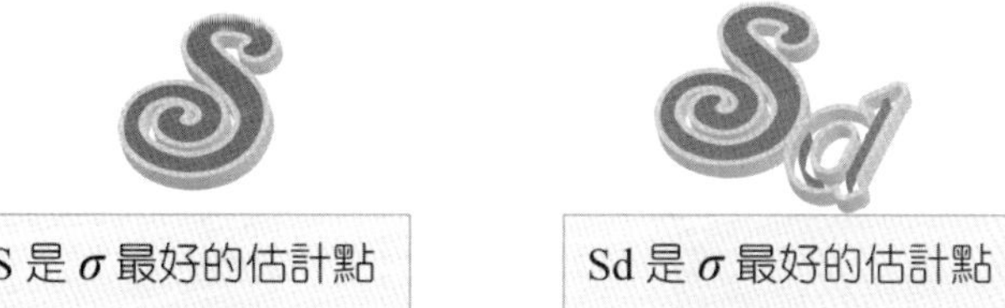

S 是 σ 最好的估計點
Sd 是 σ 最好的估計點

11-1-5 自由度(degree of freedom, df)

df =n-1，在統計學中，自由度常用於檢定時找臨界值之用。

11-1-6 做決策

用來決定統計顯著性的是 *t* 表，而不是標準常態機率表 Z 表。

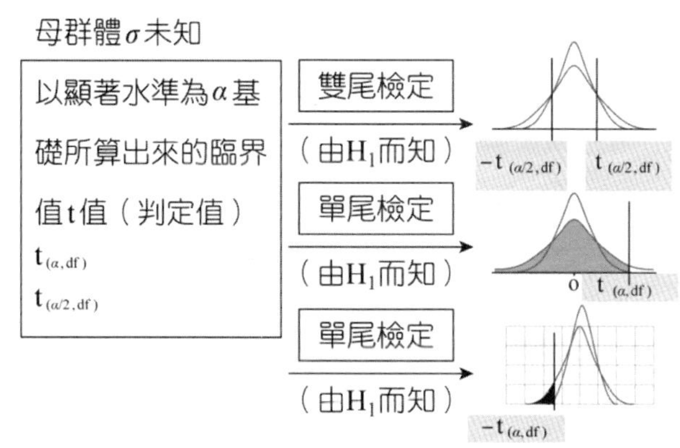

・查t表，找臨界值t值

單尾查 $t_{(\alpha,df)}=t_{(\alpha,n-1)}$

雙尾查 $t_{(\alpha/2,df)}=t_{(\alpha/2,n-1)}$

不同自由度(df)
df = n-1，各有
其不同的t分配

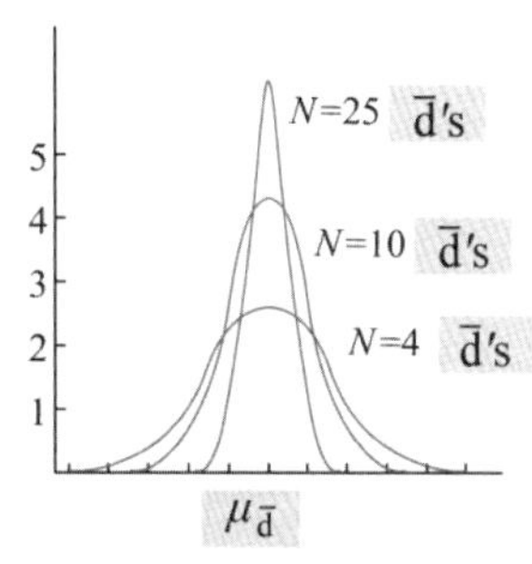

11-1-7 做決策（P與$\frac{\alpha}{2}$、α比）

1. 落入拒絕H_0域／棄却區的決策準備

a. H_1：$\mu_1 \neq \mu_2$，$p < \frac{\alpha}{2}$，落入拒絕H_0域，拒絕H_0且支持H_1。

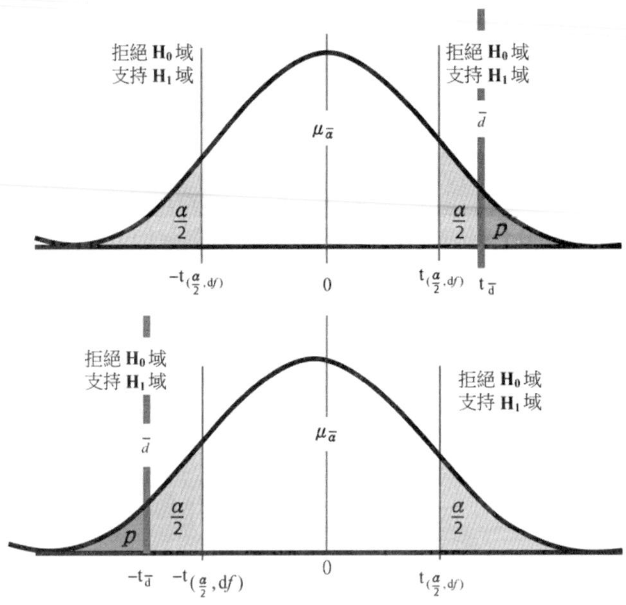

b. H_1：$\mu_1 < \mu_2$，$p < \alpha$，落入拒絕H_0域，拒絕H_0且支持H_1。

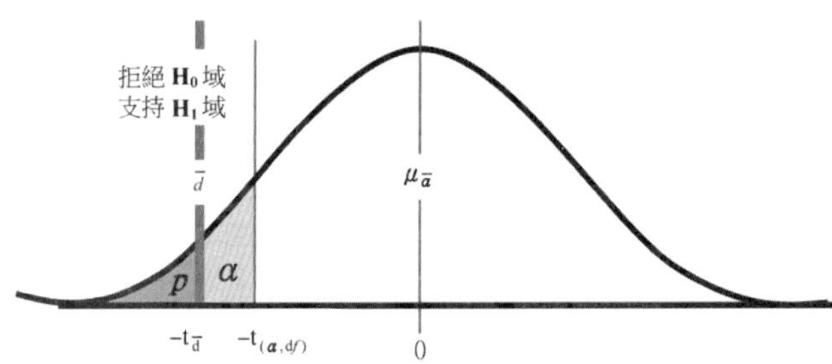

c. H_1：$\mu_1 > \mu_2$，$p < \alpha$，落入拒絕H_0域，拒絕H_0且支持H_1。

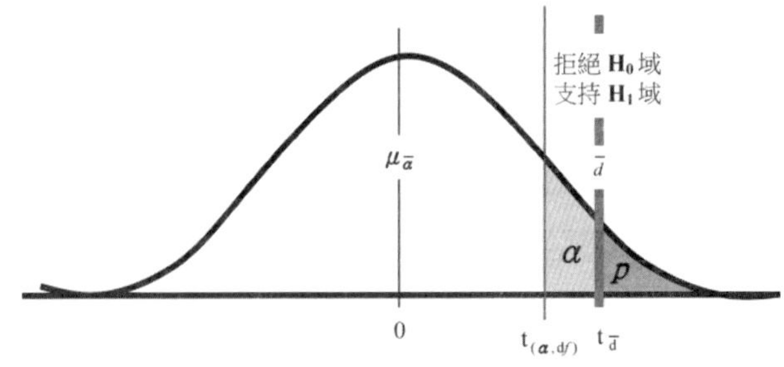

2. 落入不拒絕H_0域的決策準備

(1) H_1：$\mu_1 \neq \mu_2$，$p > \frac{\alpha}{2}$，落入不拒絕H_0域，不拒絕H_0且不支持H_1。

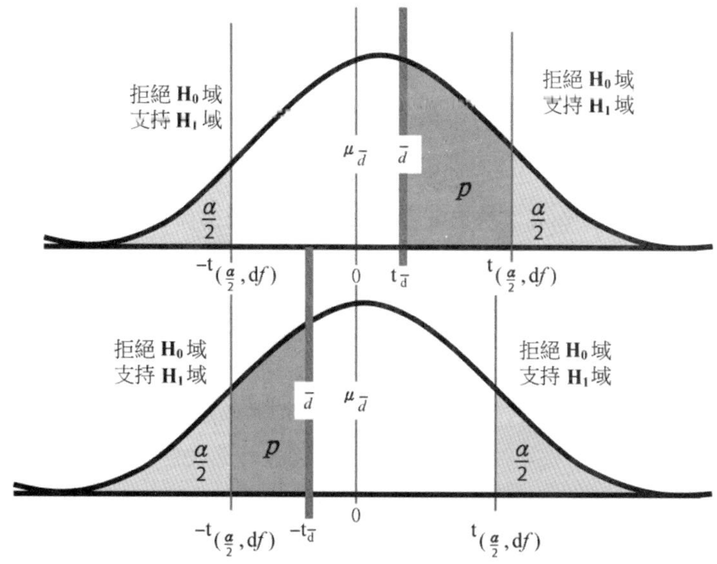

(2) H_1：$\mu_1 > \mu_2$，$p > \alpha$，落入不拒絕H_0域，不拒絕H_0且不支持H_1。

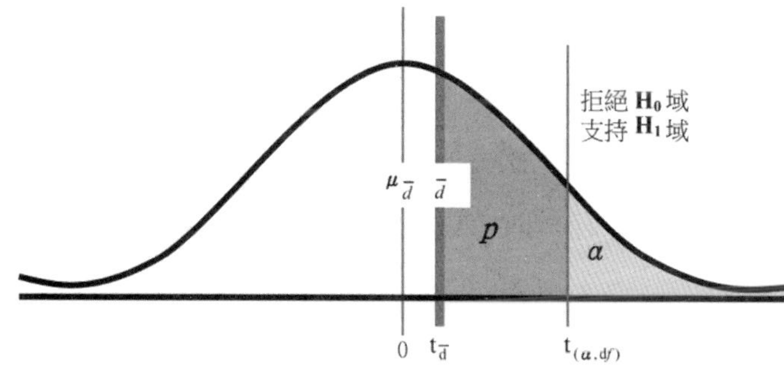

(3) H_1：$\mu_1 < \mu_2$，$p > \alpha$，落入不拒絕H_0域，不拒絕H_0且不支持H_1。

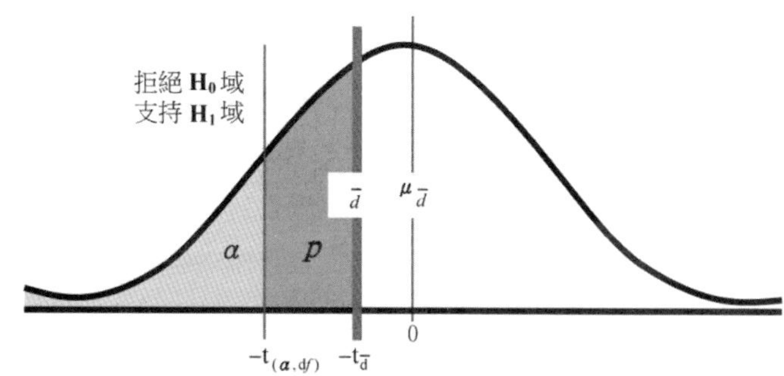

11-2 成對樣本 t 檢定八步驟

例題 調查第 3 組小組同學爬樓梯前每分鐘心跳速率 96、60、80、80、66、96、60、80、80、66、96、60、80、80、66、96、60、80、80、66、96、60、80、80、66，第 3 組小組同學爬樓梯後每分鐘 130、90、100、90、96、130、90、100、90、96、130、90、100、90、96、130、90、100、90、96、130、90、100、90、96，請問第 3 組小組同學爬樓梯前、後心跳速率有沒有顯著差異？($\alpha = 0.05$)

步驟一 寫出虛無假設與對立假設，依據題意寫對立假設，並決定左、右，或雙尾檢定。

H_1：d≠0（代表兩組有差異）雙尾檢定。

H_0：d=0（代表兩組無差異）。

（d 代表第 3 組同學爬樓梯前後心跳數率平均數差）

步驟二 雙尾檢定，由臨界值$\left|t_{(\frac{\alpha}{2},df)}\right|$值或$\frac{\alpha}{2}$值，畫常態分配與拒絕$H_0$域。

1. 筆算或計算機運算：

查 t 表，df=n-1=24，$\frac{\alpha}{2}=\frac{0.05}{2}=0.025$，

臨界值$\left|t_{(\frac{\alpha}{2},df)}\right|=\left|t_{(0.025,24)}\right| = \pm 2.064$

df	α											
	0.25	0.20	0.15	0.10	0.05	0.025	0.02	0.01	0.005	0.0025	0.001	0.0005
24	0.685	0.857	1.059	1.318	1.711	2.064	2.172	2.492	2.797	3.091	3.467	3.745

畫常態分配與拒絕H_0域。

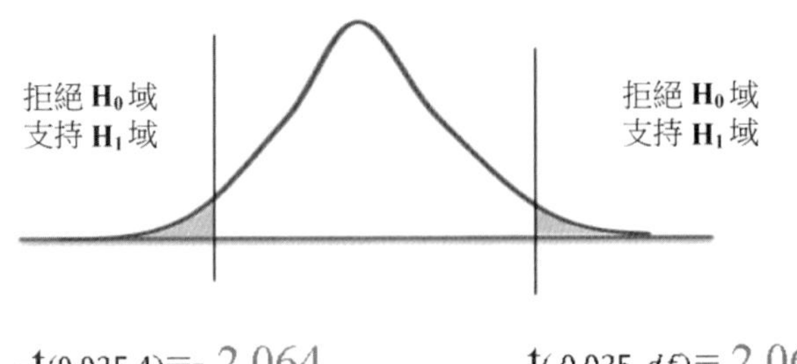

2. 使用軟體運算：

$$\frac{\alpha}{2} = \frac{0.05}{2} = 0.025$$

畫常態分配與拒絕H_0域。

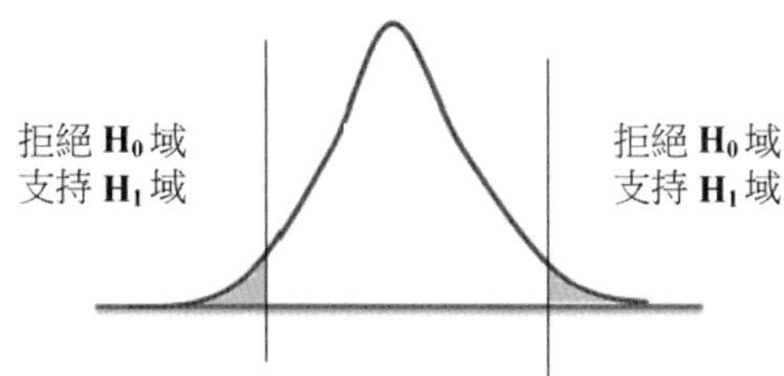

步驟三 算「第 3 組同學爬樓梯前後心跳數率平均數差」的平均數($\bar{d}$)。

$$\bar{d}=\frac{(96-130)+(60-90)+\cdots+(66-96)}{25}$$

$$=\frac{(-34)+(-30)\ldots\ldots\ldots+(-30)}{25}=-24.8$$

步驟四 算「第 3 組同學爬樓梯前後心跳數率平均數差抽樣分配」的標準誤($S_{\bar{d}}$)。

$$S_{\bar{d}}=\frac{S_d}{\sqrt{n}} = \frac{8.91}{\sqrt{25}}=1.78$$

$$S_d=\sqrt{\frac{(d_i-\bar{d})^2}{n-1}}=\sqrt{\frac{\sum {d_I}^2-n\bar{d}^2}{n-1}}$$

$$=\sqrt{\frac{[(-34)^2+(-30)^2+\cdots\ldots+(-30)^2]-25\times(-24.8)^2}{25-1}}$$

$$=\sqrt{\frac{(1156+900+400+100+900)-25\times615.04}{24}}$$

$$=\sqrt{79.33}=8.91$$

步驟五 畫常態分配，標上$\mu_{\bar{d}}$值與$\bar{d}$。

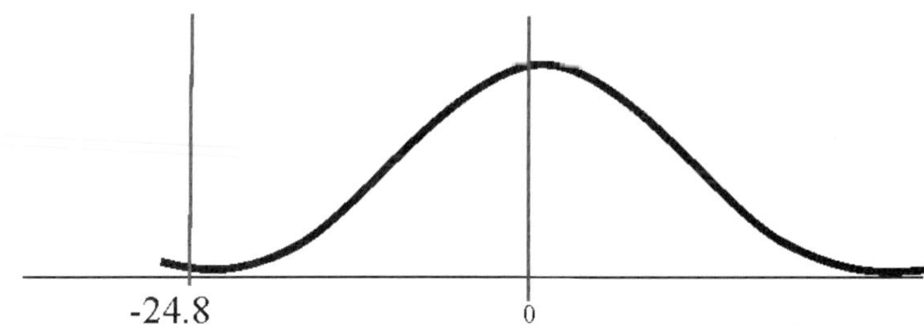

第 3 組同學爬樓梯前後心跳數率平均差

步驟六 標準化，計算樣本檢定統計量值$t_{\bar{d}}$與轉換成相對應p值。

1. 樣本檢定統計量$t_{\bar{d}}$值$=\frac{\bar{d}-\mu_{\bar{d}}}{S_{\bar{d}}}=\frac{\bar{d}-0}{\frac{S_d}{\sqrt{n}}}=\frac{-24.8-0}{\frac{8.91}{\sqrt{25}}}=-13.92$。

2. 樣本檢定統計量其相對應p值：

(1) 查 t 表，df =25-1=24，$t_{\bar{d}}=-13.92$，得知 p 值<0.0005。

df	α											
	0.25	0.20	0.15	0.10	0.05	0.025	0.02	0.01	0.005	0.0025	0.001	0.0005
24	0.685	0.857	1.059	1.318	1.711	2.064	2.172	2.492	2.797	3.091	3.467	3.745

(2) Excel 函數 TDIST 得知 p：A1 欄輸入「t」，A1 欄輸入「-13.92」，輸入「p」於 B1 欄，將游標移置 B2，點「fx」選「TDIST」，按確定。在「TDIST」對話方塊中的「X」，點「A1」，再輸入「ABS(A1)」。在「TDIST」對話方塊中的「Deg_freedom」，輸入「24」。在「TDIST」對話方塊中的「Tails」，輸入「2」。

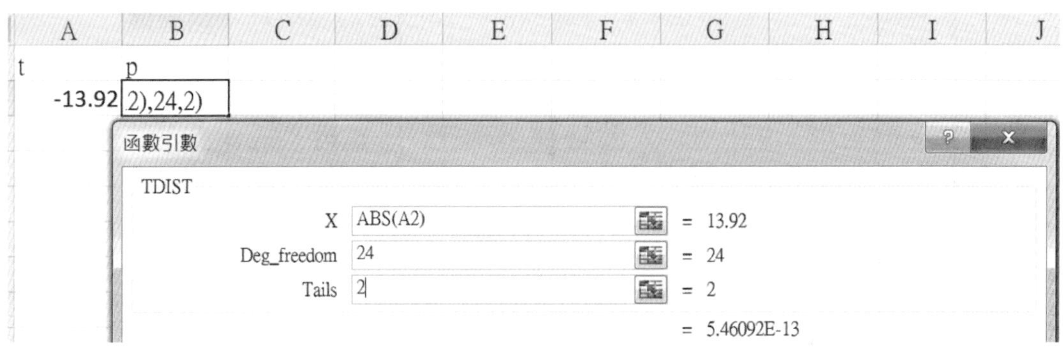

步驟七 做決策。

1. 樣本檢定統計量值與臨界值相比較（筆算或計算機運算）：

$$|t_{\bar{X}}| = |-13.92| > \left|t_{(\frac{\alpha}{2},df)}\right| = \left|t_{(0.025,24)}\right| = |\pm 2.064|$$

落入拒絕H_0域，拒絕H_0且支持H_1。

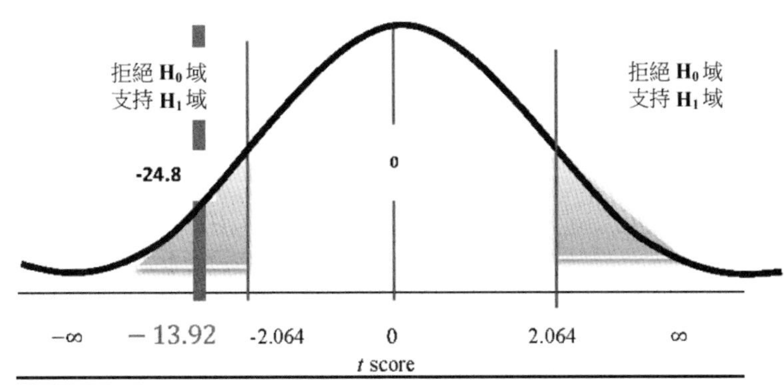

2. p 與$\frac{\alpha}{2}$相比較（使用軟體運算）：

$p < 5.46092\text{E} - 13 < \frac{\alpha}{2} = \frac{0.05}{2} = 0.025$→落入拒絕$H_0$域，則拒絕$H_0$且支持$H_1$。

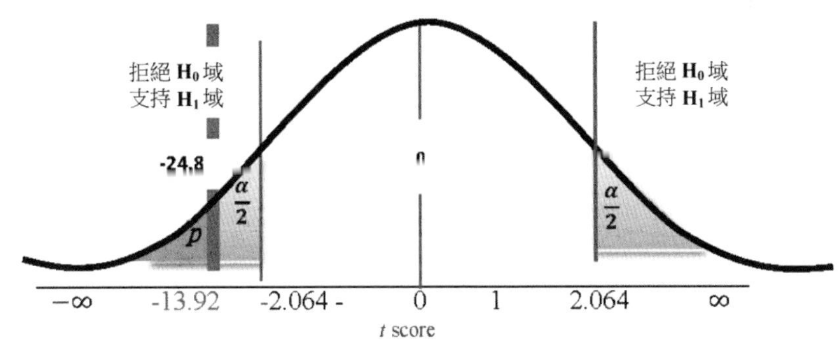

結論 成對獨立樣本的檢定 t 值=−13.92，p<0.05，考驗結果達顯著水準，表示第 3 組同學爬樓梯前、後的心跳數率有顯著差異存在。

11-3 成對樣本 *t* 檢定-Excel 應用

例題 調查第 3 組小組同學爬樓梯前每分鐘心跳速率 96、60、80、80、66、96、60、80、80、66、96、60、80、80、66、96、60、80、80、66、96、60、80、80、66，第 3 組小組同學爬樓梯後每分鐘 130、90、100、90、96、130、90、100、90、96、130、90、100、90、96、130、90、100、90、96、130、90、100、90、96，請問第 3 組小組同學爬樓梯前、後心跳速率有沒有顯著差異？($\alpha = 0.05$)

步驟一 把第 3 組同學爬樓梯前、後每分鐘心跳速率的資料輸入於不同的兩欄。

	A	B
1	前心跳	後心跳
2	96	130
3	60	90
4	80	100
5	80	90
6	66	96

步驟二 選取「資料」、「資料分析」，會出現一個「資料分析」的對話方塊，點選「t 檢定：成對母體平均數差異檢定」，按「確定」，如下圖所示。

步驟三 在「t 檢定：成對母體平均數差異檢定」的對話方塊，「變數 1 的範圍」鍵入「$A$1:$A$26」，「變數 2 的範圍」鍵入「$B$1:$B$26」，「假設的均數差(E)」鍵入「0」，並勾選「標記(L)」，點選「輸出範圍」，鍵「入$C$1」，最後按「確定」。

t 檢定：成對母體平均數差異檢定

輸入
變數 1 的範圍(1): $A$1:$A$26
變數 2 的範圍(2): $B$1:$B$26
假設的均數差(E): 0
☑ 標記(L)
α(A): 0.05

輸出選項
◉ 輸出範圍(O): $C$1
○ 新工作表(P):
○ 新活頁簿(W)

確定
取消
說明(H)

t 檢定：成對母體平均數差異檢定

	前心跳	後心跳
平均數	76.4	101.2
變異數	164	231
觀察值個數	25	25
皮耳森相關係數	0.810906562	
假設的均數差	0	
自由度	24	
t 統計	-13.92175011	
P(T<=t) 單尾	2.7231E-13	
臨界值：單尾	1.71088208	
P(T<=t) 雙尾	5.44621E-13	
臨界值：雙尾	2.063898562	

結論 成對獨立樣本的檢定 t 值$=-13.92$，$p<0.05$，考驗結果達顯著水準，表示第 3 組同學爬樓梯前、後的心跳數率平均數有顯著差異存在。

11-4 課後實作

1. 下列何者是進行成對樣本 t 檢定：
   (A) 學業成就性別差異之比較。
   (B) 受試者在實驗前後之某種特質改變。
   (C) 不同教學法之成效差異比較。
   (D) 比較某家藥廠新改良的藥是否比舊有的藥具有較好的藥效。
   (E) 比較現代汽車與豐田汽車所生產的二千 c.c.的車子哪一種廠牌的車較省油。
   (F) 比較老師使用新的教學方法比舊有的教學方法是否較能提高學生的學習效果。

解答：1.B

12 單因子變異數分析

Biostatistics

12-1 統計前提假設與使用時機

12-1-1 統計前提假設

單因子變異數分析(One-Way ANOVA)統計前提假設：設依變項 X_{ij} 為一連續變項，一自變項分為 i 個組別，i＝1, 2, ..., k；j 為相同組別內第 j 位個案的測量值；n_i 為組別 i 內的人數，總人數 $n=\sum_{i=1}^{i=k} n_i$。

1. 每一觀察值均屬獨立。
2. 母體資料均依循常態分布。
3. 每個母體變異數相同。以數學方式表達 $X_{ij} \sim N(\mu_i, \sigma^2)$。
4. 常態性假設：假設樣本是抽取自常態化母群體。
5. 變異數同質性假設：樣本變異數同質性假設(homogeneity of variance)，即可加性假設，各種變異來源的變異量須相互獨立，且可以進行累積與加減。

12-1-2 使用時機

單因子變異數分析(One-Way ANOVA)可以用來：

1. 2 組或 2 組以上**變異數**(σ^2、S^2)的異同。
2. 3 組或 3 組以上**母體平均數**的顯著性檢定。單因子變異數分析常用在 3 組或 3 組以上母體平均數的顯著性檢定。One-Way 是指自變項只有 1 個，也就是一自變項是不連續變項分成 3 組或 3 組以上，而依變項是連續變項。

例題 有 1 個自變項分成 ABC 三組，每組自為一個獨立樣本，若是採用兩個獨立樣本 t 檢定，兩兩相互比較，總共必須進行三次檢定。若每次 $\alpha=0.05$，當 H_0為真，則每次正確推翻H_0的機會是 0.95，三次均正確推翻H_0的機會$(0.95)^3$，但是也就是有 0.143 錯誤的機會（$1-(0.95)^3$），其 Type I error 綜合起來事實上是大於 0.05。

12-1-3 假設

當題目提出療效或試驗或處置...的效果「是否有所不同」:

H_1：$\mu_1, \mu_2, \mu_3, \ldots \mu_k$，任兩者不相等

（至少有一類別在某一特性上與其它類別有差異）

H_0：$\mu_1 = \mu_2 = \mu_3 = \ldots \mu_k$

（各樣本來自的各個母群在平均數上沒有無差異）

ANOVA 不需考慮假設檢定的方向，ANOVA 只有單尾檢定。

12-1-4 變異來源

單因子變異數分析(One-Way ANOVA)顧名思義是對變異量加以分析，用來檢定 3 及 3 組以上平均數是否相等。變異量變異來源包含各樣本內之變化（組內變異量）和樣本間之變化（組間變異量），這即是 ANOVA(ANalysis Of Variance)之名稱的由來。

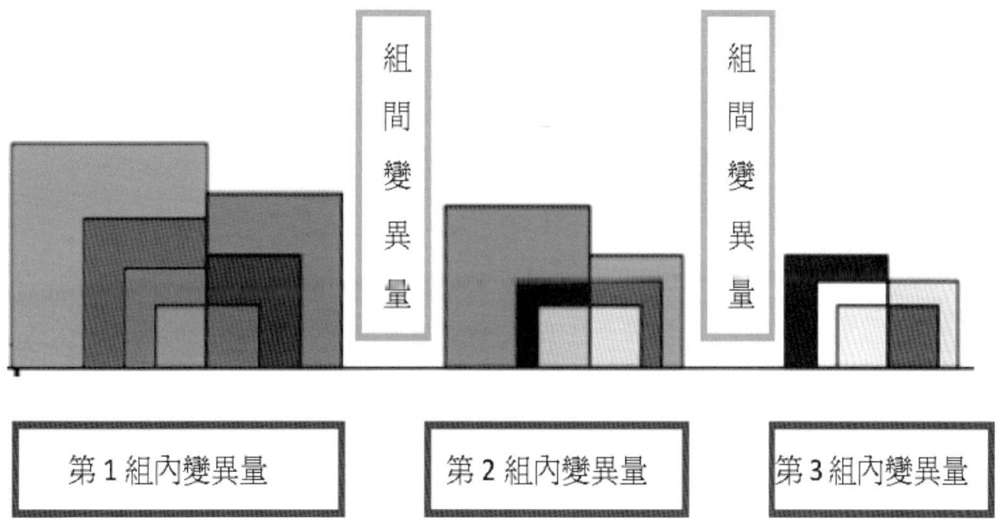

下列依序介紹總平均數、平方和、自由度和平均平方和。其中 N 為總樣本數，k 表示共有 k 組，Xij 表示第 i 組-第 j 個觀察值，$\bar{X}_j$為各組的樣本平均數，$\bar{\bar{X}}$表示總平均值。

1. **總平均數**：算平方和前須先算各組平均數與總平均數。

$$總平均數(\bar{\bar{X}}) = \frac{\sum_{j=1}^{j=k}\sum_{i=1}^{i=n_j} x_{ij}}{N}$$

2. **平方和**：三種平方和：(1)總平方和(SST)、(2)組內平方和(SSW)、(3)組間平方和(SSB)。
   (1) 總平方和（總變異量）：總平方和(sum of square of total, SST)是指變項分數之總離散的程度又稱總離均差和，和變異數的公式中分子的部分一樣。

$$SST = \sum_{j=1}^{j=k}\sum_{i=1}^{i=n_j}(X_{ij} - \bar{\bar{X}})^2$$

自由度(df_{SST}) = N − 1

總平方和＝加總所有觀察值與總平均數之差異平方

   (2) 組內平方和：組內平方和(sum of square of within group, SSW)是指各組內之離散又稱組內離均差和。

$$SSW = \sum_{j=1}^{j=k}\sum_{i=1}^{i=n_j}(X_{ij} - \bar{X}_j)^2 = (X_{11} - \bar{X}_1)^2 + (X_{21} - \bar{X}_1)^2 + \ldots\ldots +$$
$$(X_{n_1 1} - \bar{X}_1)^2 + (X_{12} - \bar{X}_2)^2 + (X_{22} - \bar{X}_2)^2 + \cdots\cdots + (X_{n_2 2} - \bar{X}_2)^2 + (X_{1k} - \bar{X}_k)^2 + (X_{2k} - \bar{X}_k)^2 + \cdots\cdots + (X_{n_k k} - \bar{X}_k)^2$$

自由度(df_{SSW}) = N − k

組內平方和＝加總所有觀察值與該組之平均數之差異平方

＝即測量本身變異

(3) 組間平方和（組間變異量）：組間平方和(sum of square of between groups, SSB)，又稱組間離均差和。

$$SSB=\sum_{j=1}^{j=k} n_j(\bar{X}j-\bar{\bar{X}})^2=n_1(\bar{X}_1-\bar{\bar{X}})^2+n_2(\bar{X}_2-\bar{\bar{X}})^2+\ldots+n_k(\bar{X}_k-\bar{\bar{X}})^2$$

自由度(df_{SSB})＝k－1

當組內沒有任何變異時，每一組內觀察值等於該組之平均數，所以組間平方和＝每組之平均數與總平均之差異平方，然後加總由不同治療所造成的變異。

(4) 三種平方和之關係如下：

$$SST = SSB + SSW$$

$$\sum_{j=1}^{j=k}\sum_{i=1}^{i=n_j}(X_{ij}-\bar{\bar{X}})^2=\sum_{j=1}^{j=k} n_j(\bar{X}j-\bar{\bar{X}})^2+\sum_{j=1}^{j=k}\sum_{i=1}^{i=n_j}(X_{ij}-\bar{X}_j)^2$$

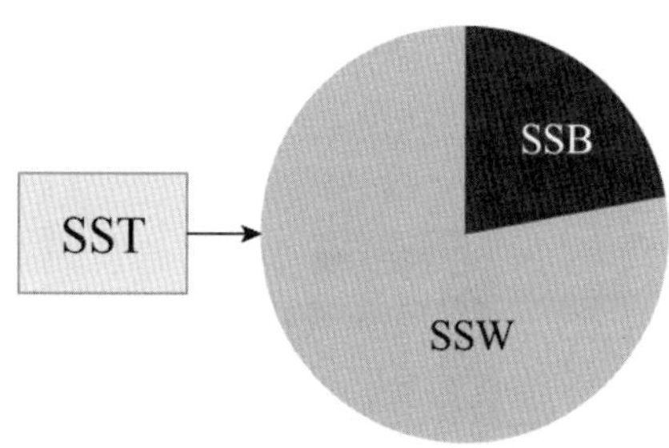

3. **自由度**：三種自由度關係如下：

$$df_{SST} = df_{SSW} + df_{SSB}$$

$$(N-1) = (N-k) + (k-1)$$

4. **平均平方和**：將平方和除上自由度，便得到類似**變異數**，稱為平均平方和(mean square)。

(1) 組間平均平方和(MSB) $=\dfrac{SSB}{df_{SSB}}=\dfrac{\text{組間平方和}}{\text{組間自由度}}=\dfrac{\sum_{j=1}^{j=k} n_j\,(\bar{X}j-\bar{\bar{X}})}{k-1}$

(2) 組內平均平方和(MSW)$=\dfrac{SSW}{df_{SSW}}=\dfrac{\text{組內平方和}}{\text{組內自由度}}=\dfrac{\sum_{j=1}^{j=k}\sum_{i=1}^{i=n_j}(X_{ij}-\bar{X}_j)^2}{N-k}$

(3) 總平均平方和(MST)$=\dfrac{SST}{df_{SST}}=\dfrac{\text{組間平方和}}{\text{組間自由度}}=\dfrac{\sum_{j=1}^{j=k}\sum_{i=1}^{i=n_j}(X_{ij}-\bar{\bar{X}})^2}{N-1}$

變異來源來自於組間和組內的變異，將平方和、自由度、平均平方和匯整如下表。

變異來源	平方和（變異量）	自由度	平均平方和
組間	SSB= $\sum_{j=1}^{j=k} n_j \ (\overline{X}j - \overline{\overline{X}})^2$	$df_{SSB=}$ k－1	MSB=$\frac{SSB}{df_{SSB}}$
組內	SSW= $\sum_{j=1}^{j=k}\sum_{i=1}^{i=n_j}(X_{ij} - \overline{X}_j)^2$	$df_{SSW=}$ N－k	MSW=$\frac{SSW}{df_{SSW}}$
總和	SST= $\sum_{j=1}^{j=k}\sum_{i=1}^{i=n_j}(X_{ij} - \overline{\overline{X}})^2$	$df_{SST=}$N－1	MSW=$\frac{SST}{df_{SST}}$

上述之H_0為真，則每組樣本平均數之差別應不大，且各樣本之標準差大小差不多。

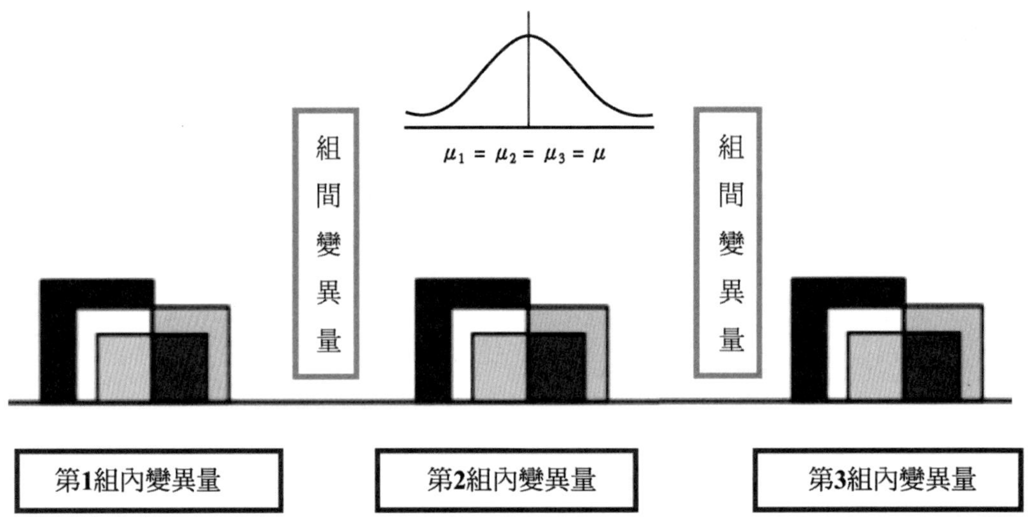

和H_0完全相反的情況是各組之平均數相差極大，而各組之標準差很小。換言之，各組內之異質性很小，而組間異質性很大。

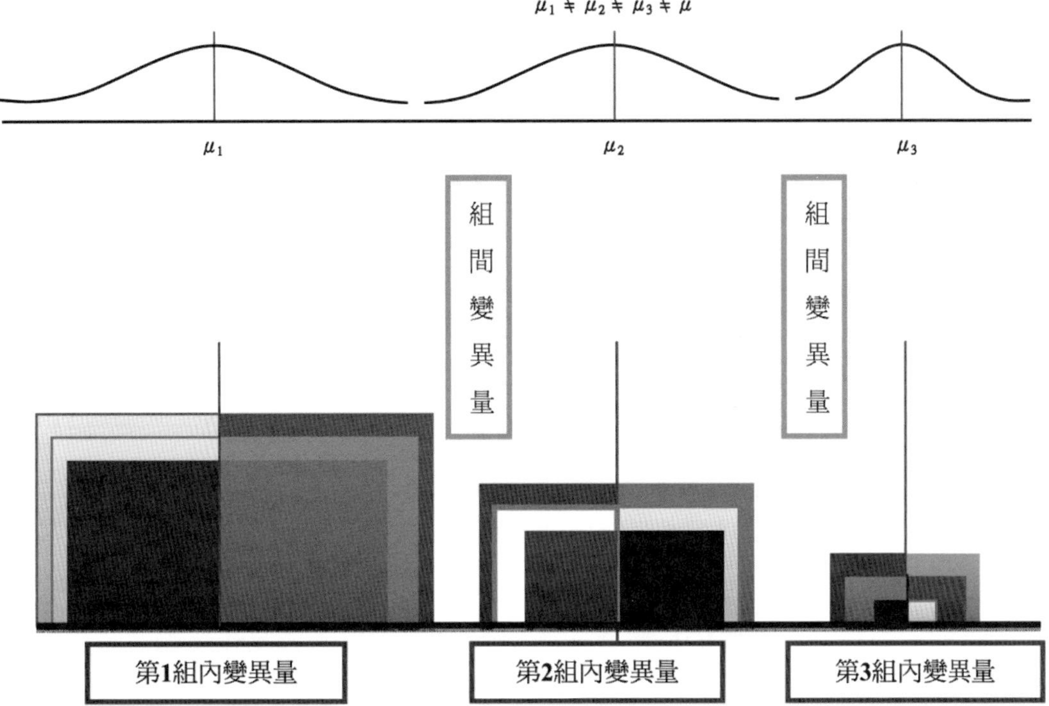

12-1-5 計算檢定統計量 F 值與 p 值

1. **檢定統計量 F 值**：在 One-Way ANOVA 中，以 F 統計量來進行檢定平均數差異檢定。樣本檢定統計量 F 公式如下：

$$\text{樣本檢定統計量 } F=\frac{MSB}{MSW}$$

$$=\frac{SSB/df_{SSB}}{SSW/df_{SSW}}=\frac{\sum_{j=1}^{j=k} n_j\,(\bar{X}j-\bar{\bar{X}})2/df_{SSB}}{\sum_{j=1}^{j=k}\sum_{i=1}^{i=n_j}(X_{ij}-\bar{X}_j)^2/df_{SSW}}$$

從樣本檢定統計量 F 值可知，檢定 3 及 3 組以上平均數是否相等，乃是用**組間變異與組內變異的比值**來檢定，故稱為單因子變異數分析(One-Way ANOVA)。

從樣本檢定統計量 F 值可知，當組間變異愈大時，樣本檢定統計量愈大，即代表各組間的平均數差異愈大。而組內變異 SSW 愈小時，則樣本檢定統計量 F 值也愈大，各組內樣本愈集中，愈能突顯組間的差異。

當組間變異與組內變異的比率愈大，則 F 值愈大，愈容易達到顯著水準，亦即各組間的平均數差異達到顯著水準，拒絕虛無假設。亦即平均數是否達到顯著差異，變異數的大小有決定性的影響。

舉例說明：第 1 組至第 3 組各組平均數差異大，組內變異小。

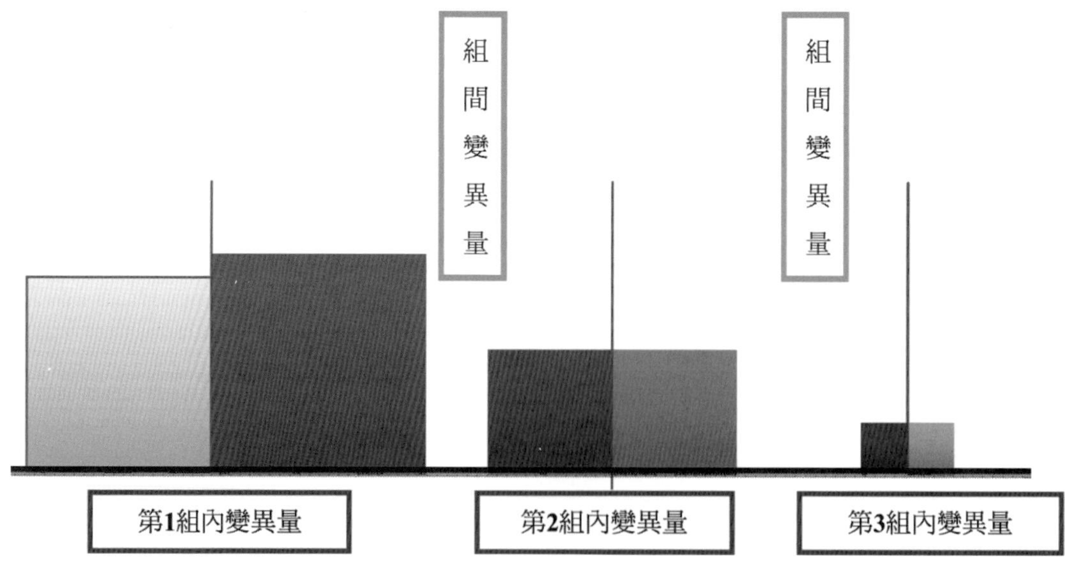

將平方和、自由度、平均平方和、*F* 檢定、*p* 值等匯總成變異數分析表。

變異來源	平方和	自由度	平均平方和	樣本檢定統計量F	*p*
組間	SSB $=\sum_{j=1}^{j=k} n_j(\bar{X}j-\bar{\bar{X}})^2$	df_{SSB} = k－1	MSB $=\frac{SSB}{df_{SSB}}$	$\frac{MSB}{MSW}$	
組內	SSW $=\sum_{j=1}^{j=k}\sum_{i=1}^{i=n_j}(X_{ij}-\bar{X}_j)^2$	df_{SSW} = n－k	MSW $=\frac{SSW}{df_{SSW}}$		
總和	SST $=\sum_{j=1}^{j=k}\sum_{i=1}^{i=n_j}(X_{ij}-\bar{\bar{X}})^2$	df_{SST} = n－1	MST $=\frac{SST}{df_{SST}}$		

2. 檢定統計量F其相對應 *p*值：

(1) 檢定統計量F其相對應 *p*值可由 F 表查之。

(2) 檢定統計量F其相對應 *p*值可由 Excel 函數 FDIST 求得：A1 欄輸入「$F_{(k-1,N-k)}$」，A2 欄輸入「$F_{(k-1,N-k)}$數值」，「p」於 B1 欄，將游標移置 B2，點「*fx*」選「FDIST」，按確定。在「FDIST」對話方塊中的「X」輸入「ABS(A2)」。在「FDIST」對話方塊中的「Deg_ freedom1」，輸入「K-1 數值」。在「FDIST」對話方塊中的「Deg_ freedom2」，輸入「N-K 數值」。

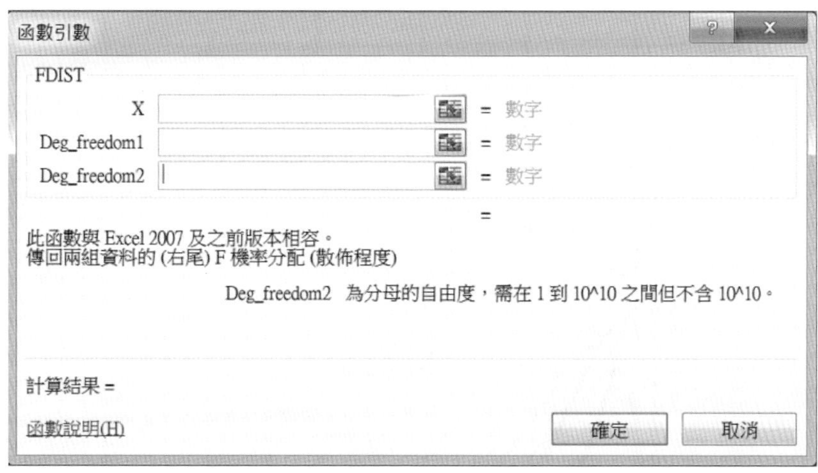

12-1-6 事後檢定(post hoc test)

當變異數分析 F 值達顯著水準，表示至少有兩組平均數之間有顯著差異存在，還必須檢定到底哪幾組平均數之間有顯著不同，故須進行多重比較檢定(multiple comparison test)，或稱事後比較檢定(posteriori comparisons test)，也稱為**事後檢定(post hoc test)**來檢驗。理論上，整體效果有顯著差異，則多重比較檢定應至少有一組的平均數會達到顯著差異。但事實上，可能會發生整體檢定達顯著差異，但多重比較檢定卻發現沒有任何的兩組間平均數達顯著差異。常見的檢定法如下：

1. 以 LSD(least studentized range)法。
2. Tukey 的 HSD 法。
3. Newman-Keuls(N-K)法。
4. 杜納法(Dunnett)。
5. **雪費法（Scheff 法）**：指發展出一種以 F 檢定為基礎，適用於 n 不相等的多重比較檢定技術。

12-1-7 自由度

F 分配有兩個自由度，也就是有兩個由樣本估計母體變異數（樣本檢定統計量$F=\frac{MSB}{MSW}$）。

$df_{SSB=}$ k－1

$df_{SSW=}$ k(n-1)=nk－k=N－k

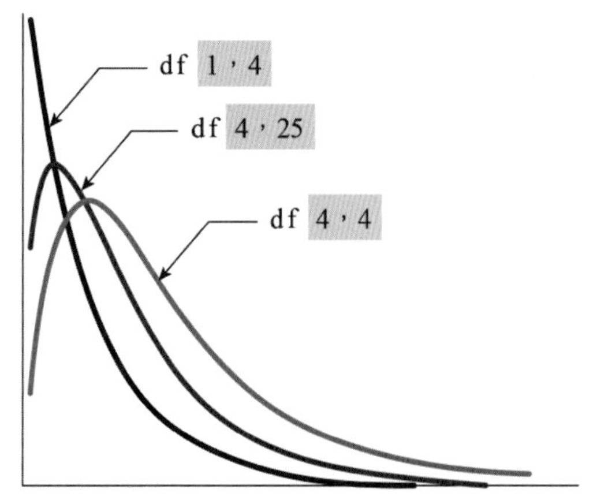

$$樣本檢定統計量F = F_{(k-1,k(n-1))} = F_{(k-1,nk-k)} = F_{(k-1,N-k)} = \frac{MSB}{MSW}$$

$F_{(k-1,k(n-1))}$=F（(組數－1)，組數(每組人數－1)）

$F_{(k-1,nk-k)}$=F（(組數－1)，組數×每組人數－組數）

$F_{(k-1,N-k)}$=F（(組數－1)，總人數－組數）

12-1-8 臨界值

用來決定統計顯著性的是 F 表，而不是標準常態機率表 Z 表。依照 df、α 此項基準找出臨界值，不需考慮假設檢定的方向，F test 只有單尾檢定。

$F_{(\alpha,\ df_{SSB},\ df_{SSW})}$

$= F_{(\alpha,k-1,k(n-1))}$ $F_{(\alpha,(組數-1),組數(每組人數-1))}$

$= F_{(\alpha,k-1,N-k)}$ $F_{(\alpha,(組數-1),(總人數-組數))}$

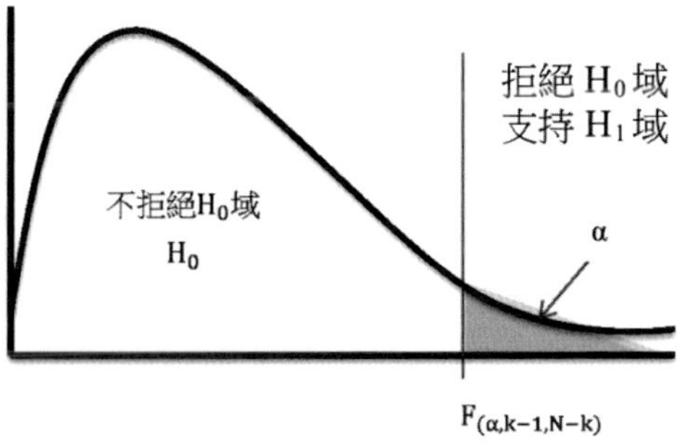

12-1-9 決策準則

1. 落入拒絕H_0域／棄卻區的決策準則：

(1) 檢定統計量與臨界值相比較：

$F_{(k-1, N-k)} > F_{(\alpha, k-1, N-k)}$，落入拒絕 H_0 域，則拒絕 H_0 且支持 H_1。

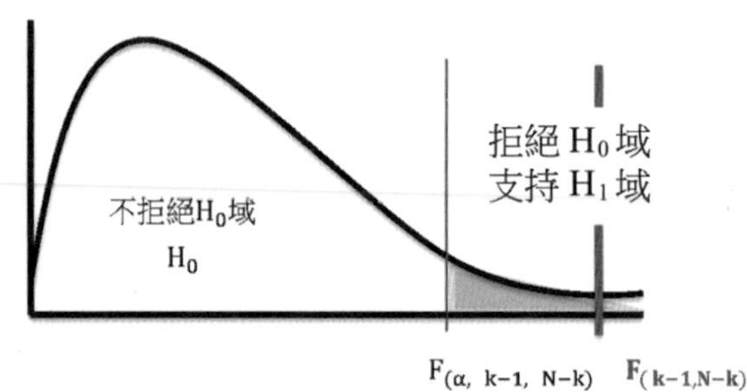

(2) p 與 α 相比較：

$p<\alpha$，落入拒絕 H_0 域，拒絕 H_0 且支持 H_1。

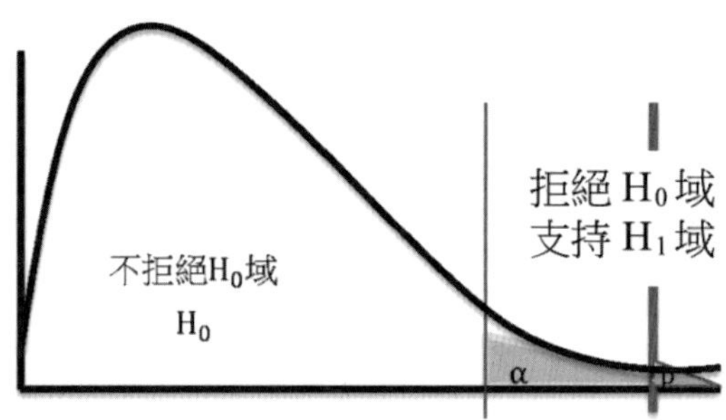

2. 落入不拒絕H_0域的決策準則：

(1) 檢定統計量與臨界值相比較：

$F_{(k-1, N-k)} < F_{(\alpha, k-1, N-k)}$，落入不拒絕 H_0 域，則不拒絕 H_0 且不支持 H_1。

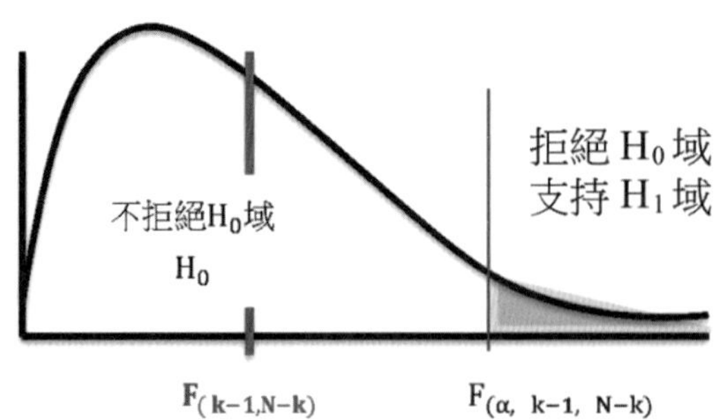

(2) p 與 α 相比較：

$p>\alpha$，落入不拒絕 H_0 域，落入不拒絕 H_0 域，則不拒絕 H_0 且不支持 H_1。

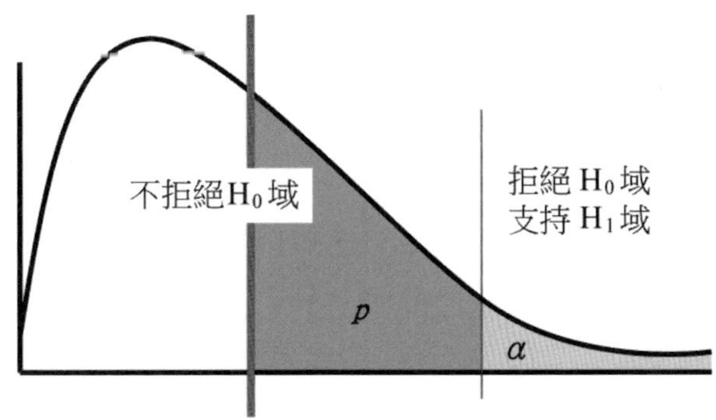

12-2 單因子變異數分析八步驟

例題 調查 1.2.3 組病人糖化血色素值，第 1 組糖化血色素值 11, 11, 10, 10, 9, 8, 12, 9，第 2 組糖化血色素值 15, 12, 12, 17, 11, 13, 13, 16, 10, 11，第 3 組糖化血色素值 12, 11, 13, 10, 12, 10, 10, 12, 9，請問 3 組病人糖化血色素值的平均數是否有顯著性的差異。(α = 0.05)

步驟一 H_1： μ_1， μ_2 ， μ_3 ，… μk ，任兩者不相等

H_0： $\mu_1 = \mu_2 = \mu_3 = \ldots \mu k = \mu$

步驟二 只有單尾檢定，由臨界值 $F_{(\alpha,k-1,N-k))}$ 或α值畫拒絕區域。

1. 筆算或計算機運算：

$$df = k - 1 = 2，df = N - k = 27 - 3 = 24，\alpha = 0.05$$

查右尾面積 0.05 的 F 表。

$$F_{(\alpha,k-1,N-k)} = F_{(0.05,2,24)} = 3.40$$

df_2	df_1 分子自由度																		
	1	2	3	4	5	6	7	8	9	10	12	15	20	24	30	40	60	120	∞
24	4.26	3.40	3.01	2.78	2.62	2.51	2.42	2.36	2.30	2.25	2.18	2.11	2.03	1.98	1.94	1.89	1.84	1.79	1.73

畫拒絕H_0域。

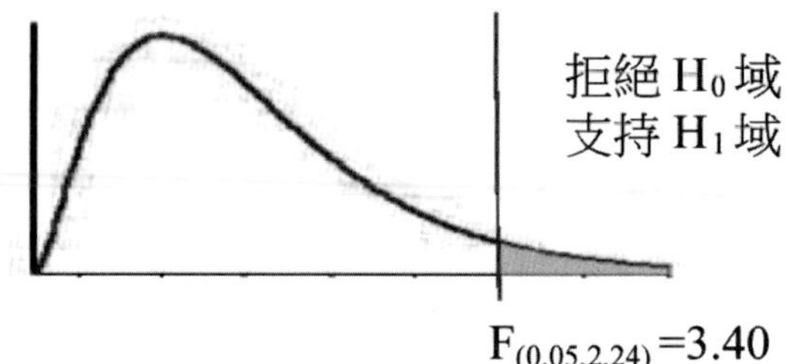

2. 使用軟體運算：

$\alpha = 0.05$

畫拒絕H_0域

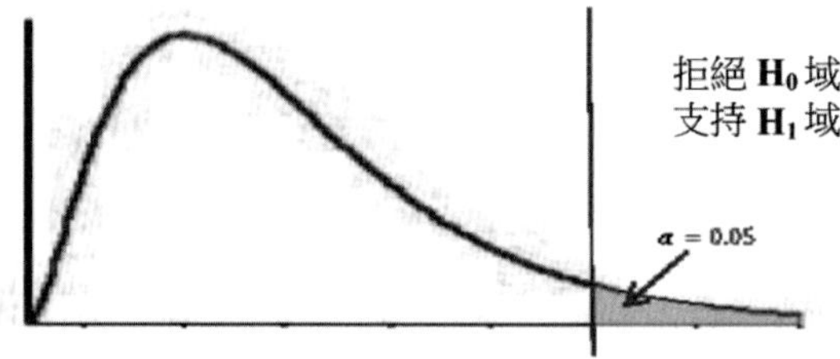

步驟三 算各組平均數、總平均數。

$$\overline{X_1} = \frac{11 + \cdots ... + 9}{8} = 10$$

$$\overline{X_2} = \frac{15 + \cdots ... + 11}{10} = 13$$

$$\overline{X_3} = \frac{12 + \cdots ... + 9}{9} = 11$$

$$\overline{\overline{X}} = \frac{\sum_{j=1}^{j=k}\sum_{i=1}^{i=n_j} X_{ij}}{N} = \frac{(11 + \cdots ... + 9) + (15 + \cdots ... + 11) + (12 + \cdots ... + 9)}{8 + 10 + 9}$$

$$= \frac{309}{27} = 11.44$$

步驟四 算組間平方和(SSB)和組內平方和(SSW)。

$$SSB=\sum_{j=1}^{j=k} n_j(\bar{X}j-\bar{\bar{X}})^2=n_1(\bar{X}_1-\bar{\bar{X}})^2+n_2(\bar{X}_2-\bar{\bar{X}})^2+\ldots n_k(\bar{X}_k-\bar{\bar{X}})^2$$

$$=8\times(10-11.44)^2+10\times(13-11.44)^2+9\times(11-11.44)^2=42.67$$

$$SSW=\sum_{j=1}^{j=k}\sum_{i=1}^{i=n_j}(X_{ij}-\bar{X}_j)^2=(X_{11}-\bar{X}_1)^2+(X_{21}-\bar{X}_1)^2+\ldots+$$

$$(X_{n_11}-\bar{X}_1)^2+(X_{12}-\bar{X}_2)^2+(X_{22}-\bar{X}_2)^2\ldots+(X_{n_22}-\bar{X}_2)^2+(X_{1k}-\bar{X}_k)^2+(X_{2k}-\bar{X}_k)^2+\ldots+(X_{n_kk}-\bar{X}_k)^2$$

$$=(11-10)^2+(11-10)^2+\ldots+(9-10)^2+(15-13)^2+(12-13)^2+\cdots+(11-13)^2+(12-11)^2+(11-11)^2+\cdots+(9-11)^2$$

$$=74$$

步驟五 算組間平均平方和(MSB)和組內平均平方和(MSW)。

變異來源	平方和	自由度	平均平方和
組間	$SSB=\sum_{j=1}^{j=k} n_j(\bar{X}j-\bar{\bar{X}})^2$ =42.67	$df_{SSB}=k-1$ =3-1=2	$MSB=\frac{SSB}{df_{SSB}}=\frac{42.67}{2}=$ 21.34
組內	$SSW=\sum_{j=1}^{j=k}\sum_{i=1}^{i=n_j}(X_{ij}-\bar{X}_j)^2$ =74	$df_{SSW}=N-k$ =27-3=24	$MSW=\frac{SSW}{df_{SSW}}=\frac{74}{24}=3.08$

步驟六 樣本檢定統計量F值($F_{(k-1,N-k)}$)與檢定統計量其相對應 p 值。

1. 樣本檢定統計量$F=F_{(k-1,N-k)}=F_{(3-1,27-3)}=F_{(2,24)}$

$$=\frac{MSB}{MSW}=\frac{21.34}{3.08}=6.92$$

2. 樣本檢定統計量其相對應 p 值：
   (1) 查右尾面積 0.05 的 F 表，當$F_{(2,24)}=6.92>3.40$；得知 p值<0.05。

df_2	df_1 分子自由度																		
	1	2	3	4	5	6	7	8	9	10	12	15	20	24	30	40	60	120	∞
24	4.26	3.40	3.01	2.78	2.62	2.51	2.42	2.36	2.30	2.25	2.18	2.11	2.03	1.98	1.94	1.89	1.84	1.79	1.73

(2) Excel 函數 FDIST：A1 欄輸入「F」，A2 欄輸入「6.92」，「p」於 B1 欄，將游標移置 B2，點「*fx*」選「FDIST」，按確定。

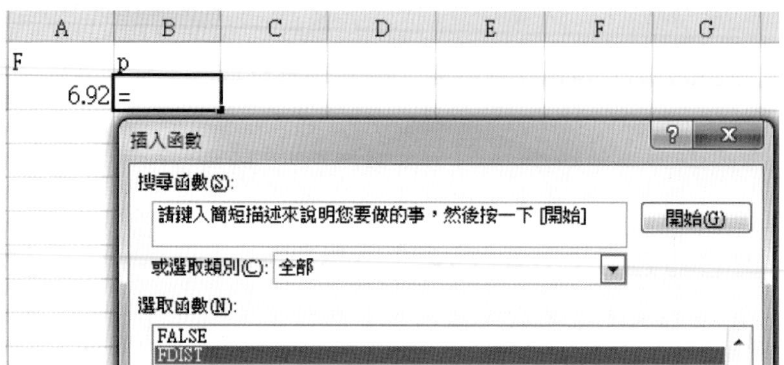

在「FDIST」對話方塊中的「X」，輸入「ABS(A2)」。在「FDIST」對話方塊中的「Deg_freedom1」，輸入「2」。在「FDIST」對話方塊中的「Deg_freedom2」，輸入「24」。

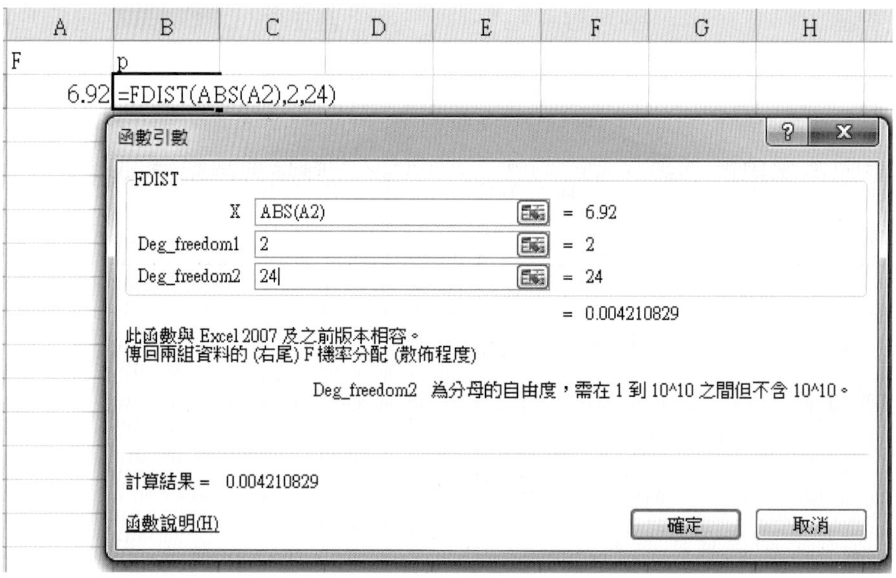

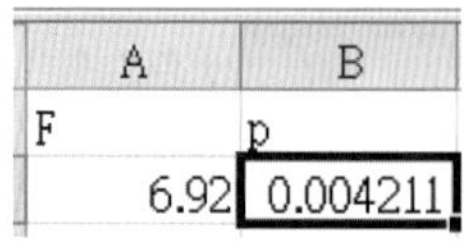

$F_{(2,24)} = 6.92$ 其相對應的 p 值為 0.004211。

步驟七 做決策（若在拒絕區域則拒絕H_0）。

1. 樣本檢定統計量值與臨界值比（筆算或計算機運算）：

   $F_{(k-1,N-k)} = F_{(2,24)} = 6.92 > F_{(\alpha,k-1,N-k)} = F_{(0.05,2,24)} = 3.40$

   拒絕H_0並且支持H_1。

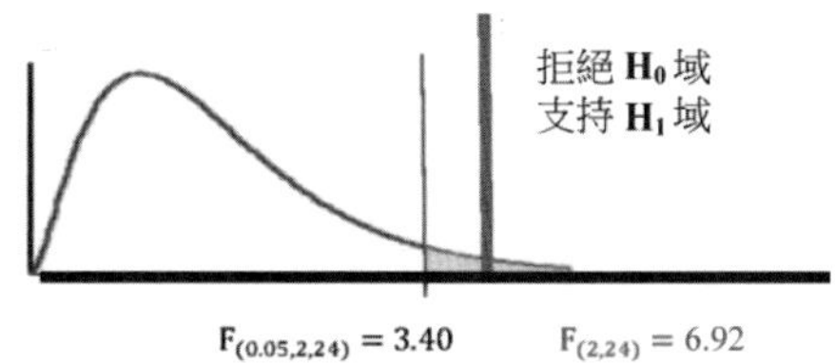

2. *p* 與α比（使用軟體運算）：

   $p = 0.004211 < \alpha = 0.05$，拒絕$H_0$並且支持$H_1$。

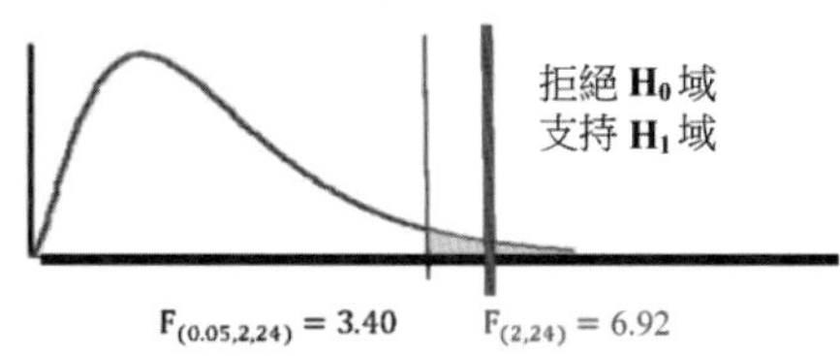

結論 單因子變異數分析 F 值=6.92，$p<0.05$，考驗結果達顯著水準，表示 3 組病人糖化血色素值的平均數有顯著差異存在。

12-3 單因子變異數分析-Excel 應用

例題 調查 1.2.3 組病人糖化血色素值，第 1 組糖化血色素值 11, 11, 10, 10, 9, 8, 12, 9，第 2 組糖化血色素值 15, 12, 12, 17, 11, 13, 13, 16, 10, 11，第 3 組糖化血色素值 12, 11, 13, 10, 12, 10, 10, 12, 9，請問 3 組病人糖化血色素值的平均數是否有顯著性的差異。($\alpha = 0.05$)

檢定 3 組病人糖化血色素值的平均數是否有顯著性的差異，可利用 Excel 來進行單因子變異數分析。

步驟一 把 3 組病人糖化血色素值的資料置於不同的三欄。

病人糖化血色素值（因子）		
第1組糖化血色素值	第2組糖化血色素值	第3組糖化血色素值
11	15	12
11	12	11
10	12	13
10	17	10
9	11	12
8	13	10
12	13	10
9	16	12
	10	9
	11	

步驟二 選取「資料」、「資料分析」，會出現一個「資料分析」的對話方塊，點選「單因子變異數分析」，按「確定」，如下圖所示。

步驟三 在「單因子變異數分析」對話方塊中的「輸入範圍」鍵入「$A$1:$C$11」,「分組方式」選「逐欄(C)」,並勾選「類別軸標記是在第一列上(L)」,「α (A)」鍵入 0.05,點選「輸出範圍」,鍵入「$D$1」,最後按「確定」。

A	B	C	D
第1組糖化血色素值	第2組糖化血色素值	第3組糖化血色素值	
11	15	12	
11	12	11	
10	12	13	
10	17	10	
9	11	12	
8	13	10	
12	13	10	
9	16	12	
	10	9	
	11		

單因子變異數分析

$D$1

單因子變異數分析

摘要

組	個數	總和	平均	變異數
第1組糖化血色素值	8	80	10	1.714286
第2組糖化血色素值	10	130	13	5.333333
第3組糖化血色素值	9	99	11	1.75

ANOVA

變源	SS	自由度	MS	F	P-值	臨界值
組間	42.666667	2	21.33333	6.918919	0.004241	3.402826
組內	74	24	3.083333			
總和	116.66667	26				

$P<\alpha$ 表示拒絕 H_0

結論 單因子變異數分析 F 值=6.92，$p<0.05$，考驗結果達顯著水準，表示 3 組病人糖化血色素值的平均數有顯著差異存在。

12-4 課後實作

1. 有關單因子變異數分析(One-Way ANOVA)的敘述何者有誤：(A)單因子變異數分析是對平均數加以分析 (B)SST－SSW＋SSB (C)當組間變異與組內變異的比率愈大，則 F 值愈大，愈容易達到顯著水準，亦即各組間的平均數差異達到顯著水準 (D)當變異數分析 F 值達顯著水準，表示至少有兩組平均數之間有顯著差異存在，還必須檢定到底哪幾組平均數之間有顯著不同，故須進行多重比較檢定(multiple comparison test)，或稱事後比較檢定(posteriori comparisons test)，也稱為事後檢定(post hoc test)來檢驗。
2. 調查 A、B、C 三病房之病人糖化血色素值，A 病房之病人糖化血色素值 10, 10, 10, 10, 9, 8, 12, 9，B 病房之病人之糖化血色素值 14, 12, 12, 17, 11, 13, 13, 16, 10, 11，C 病房之病人之糖化血色素值 13, 11, 13, 10, 12, 10, 10, 12, 9，請問 A、B、C 三病房之病人糖化血色素值的平均數是否有顯著性的差異。($\alpha = 0.05$)

解答

1. A
2. 解答如下：

步驟一 H_1： μ1， μ2 ， μ3 ，... μ_k ，任兩者不相等，

H_0： $\mu 1 = \mu 2 = \mu 3 = \ldots \mu_k = \mu$。

步驟二 df= k − 1=2，df = N − k = 27 − 3 = 24，$\alpha = 0.05$，

查 F 分配表（右尾面積 0.05），

$F_{(\alpha,k-1,N-k)}=F_{(0.05,2,24)} = 3.40$。

畫拒絕H_0域

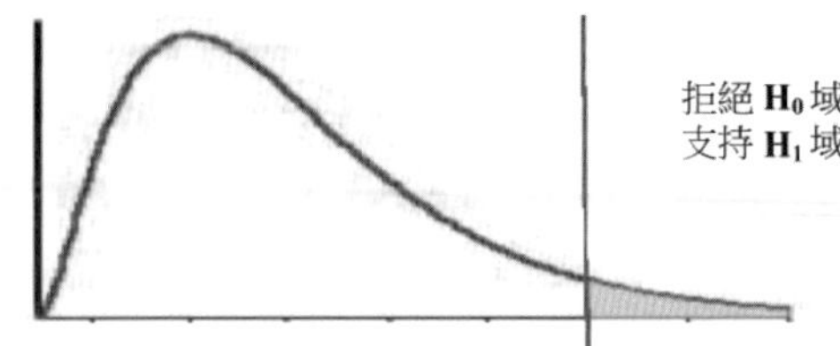

$F_{(0.05,2,24)}=3.40$

步驟三 算各組平均數、總平均數。

$\overline{X_1}=\frac{10+\cdots...+9}{8}=9.75$

$\overline{X_2}=\frac{14+\cdots...+11}{10}=12.90$

$\overline{X_3}=\frac{13+\cdots...+9}{9}=11.11$

$\overline{\overline{X}}=\frac{\sum_{j=1}^{j=k}\sum_{i=1}^{i=n_j}X_{ij}}{N}=\frac{(10+\cdots...+9)+(14+\cdots...+11)+(13+\cdots...+9)}{8+10+9}=11.37$

步驟四 算組間平方和(SSB)和組內平方和(SSW)。

$SSB=\sum_{j=1}^{j=k}n_j(\overline{X}j-\overline{\overline{X}})^2=n_1(\overline{X}_1-\overline{\overline{X}})^2+n_2(\overline{X}_2-\overline{\overline{X}})^2+\ldots+n_k(\overline{X}_k-\overline{\overline{X}})^2$

$=8\times(9.75-11.37)^2+10\times(12.90-11.37)^2+9\times(11.11-11.37)^2=45.00$

$SSW=\sum_{j=1}^{j=k}\sum_{i=1}^{i=n_j}(X_{ij}-\overline{X}_j)^2=(X_{11}-\overline{X}_1)^2+(X_{21}-\overline{X}_1)^2+\ldots+$

$(X_{n_1 1}-\overline{X}_1)^2+(X_{12}-\overline{X}_2)^2+(X_{22}-\overline{X}_2)^2\ldots+(X_{n_2 2}-\overline{X}_2)^2$

$+(X_{1k}-\overline{X}_k)^2+(X_{2k}-\overline{X}_k)^2+\ldots+(X_{n_k k}-\overline{X}_k)^2$

$=(10-9.75)^2+(10-9.75)^2+\ldots+(9-9.75)^2+(14-12.90)^2$

$+(12-12.90)^2+\cdots+(11-12.90)^2+(13-11.11)^2$

$+(11-11.11)^2+\cdots+(9-11.11)^2$

$=71.29$

步驟五 算組間平均平方和(MSB)和組內平均平方和(MSW)。

變異來源	平方和	自由度	平均平方和
組間	$SSB = \sum_{j=1}^{j=k} n_j(\bar{X}j - \bar{\bar{X}})^2$ $=45.00$	dfSSB= k－1 =3-1=2	$MSB = \frac{SSB}{df_{SSB}}$ $= \frac{45.00}{2} = 22.5$
組內	$SSW = \sum_{j=1}^{j=k}\sum_{i=1}^{i=n_j}(X_{ij} - \bar{X}_j)^2$ $=71.29$	dfSSW= N－k =27-3=24	$MSW = \frac{SSW}{df_{SSW}}$ $= \frac{71.29}{24} = 2.97$

步驟六 樣本檢定統計量$F = F_{(k-1,N-k)} = F_{(3-1,\ 27-3)} = F_{(2,24)}$

$$= \frac{MSB}{MSW} = \frac{22.5}{2.97} = 7.58$$

步驟七 $F_{(k-1,\ N-k)} = F_{(2,24)} = 7.58 > F_{(\alpha,k-1,N-k)} = F_{(0.05,2,24)} = 3.40$

拒絕 H_0 並且支持H_1。

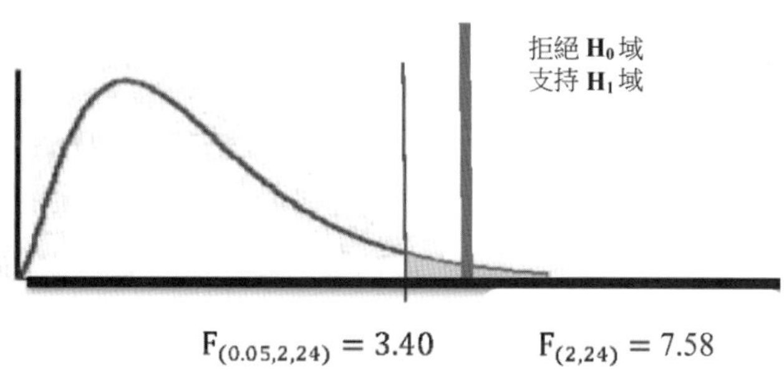

步驟八 下結論：

單因子變異數分析 F 值=7.58，$p<0.05$，考驗結果達顯著水準，表示 3 組病人糖化血色素值的平均數有顯著差異存在。

MEMO

13 卡方檢定

Biostatistics

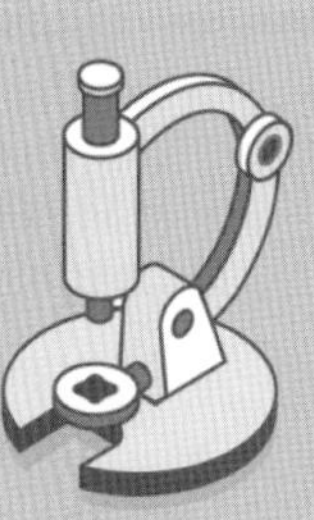

13-1 卡方檢定應用時機

13-1-1 應用時機

在前面章節所處理的資料大多的依變項是連續變項，透過計算其平均數或標準差進行統計推論。本章介紹一些分析依變項是不連續變項或類別資料的推論統計方法，通稱為「卡方檢定法」(χ^2 test＝chi-square tests)。卡方檢定之主要目的是為了探討兩個不連續變項之**關聯性**（1 個自變項是不連續變項分成 2 組及 2 組以上，1 個依變項也是不連續變項分成 2 組及 2 組以上）。

不連續變項是指在測量的過程中以**類別**變項或**序位**變項所收集得到的資料，如婚姻狀況、居住地區。或者以等距（體溫、考試成績）、比率尺度（有絕對原點，如薪水、身高）所測量到的連續變項資料，經化簡為類別變項時（如身高分為高、中、低三組的資料。例：藥物治療結果，可能「成功」或「失敗」，也可能「活」或「死」，也可能「痊癒」、「症狀改善」、「沒有改善」或「惡化」。上述皆是不連續變項。

13-1-2 樣本檢定統計量 χ^2

χ^2分布具有加成性。從常態分布中取 n 個 x (X_1、X_2、…、X_n)，求出個別之 Z 值，並將每個 Z 值平方，這些 Z 值平方相加得到一個總和。若無限多次進行同樣的抽樣計算，得到分布就是自由度為 n 時的 χ^2分布（以χ_n^2表示）。

$$\chi^2 = Z_1{}^2 + Z_2{}^2 + \ldots + Zn^2 = \frac{(X_1-\mu)^2}{\sigma} + \frac{(X_2-\mu)^2}{\sigma} + \cdots + \frac{(X_n-\mu)^2}{\sigma}$$

χ^2檢定經常用在**次數、人數或百分比**的分析，所以用下列公式來計算樣本檢定統計量 χ^2值。

$$樣本檢定統計量\ \chi^2 = \Sigma \frac{(O_i-E_i)^2}{E_i}$$

O 實際觀察次數；
E 期望值＝理論數

卡方檢定雖然是探討兩個不連續變項之**關聯**性最常用的方法之一，但當樣本數不大時，卡方檢定可能並不適用。在實務上，假如期望次數小於 5 的細格數(cells)超過全部細格數的 20%，卡方檢定的結果就較不可信，需要利用費雪精確檢定(Fisher exact test)的結果取代之。例如：2×2 的表格中若有一個細格的期望次數小於 5(1/4=25%，超過 20%)，則需要改用費雪精確檢定。

計算樣本檢定統計量 χ^2值時：

1. 先將不連續變項的資料以列聯表呈現，m×n 列聯表以方式表示，m 代表列數，n 代表行數。以下面 2×2 列聯表為例。

		不連續變項 2		總和
		分組 2-1	分組 2-2	
不連續變項 1	分組 1-1	O_{11}	O_{12}	n_1
	分組 1-2	O_{21}	O_{22}	n_2
總和		m_1	m_2	N

$n_1 = O_{11} + O_{12}$，為接受方法 1 的人數

$n_2 = O_{21} + O_{22}$，為接受方法 2 的人數

$m_1 = O_{11} + O_{21}$，為結果 1 的人數

$m_2 = O_{12} + O_{22}$，為結果 2 的人數

$N = n_1 + n_2 = m_1 + m_2$

2. 計算期望值(E)：

$$E_{11} = \frac{n_1 \times m_1}{N}$$

$$E_{12} = \frac{n_1 \times m_2}{N}$$

$$E_{21} = \frac{n_2 \times m_1}{N}$$

$$E_{22} = \frac{n_2 \times m_2}{N}$$

		不連續變項 2			
		分組 2-1		分組 2-2	
		觀察次數	期望次數	觀察次數	期望次數
不連續變項 1	分組 1-1	O_{11}	E_{11}	O_{12}	E_{12}
	分組 1-2	O_{21}	E_{21}	O_{22}	E_{22}

$$\chi^2=\Sigma\frac{(O-E)^2}{E}$$
$$=\frac{(O_{11}-E_{11})^2}{E_{11}}+\frac{(O_{12}-E_{12})^2}{E_{12}}+\frac{(O_{21}-E_{21})^2}{E_{21}}+\frac{(O_{22}-E_{22})^2}{E_{22}}$$
$$=\frac{(O_{11}-\frac{n_1\times m_1}{N})^2}{\frac{n_1\times m_1}{N}}+\frac{(O_{12}-\frac{n_1\times m_2}{N})^2}{\frac{n_1\times m_2}{N}}+\frac{(O_{21}-\frac{n_2\times m_1}{N})^2}{\frac{n_2\times m_1}{N}}+\frac{(O_{22}-\frac{n_2\times m_2}{N})^2}{\frac{n_2\times m_2}{N}}$$

13-1-3 自由度

由圖可知，隨自由度不同，χ^2分配也不同，當自由度愈大時，χ^2分配則愈接近常態分配。

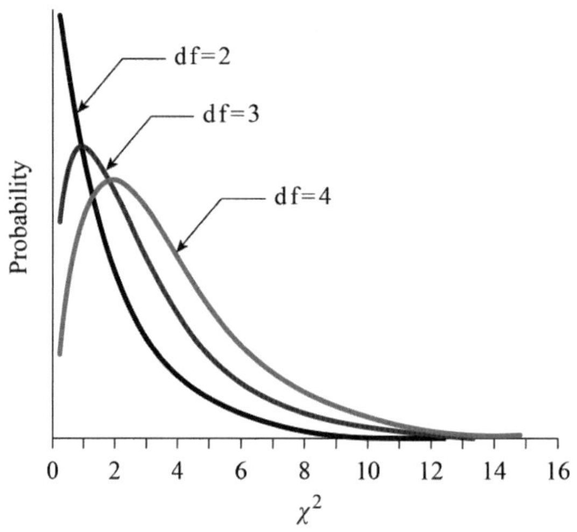

df＝(行數－1)×(列數－1)＝(c－1)×(r－1)

例題 下列列聯表的自由度

		不連續變項 2		總和
		分組 2-1	分組 2-2	
不連續變項 1	分組 1-1			
	分組 1-2			
總和				

df＝(行數－1)×(列數－1)＝(c－1)×(r－1)

13-1-4 χ^2 檢定決策準則

不需考慮假設檢定的方向，χ^2只有單尾檢定。依照 df、α 此項基準找出臨界值（判定值）。

1. 杳 χ^2表，獲得臨界值$\chi^2_{(\alpha, df)} = \chi^2_{(\alpha, (行數-1)\times(列數-1))}$。
2. 也可由 Excel 函數獲得臨界值 $\chi^2_{(\alpha, df)}$。

   語法CHISQ.INV.RT(α，df)。

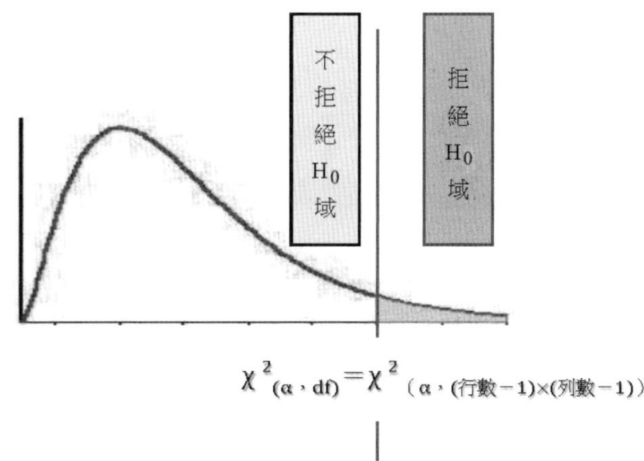

$\chi^2 < \chi^2_{(\alpha, df)}$，$p > \alpha$ 則不拒絕H_0並且不支持H_1。

$\chi^2 > \chi^2_{(\alpha, df)}$，$p < \alpha$ 則拒絕H_0並且支持H_1。

13-1-5 關聯係數

因為樣本檢定統計量 χ^2值的大小無法直接進行比較（卡方值會受細格數及人數影響，細格數或人數越多值越大）。卡方檢定用來檢定兩個獨立不連續變項間的關聯性(association)，但並未對「關聯性的強度」提供一個測量值。所以發展出以關聯係數（值為 0 至 1）來表示兩個不連續變項之間的關聯情形。

1. Phi(ψ)係數：適用於兩個不連續變項皆為二分變項，構成 2×2 列聯表，ψ 值越接近 1，表示兩個變項的關聯越強，但卡方無負值，故無法看出方向。
2. 列聯係數：適用於 2×2 以上的列聯表。
3. Cramer's 係數修正列聯係數。
4. Lambda(λ)係數：以削減誤差比(proportioned reduction in error, PRE)來計算關聯強度。PRE 是以某一個類別變項去預測另一個類別變項時，能夠減少的誤差所占的比例，比例越大，關聯性越強。

5. Tau(Tau-y)係數：適用於不對稱關係類型的關聯分析，以 X 去預測 Y 時可以削減的誤差比率。

6. 勝算比(odds ratio, OR)：不管是病例對照研究(case-control study)或橫斷面研究設計(cross-sectional study)，可以用「勝算比」(odds ratio, OR)來度量。勝算比顧名思義為兩個勝算(odds)的比值，發生某事件的機率除以未發生某事件的機率(p/(1-p))定義為勝算。舉例來說，在某一個特定的情況(X_1)下，發生某件事情(Y_1)的機率為 0.7，不發生(Y_2)的機率為 0.3，因此在 X_1 的情況下 Y_1 發生的勝算為 0.7/0.3=2.33。

13-2 χ^2 檢定-獨立樣本應用時機與Excel應用

13-2-1 χ^2 檢定-獨立樣本應用時機

檢測「**同一個樣本兩個不連續變項**」的實際觀察值，要同時檢測兩個不連續變項（X 與 Y）之間是否具有特殊的關聯，如果考驗未達顯著，表示**兩個變項相互獨立**，如果考驗達到顯著，表示兩個變項不獨立，具有關聯，如某國家人民的婚姻狀況與學歷有否關聯。

13-2-2 χ^2 檢定（獨立樣本）五大步驟

調查 283 人藉此了解區域別與宗教信仰是否有關聯存在，調查的資料如下，若有關聯，問二者之間的關聯程度如何？($\alpha = 0.05$)

		宗教信仰			
		基督教	佛教	道教	N
地區別	北	6	17	20	43
	中	15	26	24	65
	南	31	34	13	78
	東	42	45	10	97
	N	94	122	67	283

步驟一　H_1：區域別與宗教信仰有關。

H_0：區域別與宗教信仰無關。

步驟二　只有單尾檢定，由臨界值$\chi^2_{(\alpha, df)}$或α值畫拒絕區域。

1. 筆算或計算機運算：

df=(行數－1)×(列數－1)＝(3－1)×(4－1)＝6，
單尾檢定 α＝0.05，查χ^2表，

$\chi^2_{(0.05, 6)} = 12.592$。

df	α 0.995	0.990	0.975	0.950	0.900	0.100	0.050
1	0.000	0.000	0.001	0.004	0.016	2.706	3.841
2	0.010	0.020	0.051	0.103	0.211	4.605	5.991
3	0.072	0.115	0.216	0.352	0.584	6.251	7.815
4	0.207	0.297	0.484	0.711	1.064	7.779	9.488
5	0.412	0.554	0.831	1.145	1.610	9.236	11.070
6	0.676	0.872	1.237	1.635	2.204	10.645	12.592

或由 Excel 函數 CHISQ.INV.RT(α，df)，

CHISQ.INV.RT(0.05，6)＝12.59158724。

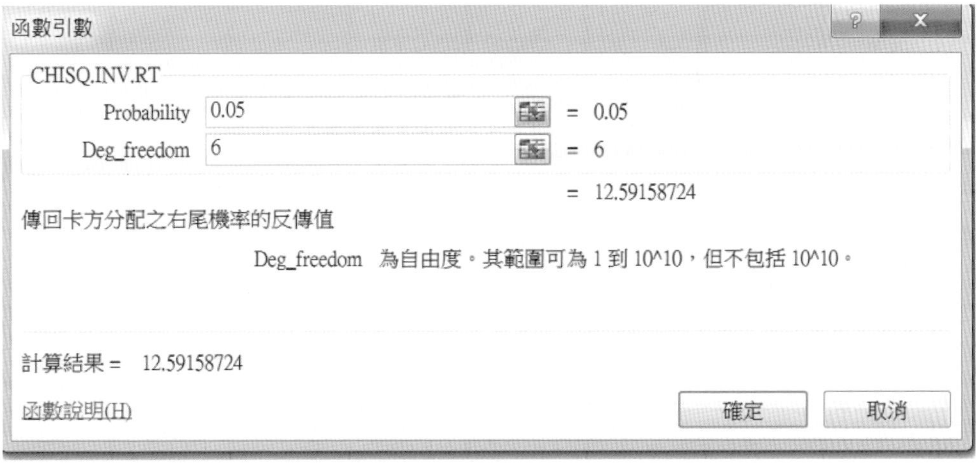

函數引數

CHISQ.INV.RT

Probability 0.05 = 0.05

Deg_freedom 6 = 6

= 12.59158724

傳回卡方分配之右尾機率的反傳值

Deg_freedom 為自由度。其範圍可為 1 到 10^10，但不包括 10^10。

計算結果 = 12.59158724

函數說明(H)　確定　取消

畫拒絕H_0域。

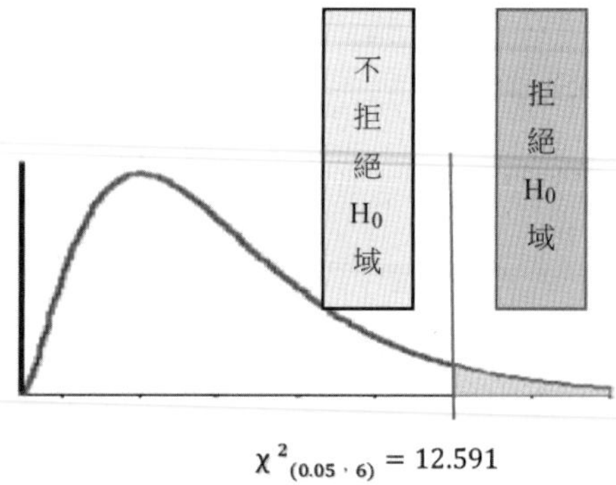

2. 使用軟體運算：

$\alpha = 0.05$

畫拒絕區H_0域。

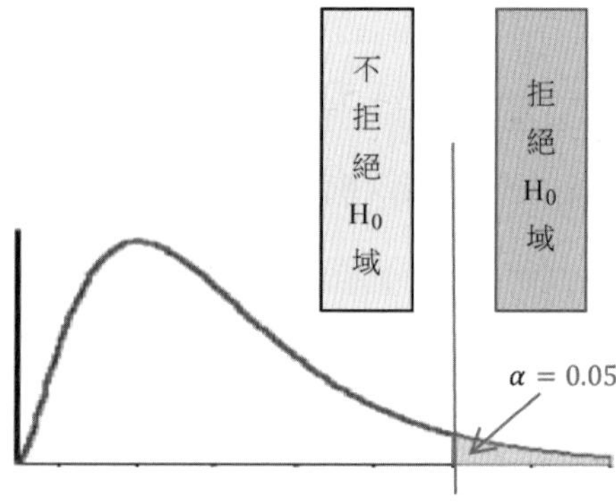

步驟三 資料(O)先以列聯表呈現，再計算期望值(E)。

		宗教信仰						N
		基督教		佛教		道教		
		O	E	O	E	O	E	
地區別	北	6	14.28(E_{11})	17	18.54(E_{12})	20	10.18(E_{13})	43 (n_1)
	中	15	21.59(E_{21})	26	28.02(E_{22})	24	15.39(E_{23})	65 (n_2)
	南	31	25.91(E_{31})	34	33.63(E_{32})	13	18.47(E_{33})	78 (n_3)
	東	42	32.22(E_{41})	45	41.82(E_{42})	10	22.96(E_{44})	97 (n_4)
	N	94(m_1)		122(m_2)		67(m_3)		283

$E_{11}=\frac{n_1\times m_1}{N}=\frac{43\times94}{283}=14.28$	$E_{31}=\frac{n_3\times m_1}{N}=\frac{78\times94}{283}=25.91$
$E_{12}=\frac{n_1\times m_2}{N}=\frac{43\times122}{283}=18.54$	$E_{32}=\frac{n_3\times m_2}{N}=\frac{78\times122}{283}=33.63$
$E_{13}=\frac{n_1\times m_3}{N}=\frac{43\times67}{283}=10.18$	$E_{33}=\frac{n_3\times m_3}{N}=\frac{78\times67}{283}=18.47$
$E_{21}=\frac{n_2\times m_1}{N}=\frac{65\times94}{283}=21.59$	$E_{41}=\frac{n_4\times m_1}{N}=\frac{97\times94}{283}=32.22$
$E_{22}=\frac{n_2\times m_2}{N}=\frac{65\times122}{283}=28.02$	$E_{42}=\frac{n_4\times m_2}{N}=\frac{97\times122}{283}=41.82$
$E_{23}=\frac{n_2\times m_3}{N}=\frac{65\times67}{283}=15.39$	$E_{43}=\frac{n_{24}\times m_3}{N}=\frac{97\times67}{283}=22.96$

步驟四 樣本檢定統計量χ^2值。

樣本檢定統計量 $\chi^2=\Sigma\frac{(O-E)^2}{E}=\frac{(6-14.28)^2}{14.28}+\frac{(17-18.54)^2}{18.54}+\frac{(20-10.18)^2}{10.18}+\frac{(15-21.59)^2}{21.59}+\frac{(26-28.02)^2}{28.02}+\frac{(24-15.39)^2}{15.39}+\frac{(31-25.91)^2}{25.91}+\frac{(34-33.63)^2}{33.63}+\frac{(13-18.47)^2}{18.47}+\frac{(42-32.22)^2}{32.22}+\frac{(45-41.82)^2}{41.82}+\frac{(10-22.96)^2}{22.96}=34.53$

自由度 6，$\chi^2=34.53$，查χ^2表；得知 p值<0.0005。

df	α 0.25	0.20	0.15	0.10	0.05	0.025	0.02	0.01	0.005	0.0025	0.001	0.0005
1	1.000	1.376	1.963	3.078	6.314	12.710	15.890	31.820	63.660	127.30	318.30	636.60
2	0.816	1.061	1.386	1.886	2.920	4.303	4.849	6.965	9.925	14.090	22.330	31.600
3	0.765	0.978	1.250	1.638	2.353	3.182	3.482	4.541	5.841	7.453	10.210	12.920
4	0.741	0.941	1.190	1.533	2.132	2.776	2.999	3.747	4.604	5.598	7.173	8.610
5	0.727	0.920	1.156	1.476	2.015	2.571	2.757	3.365	4.032	4.773	5.893	6.869
6	0.718	0.906	1.134	1.440	1.943	2.447	2.612	3.143	3.707	4.317	5.208	5.959

或 P 值隨由 Excel 函數 CHIDIST（樣本檢定統計量χ^2, df），

=CHIDIST(34.53,6)= 5.31392E − 06。

$P = 5.31392\mathrm{E} - 06$

函數引數

CHIDIST

X 34.53 = 34.53

Deg_freedom 6 = 6

= 5.31392E-06

此函數與 Excel 2007 及之前版本相容。
傳回右尾卡方分配的機率值

Deg_freedom 為自由度。其範圍可為 1 到 10^10 但不包括 10^10。

計算結果 = 5.31392E-06

函數說明(H) 確定 取消

步驟五 假設檢定決策（若在拒絕區域則拒絕H_0）。

1. 樣本檢定統計量值與臨界值比（筆算或計算機運算）：

$\chi^2 = 34.53 > \chi^2_{(0.05，6)} = 12.591$，拒絕$H_0$並且支持$H_1$。

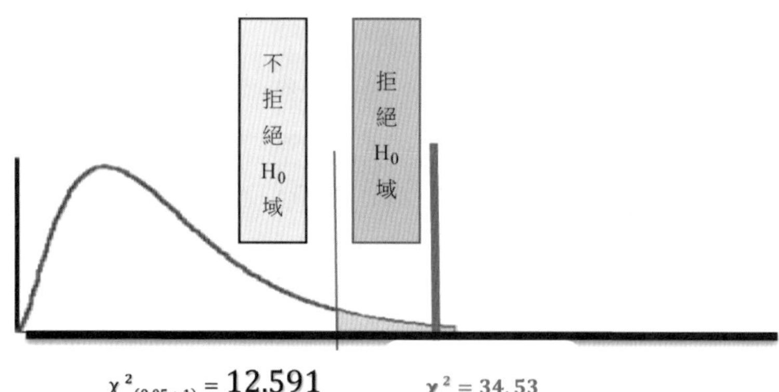

2. p 與α比（使用軟體運算）：

$p = 5.31392E - 06 < \alpha = 0.05$，拒絕$H_0$並且支持$H_1$。

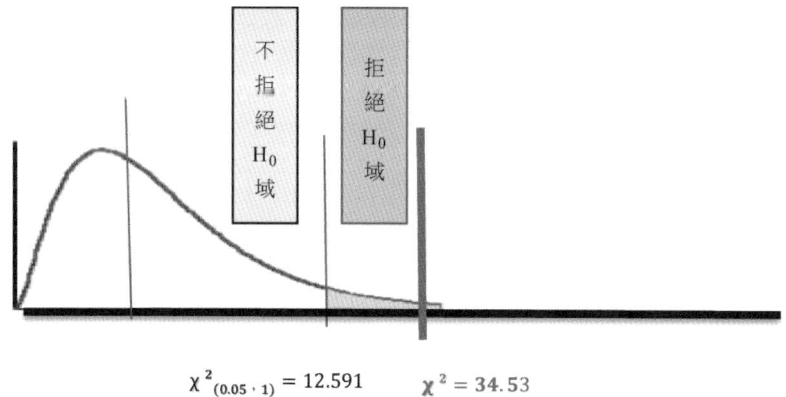

結論 χ^2 =34.53，自由度=6，p< 0.05，由顯著水準可知卡方值顯著，表示地區別與宗教信仰有關聯存在的。

13-2-3 χ^2 檢定-獨立樣本 Excel 應用

說明 χ^2 檢定- Excel 應用時的函數：

1. CHITEST：會傳回在獨立性假設下，卡方分配相關聯的機率。語法 CHITEST(actual_range,expected_range)。

   CHITEST 函數語法具有下列引數：

   - **Actual_range** 觀察值範圍，用來檢定預期值。
   - **Expected_range** 資料範圍，其內容為各欄總和乘各列總和後的值，再除以全部值總和的比率。

2. CHISQ.INV.RT：會根據 probability 來反推**樣本檢定統計量** χ^2 **值**。
   （probability 表示與卡方分配相關聯的機率；Deg_freedom 表示自由度）

例題 調查 283 人藉此了解區域別與宗教信仰是否有關聯存在，調查的資料如下，若有關聯，問二者之間的關聯程度如何？($\alpha = 0.05$)

		宗教信仰			
		基督教	佛教	道教	N
地區別	北	6	17	20	43
	中	15	26	24	65
	南	31	34	13	78
	東	42	45	10	97
	N	94	122	67	283

步驟一 在 Excel 工作表製作觀察值的列聯表。

A1 欄位輸入「O」，A2 欄位輸入「北」，A3 欄位輸入「中」，A4 欄位輸入「南」，A5 欄位輸入「東」，A6 欄位輸入「N」。

B1 欄位輸入「基督教」，C1欄位輸入「佛教」，D1 欄位輸入「道教」，E1 欄位輸入「N」，B2 欄位輸入「6」，B3 欄位輸入「15」，B4 欄位輸入「31」，B5 欄位輸入「42」，B6 欄位輸入「94」。

C2 欄位輸入「17」，C3 欄位輸入「26」，C4 欄位輸入「34」，C5 欄位輸入「45」，C6 欄位輸入「122」。

D2 欄位輸入「20」，D3 欄位輸入「24」，D4 欄位輸入「13」，D5 欄位輸入「10」，D6 欄位輸入「67」。

E2 欄位輸入「43」，E3 欄位輸入「65」，E4 欄位輸入「78」，E5 欄位輸入「97」，E6 欄位輸入「283」，如下圖所示。

A	B	C	D	E
O	基督教	佛教	道教	N
北	6	17	20	43
中	15	26	24	65
南	31	34	13	78
東	42	45	10	97
N	94	122	67	283

步驟二 期望值列聯表。

G1 欄位輸入「E」，G2 欄位輸入「北」，G3 欄位輸入「中」，G4 欄位輸入「南」，G5 欄位輸入「東」，H1 欄位輸入「基督教」，I1欄位輸入「佛教」，J1 欄位輸入「道教」，如下圖所示。

G	H	I	J
E	基督教	佛教	道教
北			
中			
南			
東			

步驟三 計算期望值。利用公式計算期望值。

	H	I	J
E	基督教	佛教	道教
北	E11	E12	E13
中	E21	E22	E23
南	E31	E32	E33
東	E41	E42	E43

$$\text{E11} = \frac{n_1 \times m_1}{N} = \frac{\text{E2} \times \text{B6}}{\text{E6}} = \frac{43\times94}{283} = 14.28$$

$$\text{E12} = \frac{n_1 \times m_2}{N} = \frac{\text{E2} \times \text{C6}}{\text{E6}} = \frac{43\times122}{283} = 18.54$$

$$\text{E13} = \frac{n_1 \times m_3}{N} = \frac{\text{E2} \times \text{D6}}{\text{E6}} = \frac{43\times67}{283} = 10.18$$

$$\text{E21} = \frac{n_2 \times m_1}{N} = \frac{\text{E3} \times \text{B6}}{\text{E6}} = \frac{65\times94}{283} = 21.59$$

$$\text{E22} = \frac{n_2 \times m_2}{N} = \frac{\text{E3} \times \text{C6}}{\text{E6}} = \frac{65\times122}{283} = 28.02$$

$$\text{E23} = \frac{n_2 \times m_3}{N} = \frac{\text{E3} \times \text{D6}}{\text{E6}} = \frac{65\times67}{283} = 15.39$$

$$\text{E31} = \frac{n_3 \times m_1}{N} = \frac{\text{E4} \times \text{B6}}{\text{E6}} = \frac{78\times94}{283} = 25.91$$

$$\text{E32} = \frac{n_3 \times m_2}{N} = \frac{\text{E4} \times \text{C6}}{\text{E6}} = \frac{78\times122}{283} = 33.63$$

$$\text{E33} = \frac{n_3 \times m_3}{N} = \frac{\text{E4} \times \text{D6}}{\text{E6}} = \frac{78\times67}{283} = 18.47$$

$$\text{E41} = \frac{n_4 \times m_1}{N} = \frac{\text{E5} \times \text{B6}}{\text{E6}} = \frac{97\times94}{283} = 32.22$$

$$\text{E42} = \frac{n_4 \times m_2}{N} = \frac{\text{E5} \times \text{C6}}{\text{E6}} = \frac{97\times122}{283} = 41.82$$

$$\text{E43} = \frac{n_{24} \times m_3}{N} = \frac{\text{E5} \times \text{D6}}{\text{E6}} = \frac{97\times67}{283} = 22.96$$

	H	I	J
E	基督教	佛教	道教
北	=E2×B6/E6	=E2×C6/E6	=E2×D6/E6
中	=E3×B6/E6	=E3×C6/E6	=E3×D6/E6
南	=E4×B6/E6	=E4×C6/E6	=E4×D6/E6
東	=E5×B6/E6	=E5×C6/E6	=E5×D6/E6

將游標移置H2，輸入「=E2 × B6/E6」，按 enter，得「14.28」。
將游標移置H3，輸入「=E3 × B6/E6」，按 enter，得「21.59」。
將游標移置H4，輸入「=E4 × B6/E6」，按 enter，得「25.91」。
將游標移置H5，輸入「=E5 × B6/E6」，按 enter，得「32.22」。
將游標移置I2，輸入「=E2 × C6/E6」，按 enter，得「18.54」。
將游標移置I3，輸入「=E3 × C6/E6」，按 enter，得「28.02」。
將游標移置I4，輸入「=E4 × C6/E6」，按 enter，得「33.63」。
將游標移置I5，輸入「=E5 × C6/E6」，按 enter，得「41.82」。
將游標移置J2，輸入「=E2 × D6/E6」，按 enter，得「10.18」。
將游標移置J3，輸入「=E3 × D6/E6」，按 enter，得「15.39」。
將游標移置J4，輸入「=E4 × D6/E6」，按 enter，得「18.47」。
將游標移置J5，輸入「=E5 × D6/E6」，按 enter，得「22.96」。

G	H	I	J
E	基督教	佛教	道教
北	14.28	18.54	10.18
中	21.59	28.02	15.39
南	25.91	33.63	18.47
東	32.22	41.82	22.96

步驟四　L1 欄位輸入「機率」，M1 欄位輸入「檢定統計量 χ^2 值」。

L	M	N
機率	檢定統計量χ2值	

步驟五 計算與卡方相關聯的機率－函數 CHITEST。

把游標移置 L2，點「fx」選「CHITEST」，按確定。在「CHITEST」對話方塊中的「Actual_range」，按「 」輸入「B2: D5」，按「 」。在「CHITEST」對話方塊中的「Expected_range」，按「 」輸入「H2: J5」，按「 」。得知卡方檢定 p 值「5.30726E－06」。

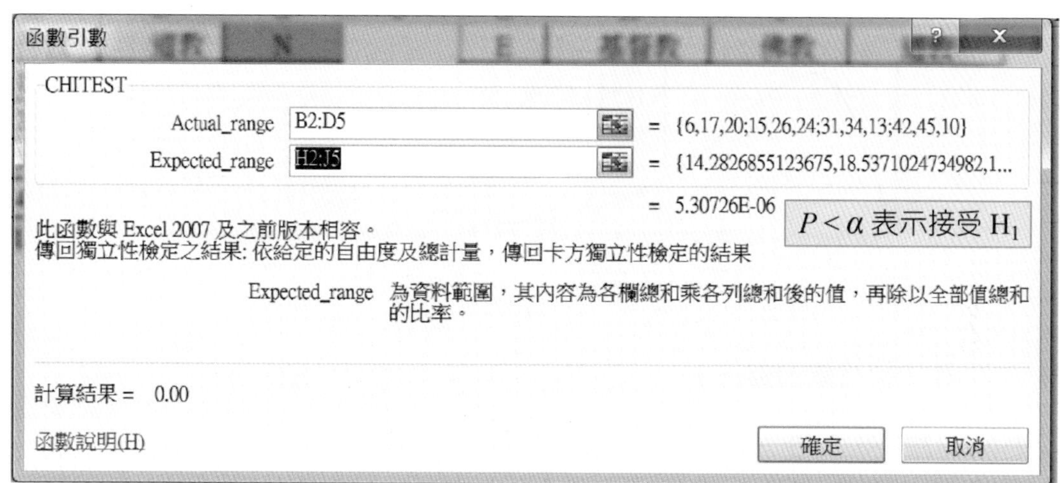

步驟六 計算檢定統計量 χ^2 值－函數 CHISQ.INV.RT。

把游標移置 M2，點「fx」選「CHISQ.INV.RT」，按確定。在「CHISQ.INV.RT」的對話方塊中的「Probability」，按「 」點「L2」，按「 」。在「CHISQ.INV.RT」的對話方塊中的「Deg_freedom」，按「 」輸入「6」，按「 」。得知樣本檢定統計量 χ^2 值「34.53281746」。

函數引數
CHISQ.INV.RT
Probability L2 = 5.30726E-06 機率
Deg_freedom 6 = 6 自由度＝（行-1）×（列-1）
= 34.53281746
傳回卡方分配之右尾機率的反傳值
Probability 為卡方分配所使用的機率，此值須在 0 和 1 之間，且包含 0 和 1
計算結果 = 34.53
函數說明(H)
確定 取消

步驟七 假設檢定決策（若在拒絕區域則拒絕H_0）。

1. 樣本檢定統計量值與臨界值比（筆算或計算機運算）：

   $\chi^2 = 34.53 > \chi^2_{(0.05,6)} = 12.591$，拒絕$H_0$並且支持$H_1$。

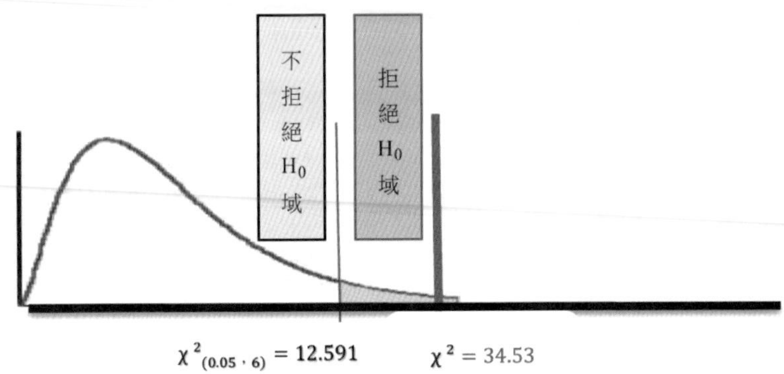

2. p 與α比（使用軟體運算）：

   $p < 5.31392E-06 < \alpha = 0.05$，拒絕$H_0$並且支持$H_1$。

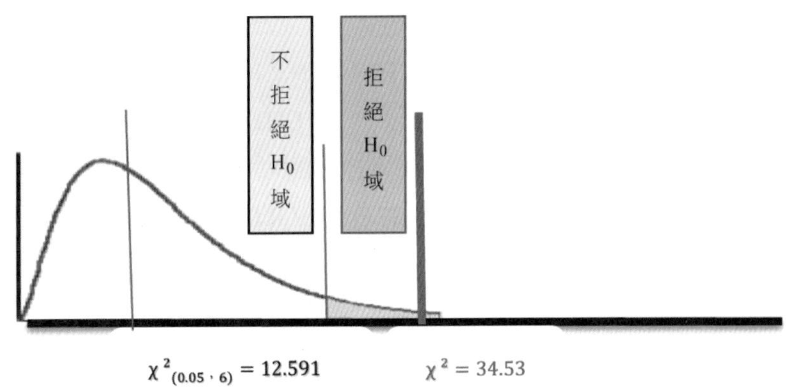

結論 χ^2 =34.53，自由度=6，p< 0.05，由顯著水準可知卡方值顯著，表示地區別與宗教信仰有關聯存在的。

13-3 葉茲連續校正卡方檢定與 Excel 應用

13-3-1 葉茲連續校正卡方應用時機

1. 當自由度為 1，並以 χ^2檢定進行獨立性檢定(independence)時，因為近似卡方值建立在二項分配上，是一個不連續分配，故必須應用葉茲連續校正。
2. 當樣本數不夠大時，應用葉茲連續校正。

經過校正後，卡方值會降低，因為在每一個細格中，期望次數與觀察次數的差異都降低了 0.5。理論上，2×2 列聯表，自由度等於 1 時，一定要進行連續校正。但實務上，當所有細格內的期望次數等於或大於 10 時，並不需進行校正，因為校不校正對檢定效率的影響很小，亦即校正前後的卡方值很接近。

而當卡方自由度為 1 時，超過 20%格子的 $E_i<5$ 時，可採用費雪精確檢定。

		不連續變項 2		
		組別 3	組別 4	N
不連續變項 1	組別 1	a	b	a+b
	組別 2	c	d	c+d
	N	a+c	b+d	a+b+c+d

$$\chi^2=\frac{(|O_i-E_i|-0.5)^2}{E_i}$$

$$=\frac{N(|ad-bc|-0.5N)^2}{(a+b)(c+d)(a+c)(b+d)}$$

13-3-2 葉茲連續校正五大步驟

調查地區別是否與車禍有關聯，得以下資料。($\alpha = 0.05$)

		車禍		總和
		有	無	
地區	南	34	11	45
	北	39	16	55
總和		73	27	100

步驟一　H_1：地區別與車禍有關。

H_0：地區別與車禍無關。

步驟二　只有單尾檢定，由臨界值$\chi^2_{(\alpha，df)}$或α值畫拒絕區域。

1. 筆算或計算機運算：

df=(行數－1)×(列數－1)＝$(2-1)\times(2-1)=1$，

單尾檢定 $\alpha = 0.05$，查χ^2表，$\chi^2_{(0.05，1)} = 3.841$。

df	α						
	0.995	***0.990***	***0.975***	***0.950***	***0.900***	***0.100***	***0.050***
1	0.000	0.000	0.001	0.004	0.016	2.706	3.841

或由 Excel 函數 CHISQ.INV.RT(α，df)，

CHISQ.INV.RT(0.05，1) = 3.841。

函數引數

CHISQ.INV.RT

Probability 0.05 = 0.05

Deg_freedom 1 = 1

= 3.841458821

畫拒絕區H_0域。

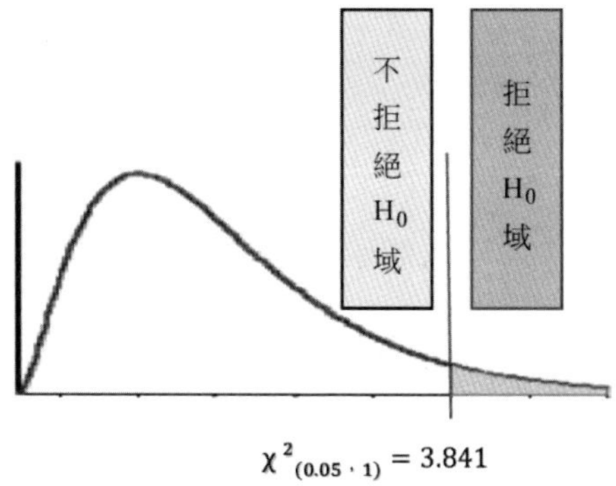

2. 使用軟體運算：

$\alpha = 0.05$

畫拒絕區H_0域。

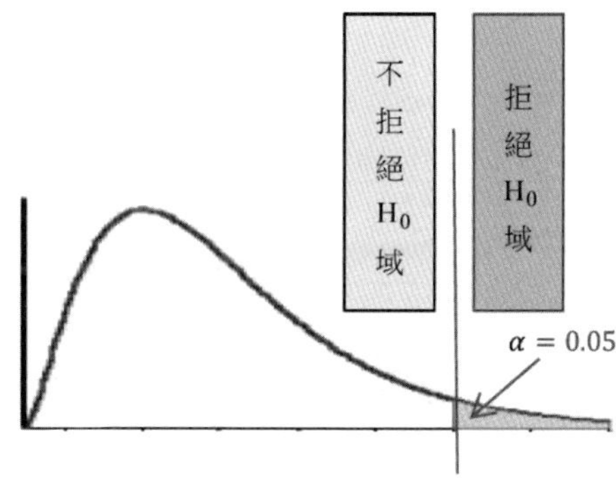

步驟三 資料(O)先以列聯表呈現，再計算期望值(E)。

不連續變項		車禍				N
		有		無		
		O	E	O	E	
地區	南	34	32.85(E11)	11	12.15(E12)	45 (*n*1)
	北	39	40.15(E21)	16	14.85(E22)	55 (*n*2)
	N	73(m_1)		27(m_2)		100

$$E11=\frac{n_1\times m_1}{N}=\frac{45\times73}{100}=32.85$$

$$E12=\frac{n_1\times m_2}{N}=\frac{45\times27}{100}=12.15$$

$$E21=\frac{n_2\times m_1}{N}=\frac{55\times73}{100}=40.15$$

$$E22=\frac{n_2\times m_2}{N}=\frac{55\times27}{100}=14.85$$

步驟四　樣本檢定統計量χ^2值。

樣本檢定統計量$\chi^2=\frac{(|O_i-E_i|-0.5)^2}{E_i}$　（2×2列聯表進行葉茲連續校正）

$$=\frac{(|34-32.85|-0.5)^2}{32.85}+\frac{(|11-12.15|-0.5)^2}{12.15}+\frac{(|39-40.15|-0.5)^2}{40.15}+\frac{(|16-14.85|-0.5)^2}{14.85}$$

$$=0.09$$

樣本檢定統計量 $\chi^2=\frac{N(|ad-bc|-0.5N)^2}{(a+b)(c+d)(a+c)(b+d)}$

$$=\frac{100(|34\times16-11\times39|-0.5\times100)^2}{(34+11)(39+16)(34+39)(11+16)}$$

$$=0.09$$

查χ^2表，自由度 1，$\chi^2=0.09$，

在 $\chi^2=0.016-2.706$ 之間，

得知p值在 0.1-0.9 之間。

df	*α*						
	0.995	*0.990*	*0.975*	*0.950*	*0.900*	*0.100*	*0.050*
1	0.000	0.000	0.001	0.004	0.016	2.706	3.841

步驟五 做決策。

1. 樣本檢定統計量值與臨界值比（筆算或計算機運算）：

$\chi^2 = 0.09 < \chi^2_{(0.05，1)} = 3.84$，不拒絕$H_0$並且不支持$H_1$。

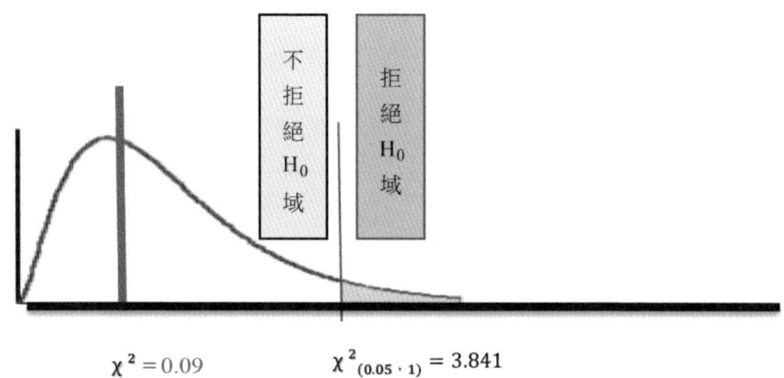

2. p 與α比（使用軟體運算）：

$p = 0.1 - 0.9 > \alpha = 0.05$，不拒絕$H_0$並且不支持$H_1$。

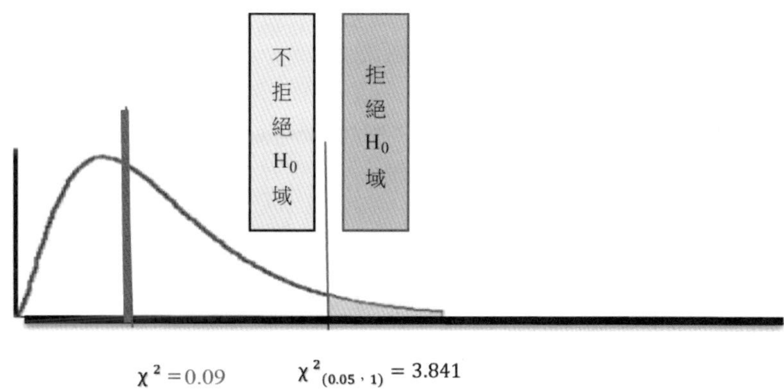

結論 χ^2 =0.09，自由度=1，p> 0.05，由顯著水準可知卡方值未顯著，表示南北地區別與車禍無關聯存在的。

13-3-3　2×2 列聯表，Ei ≥ 10，不進行校正 Excel 應用

例題　調查地區別是否與車禍有關聯，得以下資料。($\alpha = 0.05$)

		車禍		
		有	無	N
地區	南	34	11	45
	北	39	16	55
	N	73	27	100

步驟一　在 Excel 工作表製作觀察值的列聯表。

A1 欄位輸入「O」，A2 欄位輸入「南」，A3 欄位輸入「北」，A4 欄位輸入「N」。

B1欄位輸入「有車禍」，C1欄位輸入「無車禍」，D1欄位輸入「N」，B2欄位輸入「34」，B3欄位輸入「39」，B4欄位輸入「73」，C2欄位輸入「11」，C3欄位輸入「16」，C4欄位輸入「27」。

D2 欄位輸入「45」，D3 欄位輸入「55」，D4 欄位輸入「100」，如下圖所示。

A	B	C	D
O	有車禍	無車禍	N
南	34	11	45
北	39	16	55
N	73	27	100

步驟二　期望值列聯表。

F1 欄位輸入「E」，F2 欄位輸入「南」，F3 欄位輸入「北」，G1 欄位輸入「有車禍」，H1欄位輸入「無車禍」，如下圖所示。

E	F	G
E	有車禍	無車禍
南		
北		

步驟三 計算期望值。

	G	H
E	有車禍	無車禍
南	= D2×B4/D4	= D2×C4/D4
北	= D3×B4/D4	= D3×C4/D4

將游標移置 G2，輸入「= D2×B4/D4」，按 enter，得「32.85」。
將游標移置 G3，輸入「= D3×B4/D4」，按 enter，得「40.15」。
將游標移置 H2，輸入「= D2×C4/D4」，按 enter，得「12.15」。
將游標移置 H3，輸入「= D3×C4/D4」，按 enter，得「14.85」。

F	G	H
E	有車禍	無車禍
南	32.85	12.15
北	40.15	14.85

步驟四 J1 欄位輸入「機率」，K1 欄位輸入「檢定統計量 χ^2 值」。

J	K
機率	檢定統計量χ2值

步驟五 計算與卡方相關聯的機率-函數 CHITEST。

把游標移置 J2，點「*fx*」選「CHITEST」，按確定。在「CHITEST」對話方塊中的「Actual_range」，按「 」輸入「B2: C3」，按「 」。在「CHITEST」對話方塊中的「Expected_range」，按「 」輸入「G2: H3」，按「 」。得知卡方檢定的 *p* 值「0.602593」。

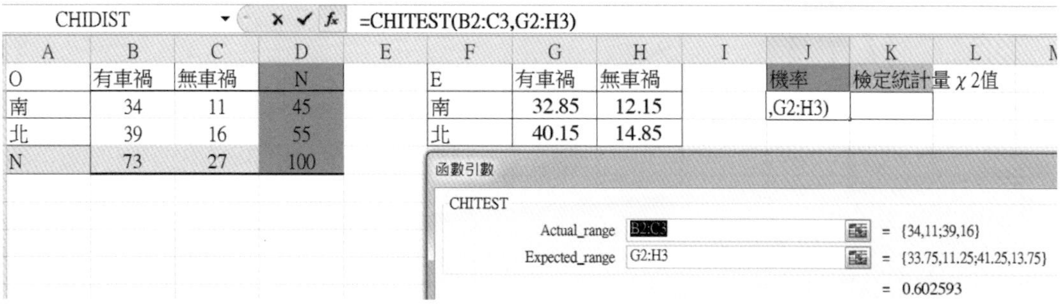

CHIDIST =CHITEST(B2:C3,G2:H3)

A	B	C	D	E	F	G	H	I	J	K	L
O	有車禍	無車禍	N		E	有車禍	無車禍		機率	檢定統計量 χ 2值	
南	34	11	45		南	32.85	12.15		,G2:H3)		
北	39	16	55		北	40.15	14.85				
N	73	27	100								

函數引數

CHITEST

Actual_range B2:C3 = {34,11;39,16}

Expected_range G2:H3 = {33.75,11.25;41.25,13.75}

= 0.602593

步驟六 計算檢定統計量 χ^2 值-函數 CHISQ.INV.RT。

把游標移置 K2，點「*fx*」選「CHISQ.INV.RT」，按確定。在「CHISQ.INV.RT」對話方塊中的「Probability」，按「」點「J2」，按「」。在「CHISQ.INV.RT」對話方塊中的「Deg_ freedom」，按「」輸入「1」，按「」。得知樣本檢定統計量 χ^2 值「0.271102706」。

函數引數

CHISQ.INV.RT

Probability J2 = 0.602593 機率

Deg_freedom 1 = 1 自由度=（行-1）×（列-1）

= 0.271102706

傳回卡方分配之右尾機率的反傳值

Probability 為卡方分配所使用的機率，此值須在 0 和 1 之間，且包含 0 和 1

計算結果 = 0.271102706

函數說明(H) 確定 取消

步驟七 假設檢定決策（在拒絕區域則拒絕 H_0）。

1. 樣本檢定統計量 χ^2 值與臨界 χ^2 值比（筆算或計算機運算）：

   $\chi^2 = 0.27 < \chi^2_{(0.05，1)} = 3.84$，不拒絕 H_0 並且不支持 H_1。

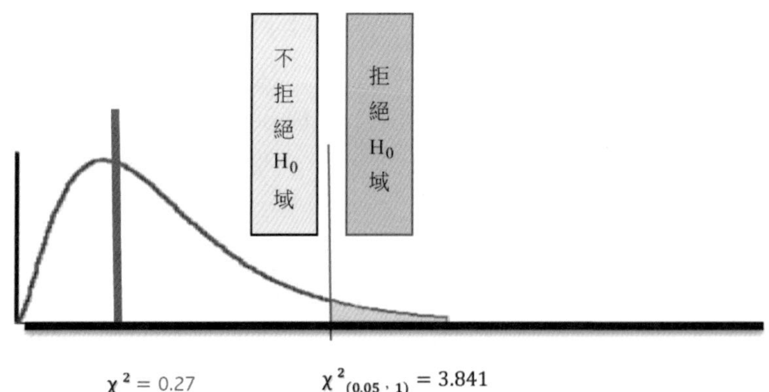

2. p 與α比（使用軟體運算）：

$p = 0.602593 > \alpha = 0.05$，不拒絕$H_0$並且不支持$H_1$。

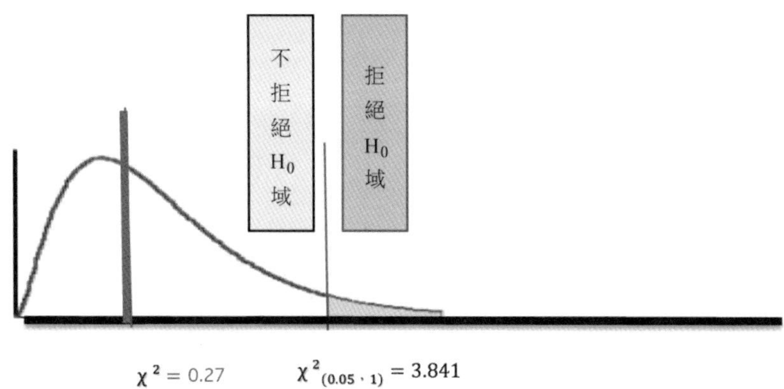

結論 χ^2 =0.27，自由度=1，p> 0.05，由顯著水準可知卡方值未顯著，表示南北地區別與車禍無關聯存在的。

補充說明：

13-3-2 進行葉茲連續校正

χ^2 =0.09, p> 0.05，表示南北地區別與車禍無關聯存在 13-3-3 未經葉茲連續校正 χ^2 =0.27, p> 0.05，表示南北地區別與車禍無關聯存在。亦 2×2 列聯表，Ei ≥ 10時，校不校正對檢定效率的影響很小。

13-4 McNemar 改變顯著性考驗與 Excel 應用

13-4-1 McNemar 改變顯著性考驗應用時機

McNemar 改變顯著性考驗適用於兩個相依樣本問題，列聯表是 2×2 的形式，研究者想瞭解同一批受試者對同一事件前、後的反應態度是否產生改變。若列聯表大於 2×2 時，則改以包卡爾對稱性考驗較為恰當。

13-4-2 McNemar 改變顯著性考驗步驟

例題 調查 60 位婦女懷孕前後之抽菸情況調查，推論懷孕是否影響婦女抽菸習慣？($\alpha = 0.05$)

		懷孕前		
		抽	不抽	N
懷孕後	抽	18	2	20
	不抽	30	10	40
	N	48	12	60

步驟一 H_1：懷孕前與懷孕後抽菸習慣不同。

H_0：懷孕前與懷孕後抽菸習慣相同。

步驟二 只有單尾檢定，由臨界值$\chi^2_{(\alpha, df)}$或α值畫拒絕區域。

1. 筆算或計算機運算：

df=(行數－1)×(列數－1)

$=(2-1)\times(2-1)=1$

查χ^2表，單尾檢定 $\alpha = 0.05$，自由度 1，

$\chi^2_{(0.05, 1)} = 3.841$。

df	0.995	0.990	0.975	0.950	0.900	0.100	0.050
1	0.000	0.000	0.001	0.004	0.016	2.706	3.841

或由 Excel 函數 CHISQ.INV.RT(α，df)，

CHISQ.INV.RT(0.05，1) = 3.84。

$x^2_{(0.05，1)} = 3.841$。

函數引數

CHISQ.INV.RT

Probability	0.05	=	0.05
Deg_freedom	1	=	1
		=	3.841458821

畫拒絕H_0域。

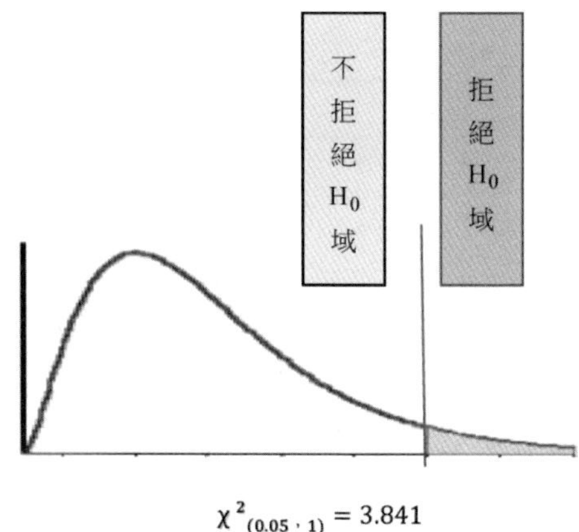

$\chi^2_{(0.05，1)} = 3.841$

2. 使用軟體運算：

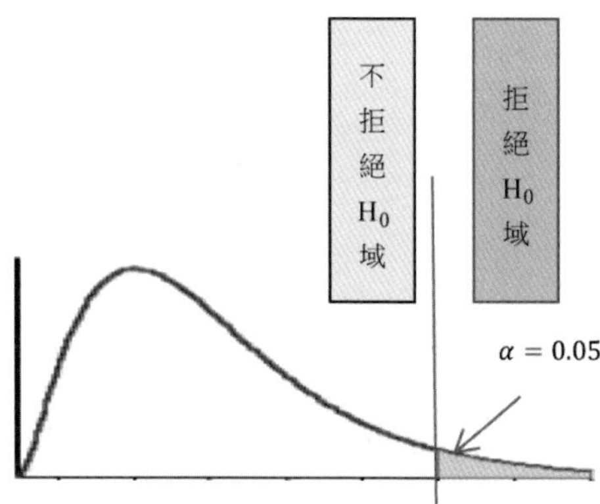

步驟三　樣本檢定統計量χ^2值。

		懷孕前		
		抽	不抽	N
懷孕後	抽	18(a)	2(b)	20(a+b)
	不抽	30(c)	10(d)	40(c+d)
	N	48(a+c)	12(b+d)	21(a+b+c+d)

樣本檢定統計量$\chi^2 = \frac{(b-c)^2}{b+c} = \frac{(2-30)^2}{2+30} = \frac{28^2}{32}$ =24.5，

自由度 1，$\chi^2 = 24.5$，查χ^2表，

得知 p值<0.005。

df	0.995	0.990	0.975	0.950	0.900	0.100	0.050	0.025	0.010	0.005
1	0.000	0.000	0.001	0.004	0.016	2.706	3.841	5.024	6.635	7.879

（表頭：α）

或 P 值由 Excel 函數 CHIDIST(樣本檢定統計量χ^2,df)，

=CHIDIST(24.5,1)= 7.43098E − 07(E − 07 = 10^{-7})。

P= 7.43098E − 07。

函數引數

CHIDIST

X　24.5　= 24.5

Deg_freedom　1　= 1

= 7.43098E-07

此函數與 Excel 2007 及之前版本相容。
傳回右尾卡方分配的機率值

X　用以進行卡方檢定的數值。此值不得為負

計算結果 =　7.43098E-07

函數說明(H)　確定　取消

步驟四 做決策。

1. 樣本檢定統計量值與臨界值比（筆算或計算機運算）：

$\chi^2 = 24.5 > \chi^2_{(0.05，1)} = 3.84$，拒絕$H_0$並且支持$H_1$。

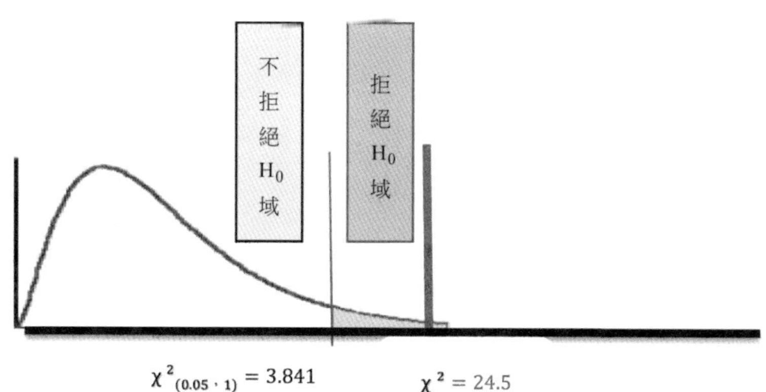

2. p 與α比（使用軟體運算）：

$p = 7.43098E-07 < \alpha = 0.05$，拒絕$H_0$並且支持$H_1$。

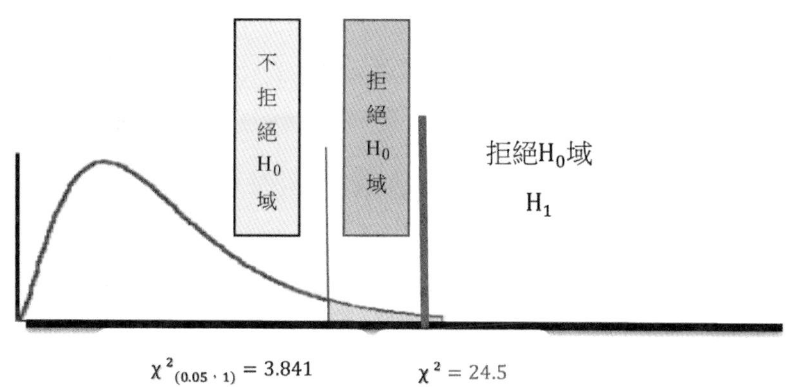

結論 $\chi^2 = 24.5$，自由度=1，$p < 0.05$，由顯著水準可知卡方值達顯著，表示婦女懷孕後會改變抽菸的習慣。

13-4-3 McNemar 改變顯著性考驗 Excel 應用

調查 60 位婦女懷孕前後之抽菸情況調查，推論懷孕是否影響婦女抽菸習慣？($\alpha = 0.05$)

		懷孕前		
		抽	不抽	N
懷孕後	抽	18	2	20
	不抽	30	10	40
	N	48	12	60

步驟一 在 Excel 工作表製作觀察值的列聯表。

A1 欄位輸入「O」，A2 欄位輸入「懷孕後抽」，A3 欄位輸入「懷孕後不抽」，A4 欄位輸入「N」，B1 欄位輸入「懷孕前抽」，C1 欄位輸入「懷孕前不抽」。D1 欄位輸入「N」，B2 欄位輸入「18」，B3 欄位輸入「30」，B4 欄位輸入「48」，C2 欄位輸入「2」，C3 欄位輸入「10」，C4 欄位輸入「12」，C4 欄位輸入「12」，D2 欄位輸入「20」，D3 欄位輸入「40」，D4 欄位輸入「60」。

A	B	C	D
O	懷孕前抽	懷孕前不抽	N
懷孕後抽	18	2	20
懷孕後不抽	30	10	40
N	48	12	60

步驟二 M1 欄位輸入「機率」，N1 欄位輸入「檢定統計量 χ^2 值」。

M	N
機率	檢定統計量χ2值

步驟三 計算檢定統計量 χ^2 值。

把游標移置 N_2，輸入「=(C2-B3)× (C2-B3) / (C2+B3)」，按 Enter，得知樣本檢定統計量 χ^2=24.5。

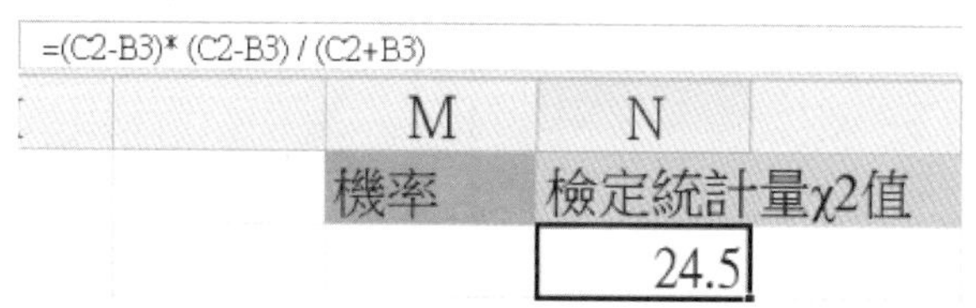

=(C2-B3)* (C2-B3) / (C2+B3)

M	N
機率	檢定統計量χ2值
	24.5

		懷孕前		
		抽	不抽	N
懷孕後	抽	18(a)	2(b)	20(a+b)
	不抽	30(c)	10(d)	40(c+d)
	N	48(a+c)	12(b+d)	21(a+b+ c+d)

樣本檢定統計量 $\chi^2 = \frac{(b-c)^2}{b+c} = \frac{(2-30)^2}{2+30} = 24.5$。

步驟四 計算與卡方相關聯的機率-函數 CHIDIST。

把游標移置 J2，點「*fx*」選「CHIDIST」，按確定。在「CHITEST」對話方塊中的「X」，輸入「24.5」。在「CHIDIST」對話方塊中的「Deg_freedom」，輸入「1」，得知卡方相關聯的機率「7.43098E − 07」($E-07=10^{-7}$)。

函數引數

CHIDIST

X 24.5 = 24.5

Deg_freedom 1 = 1

= 7.43098E-07

此函數與 Excel 2007 及之前版本相容。
傳回右尾卡方分配的機率值

X 用以進行卡方檢定的數值。此值不得為負

計算結果 = 7.43098E-07

函數說明(H) 確定 取消

步驟五　做決策。

p 與α 相比較（使用軟體運算）：

$p = 7.43098E - 07 < \alpha = 0.05$，拒絕$H_0$並且支持$H_1$。

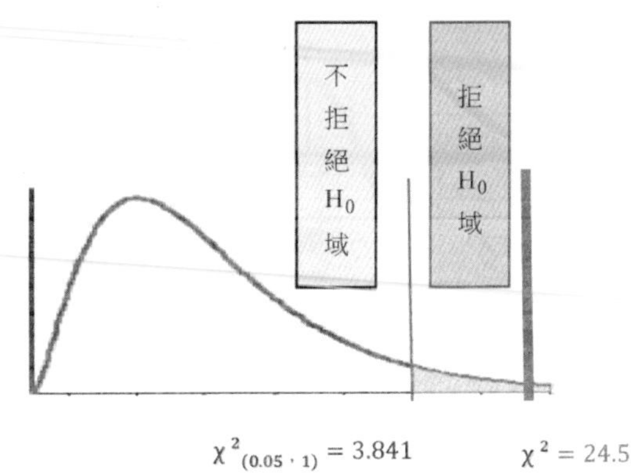

結論　χ^2 =24.5，自由度=1，p< 0.05，由顯著水準可知卡方值達顯著，表示婦女懷孕後會改變抽菸的習慣。

13-5 適合度檢定與 Excel 應用

13-5-1　適合度考驗應用時機

適合度考驗僅涉及一個變項，當研究者關心一個變項（例如：年齡、性別），將變項加以分類，然後考驗其分配狀況是否與某個理論（或母體）分配相符合，便可以卡方考驗進行統計檢定，這種考驗稱為適合度考驗(goodness-of-fit test)。

13-5-2　適合度考驗步驟

從某個國家北中南區各抽 20, 45, 30 個人為研究樣本，該國家北中南區人口分布 1: 2: 1，請問上述北中南區研究樣本的人數比是否符合 1: 2: 1 的比例？($\alpha = 0.05$)

步驟一 H_1：北中南區樣本的人數比不符合 1: 2: 1 的比例。

H_0：北中南區樣本的人數比符合 1: 2: 1 的比例。

步驟二 只有單尾檢定，由臨界值$\chi^2_{(\alpha，df)}$或α值畫拒絕區域。

1. 筆算或計算機運算：

df=(組數 − 1) = 3 − 1 = 2，

單尾檢定 α = 0.05，查χ^2表，

$\chi^2_{(0.05，2)} = 5.991$。

df	α						
	0.995	0.990	0.975	0.950	0.900	0.100	0.050
1	0.000	0.000	0.001	0.004	0.016	2.706	3.841
2	0.010	0.020	0.051	0.103	0.211	4.605	5.991

或由 Excel 函數 CHISQ.INV.RT(α，df)，

CHISQ.INV.RT(0.05，2) = 5.991，

$x^2_{(0.05，2)} = 5.991$。

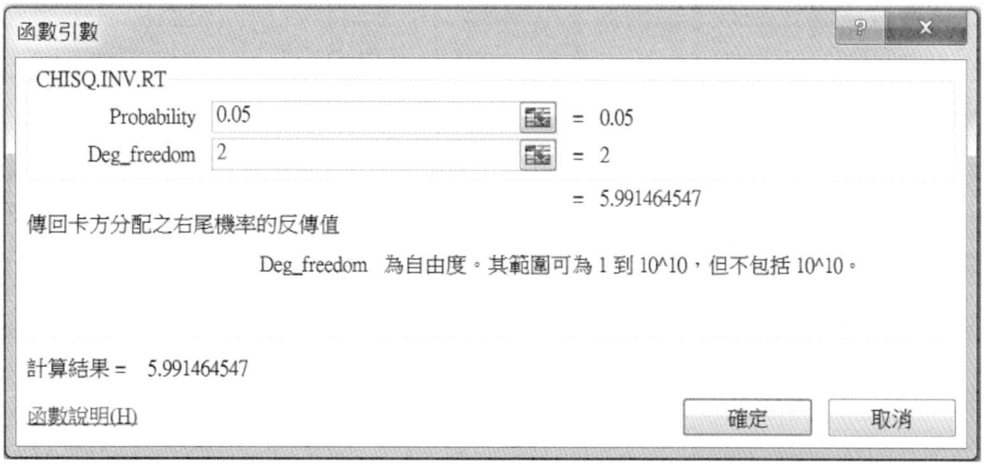

函數引數

CHISQ.INV.RT

Probability 0.05 = 0.05

Deg_freedom 2 = 2

= 5.991464547

傳回卡方分配之右尾機率的反傳值

Deg_freedom 為自由度。其範圍可為 1 到 10^10，但不包括 10^10。

計算結果 = 5.991464547

函數說明(H) 確定 取消

畫拒絕區域。

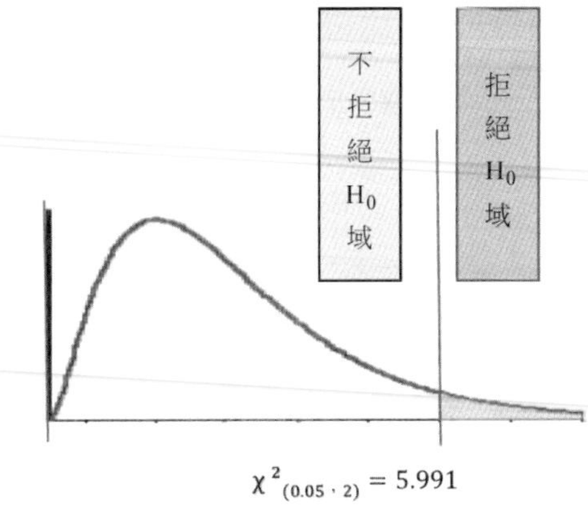

2. 使用軟體運算：

$\alpha = 0.05$

畫拒絕區域。

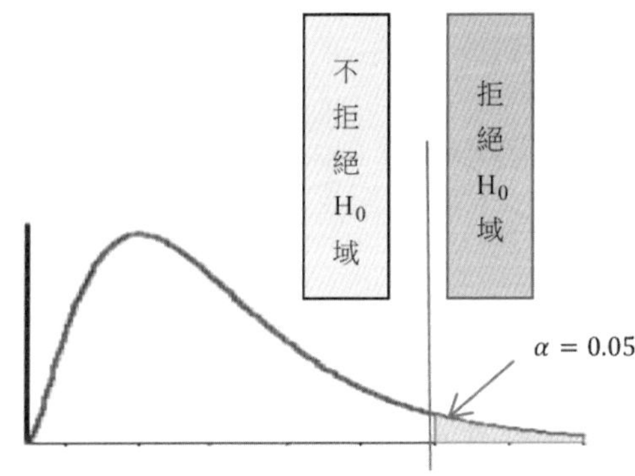

步驟三　計算期望值(E)。

$95 \times \frac{1}{4} = 23.75$

$95 \times \frac{2}{4} = 47.5$

$95 \times \frac{1}{4} = 23.75$

步驟四 樣本檢定統計量χ^2值。

樣本檢定統計量 $\chi^2 = \Sigma\frac{(O-E)^2}{E}$

$$=\frac{(20-23.75)^2}{23.75}+\frac{(45-47.5)^2}{47.5}+\frac{(30-23.75)^2}{23.75}=2.37$$

查χ^2表；自由度 2，$\chi^2 = 2.37$，

在$\chi^2 = 1.886 - 2.920$ 之間，

得知 p值在0.05-0.10 之間。

	α											
df	0.25	0.20	0.15	0.10	0.05	0.025	0.02	0.01	0.005	0.0025	0.001	0.0005
1	1.000	1.376	1.963	3.078	6.314	12.710	15.890	31.820	63.660	127.30	318.30	636.60
2	0.816	1.061	1.386	1.886	2.920	4.303	4.849	6.965	9.925	14.090	22.330	31.600

或 P 值由 Excel 函數 CHIDIST（樣本檢定統計量χ^2, df），

=CHIDIST(2.37, 2)= 0.305746179。

$p = 0.305746179$。

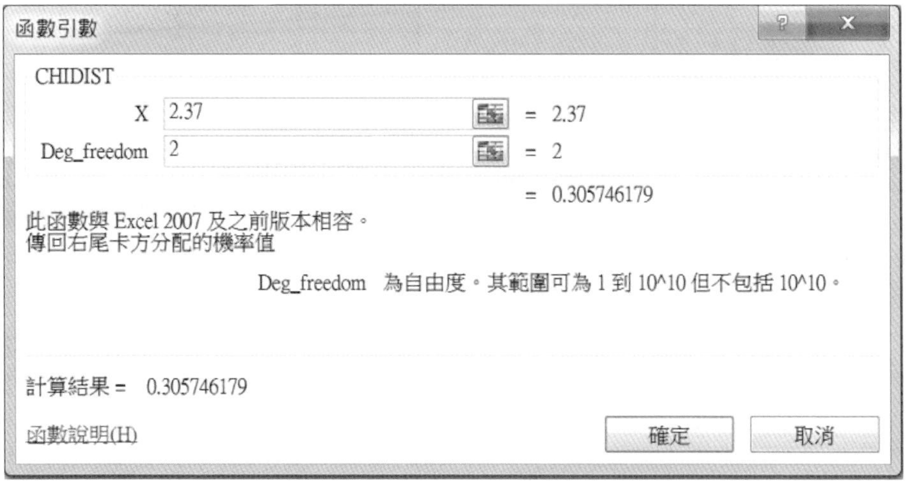

函數引數

CHIDIST

X 2.37 = 2.37

Deg_freedom 2 = 2

= 0.305746179

此函數與 Excel 2007 及之前版本相容。
傳回右尾卡方分配的機率值

Deg_freedom 為自由度。其範圍可為 1 到 10^10 但不包括 10^10。

計算結果 = 0.305746179

函數說明(H) 確定 取消

步驟五 做決策。

1. 樣本檢定統計量值與臨界值相比較（筆算或計算機運算）:

$\chi^2 = 2.37 < \chi^2_{(0.05,2)} = 5.9911$，不拒絕$H_0$並且不支持$H_1$。

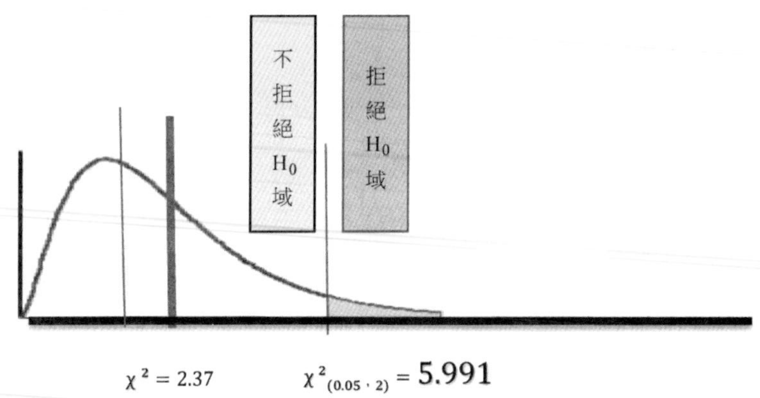

2. p 與α相比較（使用軟體運算）：

$p = 0.305746179 > \alpha = 0.05$，不拒絕$H_0$並且不支持$H_1$。

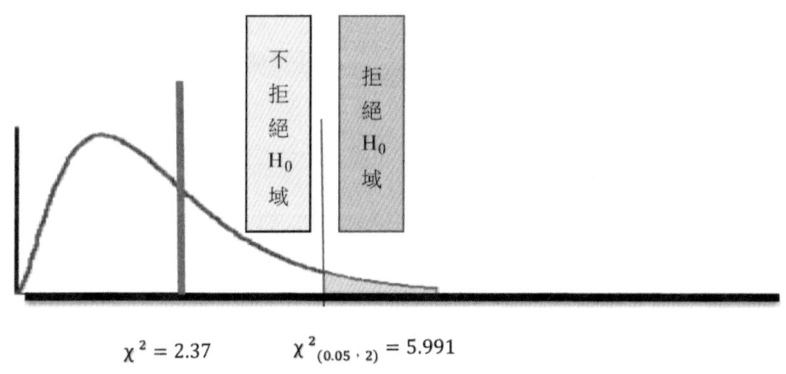

結論 $\chi^2 = 2.37$，自由度=2，$p > 0.05$，由顯著水準可知卡方值未達顯著，北中南區樣本的人數比符合 1: 2: 1 的比例。

例題 從某個國家北中南區各抽 20, 45, 30 個人為研究樣本，該國家北中南區人口分布 1: 2: 1，請問上述北中南區研究樣本的人數比是否符合 1: 2: 1 的比例？($\alpha = 0.05$)

步驟一 在 Excel 工作表輸入觀察值。

A2 欄位輸入「北」，A3 欄位輸入「中」，A4 欄位輸入「南」，A5 欄位輸入「N」。

B1 欄位輸入「O」，B2 欄位輸入「20」，B3 欄位輸入「45」，B4 欄位輸入「30」，B5 欄位輸入「95」。

步驟二 計算期望值。

C1欄位輸入「E」，將游標移置 C2，輸入「=B5×1/4」，得「23.75」。將游標移置 C3，輸入「=B5×2/4」，得「47.5」。將游標移置 C4，輸入「=B5×1/4」，得「23.75」。

A	B	C
	O	E
北	20	23.75
中	45	47.5
南	30	23.75
N	95	

步驟三 E1 欄位輸入「機率」，F1 欄位輸入「檢定統計量 χ^2 值」。

E	F
機率	檢定統計量χ2值

步驟四 計算與卡方相關聯的機率-函數 CHITEST。

把游標移置 E2，點「*fx*」選「CHITEST」，按確定。在「CHITEST」對話方塊中的「Actual_range」，按「 」輸入「B2: B4」，按「 」。在「CHITEST」對話方塊中的「Expected_range」，按「 」輸入「C2: C4」，按「 」。得知卡方檢定的 p 值「0.31」。

函數引數

CHITEST

Actual_range B2:B4 = {20;45;30}

Expected_range C2:C4 = {23.75;47.5;23.75}

= 0.305987653　$P<\alpha$ 表示拒絕 H_1

此函數與 Excel 2007 及之前版本相容。

傳回獨立性檢定之結果: 依給定的自由度及總計量，傳回卡方獨立性檢定的結果

Actual_range 觀察值範圍，用來檢定預估值

計算結果 = 0.31

函數說明(H)　確定　取消

步驟五 計算檢定統計量 χ^2 值-函數 CHISQ.INV.RT。

把游標移置 F2，點「*fx*」選「CHISQ.INV.RT」，按確定。在「CHISQ.INV.RT」對話方塊中的「Probability」，按「」點「E2」，按「」。在「CHISQ.INV.RT」對話方塊中的「Deg_ freedom」，按「」輸入「2」，按「」。得知樣本檢定統計量 χ^2 值「2.368421053」。

函數引數

CHISQ.INV.RT

Probability E2 = 0.305987653 機率

Deg_freedom 2 = 2 自由度＝（組-1）

= 2.368421053

傳回卡方分配之右尾機率的反傳值

Probability 為卡方分配所使用的機率，此值須在 0 和 1 之間，且包含 0 和 1

計算結果 = 2.37

函數說明(H) 確定 取消

步驟六 做決策。

1. 樣本檢定統計量值與臨界值比（筆算或計算機運算）：

$\chi^2 = 2.37 < \chi^2_{(0.05, 2)} = 5.991$，不拒絕$H_0$並且不支持$H_1$。

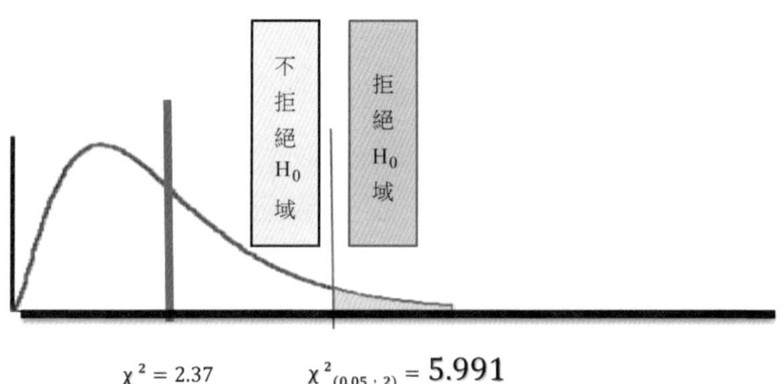

2. p 與α比（使用軟體運算）：

$p = 0.31 > \alpha = 0.05$，不拒絕H_0並且不支持H_1。

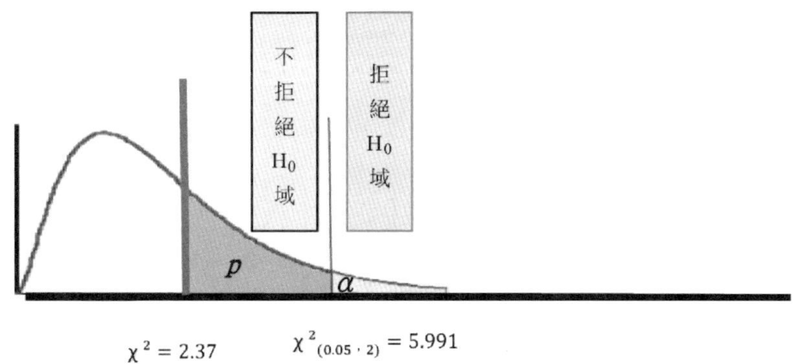

結論 χ^2 =2.37，自由度=2，$p>0.05$，由顯著水準可知卡方值未達顯著，北中南區樣本的人數比符合 1: 2: 1 的比例。

13-6 課後實作

1. 有關卡方檢定(x^2 test)之敘述何者有誤：(A)主要目的是為了探討 2 個或多個不連續變項的關聯分布 (B)不連續變項指在測量的過程中以類別變項或序位變項所收集到的資料，如婚姻狀況、居住地區 (C)或者以等距（體溫、考試成績）、比率尺度（有絕對原點，如薪水、身高）所測量到的連續變項資料，經化簡為類別變項時（如身高分為高、中、低三組）的資料 (D) df=n-2。

2. 調查性別是否與車禍有關聯，得以下資料。($\alpha = 0.05$)

		車禍		
		有	無	N
性別	男	11	34	45
	女	16	39	55
	N	27	73	100

解答

1. D

2. 葉氏連續校正五大步驟：

步驟一 H_1：性別與車禍有關。

H_0：性別與車禍無關。

步驟二 df=(行數 − 1) × (列數 − 1) = (2 − 1) × (2 − 1) = 1，

單尾檢定 $\alpha = 0.05$，查χ^2表，$\chi^2_{(0.05，1)} = 3.841$。

df	α						
	0.995	0.990	0.975	0.950	0.900	0.100	0.050
1	0.000	0.000	0.001	0.004	0.016	2.706	3.841

畫拒絕H_0域。

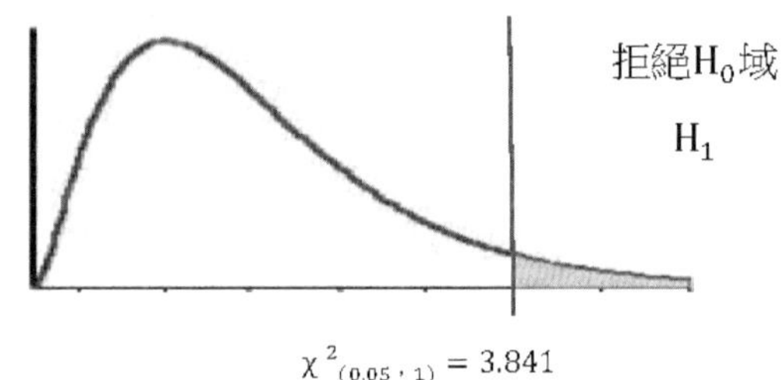

步驟三 資料(O)先以列聯表呈現，再計算期望值(E)

不連續變項		車禍				N
		有		無		
		O	E	O	E	
性別	**男**	11	12.15(E_{11})	34	32.85(E_{12})	45 (n_1)
	女	16	14.85(E_{12})	39	40.15(E_{22})	55 (n_2)
	N	27(m_1)		73(m_2)		100

$$E11=\frac{n_1 \times m_1}{N}=\frac{45\times27}{100}=12.15$$

$$E12=\frac{n_1 \times m_2}{N}=\frac{45\times73}{100}=32.85$$

$$E21=\frac{n_2 \times m_1}{N}=\frac{55\times27}{100}=14.85$$

$$E22=\frac{n_2 \times m_2}{N}=\frac{55\times73}{100}=40.15$$

樣本檢定統計量 $\chi^2=\frac{(|O_{i-}E_i|-0.5)^2}{E_i}=$

$$\frac{(|11-12.15|-0.5)^2}{12.15}+\frac{(|34-32.85|-0.5)^2}{32.85}+\frac{(|16-14.85|-0.5)^2}{14.85}+\frac{(|39-40.15|-0.5)^2}{40.15}$$

$=0.09$

樣本檢定統計量 $\chi^2 = \frac{N(|ad-bc|-0.5N)^2}{(a+b)(c+d)(a+c)(b+d)}$

$= \frac{100(|11\times39-34\times16|-0.5\times100)^2}{(11+34)(16+39)(11+16)(34+39)}$

$= 0.09$

查 χ^2 表，自由度 1，$\chi^2 = 0.09$，

在 $\chi^2 = 0.016 - 2.706$ 之間，

得知 p 值在 0.1-0.9 之間。

df	α						
	0.995	0.990	0.975	0.950	0.900	0.100	0.050
1	0.000	0.000	0.001	0.004	0.016	2.706	3.841

步驟四 做決策。

樣本檢定統計量值與臨界值比（筆算或計算機運算）:

$\chi^2 = 0.09 < \chi^2_{(0.05，1)} = 3.84$

不拒絕 H_0 並且不支持 H_1。

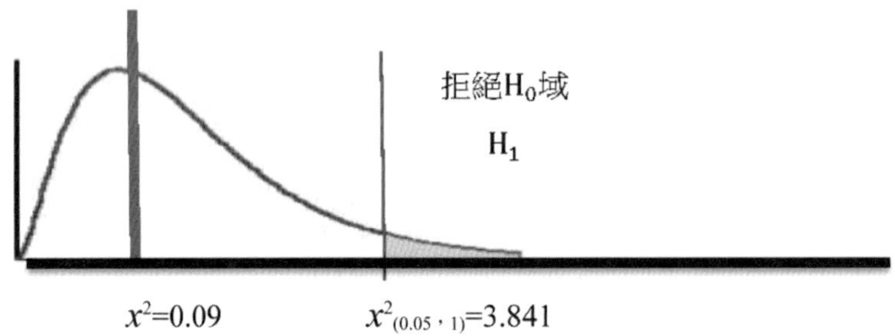

步驟五 下結論。

χ^2 =0.09，自由度=1，p> 0.05，由顯著水準可知卡方值未顯著，表示性別與車禍無關聯存在的。

14 相　關

14-1　相關分析應用時機與類型

14-2　相關分析-Excel 應用

14-3　課後實作

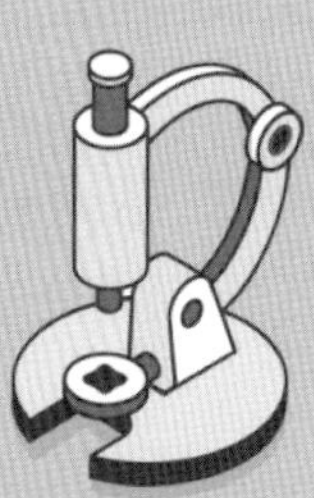

Biostatistics

14-1 相關分析應用時機與類型

目的不在比較，而是分析兩個變項之間線性關係的程度與方向的方法。如果變數間無法區分出所謂的自變項與依變數時，則使用相關分析來探討變項間的線性關係；如果變項是可以區分的話，則使用線性迴歸分析來探討變項間的線性關係。依研究假設中自變項及依變項種類所使用相關係數。

1. Pearson Correlation（皮爾森氏相關係數）：x（自變項）、y（依變項）兩個變項均為連續變項。相關係數公式，公式如下：

$$\gamma = \frac{\sum(X-\bar{X})(Y-\bar{Y})}{\sqrt{(X-\bar{X})^2(Y-\bar{Y})^2}}$$

相關係數（correlation coefficient, r）表示兩者線性的強度，相關係數以 r 來表示，介於+1 和-1 之間的數值。

2. Phi-Correlation（Ψ）：x（自變項）、y（依變項）兩個變項均為二元變項（如：是／否、男／女）。
3. Point-Biserial：一個為連續變項和一個為二元變項。
4. Spearmen Correlation（斯皮爾曼相關係數）：x（自變項）、y（依變項）兩個變項均為可排序的序位變項數據。

相關類型分為：

1. 線性相關：正相關和負相關。相關係數以r來表示，介於+1和-1之間的數值。當r=1，表示X與Y為完全正相關，亦即當X變動時，Y亦以相同方向變動；反之，亦然。當r=–1，表示X與Y為完全負相關，亦即當X變動時，Y亦以相反方向來變動；反之，亦然。

   相關係數 0.6 高相關，0.4 約為中度相關，0.2 以下便是低相關。r＝0 代表 X 與 Y 完全沒有線性關係，不過並不代表兩者之間沒有其他型態關係（如拋物線關係）存在。

2. 非線性相關：相關係數等於 0，但兩變數有拋物線的關係。
3. 無相關。

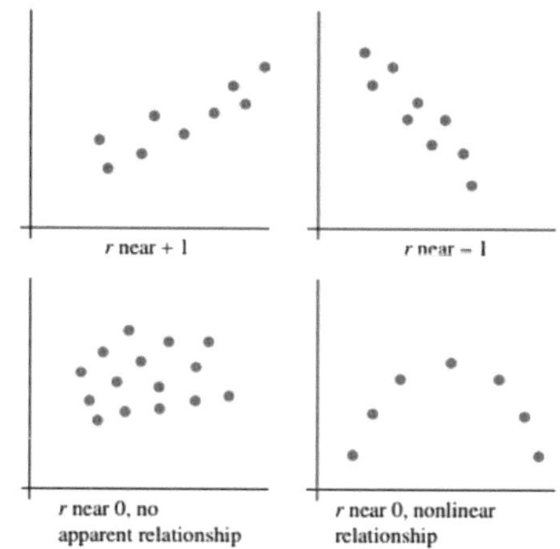

當兩變項有相關存在，並不代表兩者一定存在因果關係，但是當相關程度高的時候，彼此的預測能力也高。

14-2 相關分析-Excel 應用

例題 第 3 組同學身高與體重分述如下：

身高分別是 160, 161, 162, 163, 171, 172, 173, 156, 157, 157；體重分別是 87, 77, 67, 57, 47, 68, 69, 52, 51, 50，請問第 3 組同學身高和體重之間的相關性。

檢定第 3 組同學身高和體重之間的相關性，可利用 Excel 來進行相關。

步驟一 3 組同學身高和體重的資料輸入不同的兩欄。

A	B
身高	體重
160	87
161	77
162	67
163	57
171	47
172	68
173	69
156	52
157	51
157	50

步驟二 選取「資料」、「資料分析」，會出現一個「資料分析」的對話方塊，點選「相關係數」，按「確定」，則會出現一個「相關係數」的對話方塊，如下圖所示。

步驟三　在「相關係數」對話方塊的「輸入範圍」鍵入「$A$1:$B$11」，並勾選「標記(L)」，點選「輸出範圍」，鍵入「$C$1」，最後按「確定」。

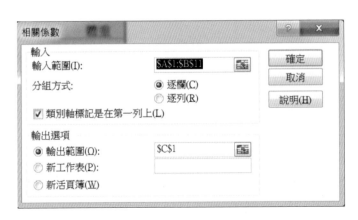

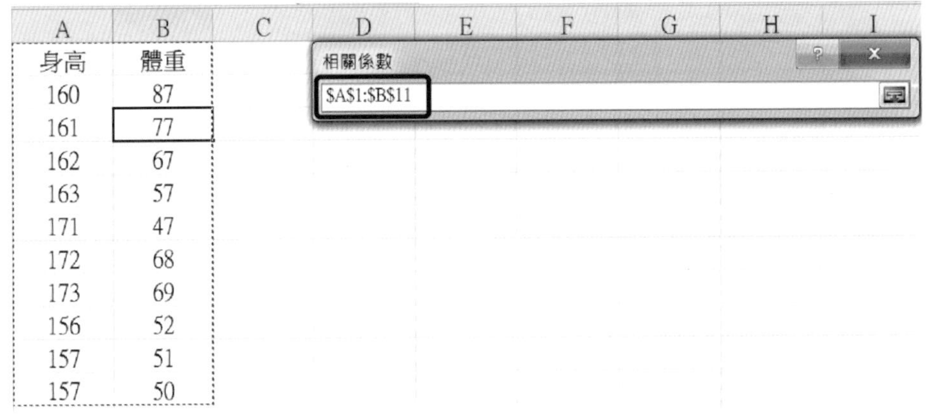

身高	體重
160	87
161	77
162	67
163	57
171	47
172	68
173	69
156	52
157	51
157	50

相關係數
輸入
輸入範圍(I): $A$1:$B$11
分組方式: 逐欄(C) 逐列(R)
☑ 類別軸標記是在第一列上(L)
輸出選項
輸出範圍(O): $C$1
新工作表(P):
新活頁簿(W)
確定
取消
說明(H)

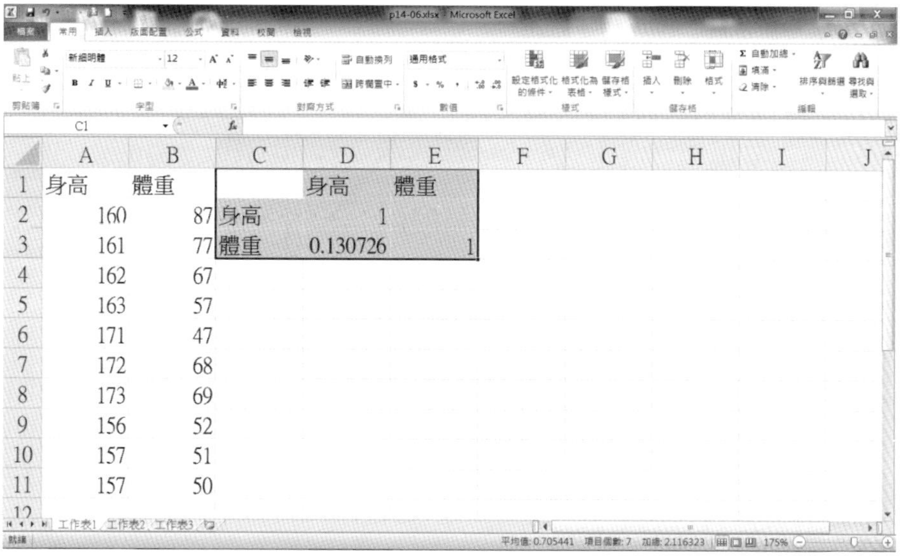

	A	B	C	D	E
1	身高	體重		身高	體重
2	160	87	身高	1	
3	161	77	體重	0.130726	1
4	162	67			
5	163	57			
6	171	47			
7	172	68			
8	173	69			
9	156	52			
10	157	51			
11	157	50			

步驟四　相關係數的檢定統計。

步驟四之一　H_1：$\rho_{XY} \neq 0$。

H_0：$\rho_{XY} = 0$。

步驟四之二　α=0.05 雙尾檢定，由臨界值$\left|t_{(\frac{\alpha}{2},df)}\right|$值或$\frac{\alpha}{2}$值畫拒絕區域。

1. 雙尾檢定，當$\frac{\alpha}{2}=\frac{0.05}{2}=0.025$，df=n-2=8，查 t 表，

   臨界值$\left|t_{(\frac{\alpha}{2},df)}\right|=\left|t_{(0.025,8)}\right| = \pm 3.833$。

	α									
df	**0.25**	**0.20**	**0.15**	**0.10**	**0.05**	**0.025**	**0.02**	**0.01**	**0.005**	**0.0025**
1	1.000	1.376	1.963	3.078	6.314	12.710	15.890	31.820	63.660	127.30
2	0.816	1.061	1.386	1.886	2.920	4.303	4.849	6.965	9.925	14.090
3	0.765	0.978	1.250	1.638	2.353	3.182	3.482	4.541	5.841	7.453
4	0.741	0.941	1.190	1.533	2.132	2.776	2.999	3.747	4.604	5.598
5	0.727	0.920	1.156	1.476	2.015	2.571	2.757	3.365	4.032	4.773
6	0.718	0.906	1.134	1.440	1.943	2.447	2.612	3.143	3.707	4.317
7	0.711	0.896	1.119	1.415	1.895	2.365	2.517	2.998	3.499	4.029
8	0.706	0.889	1.108	1.397	1.860	2.306	2.449	2.896	3.355	3.833

畫拒絕區域。

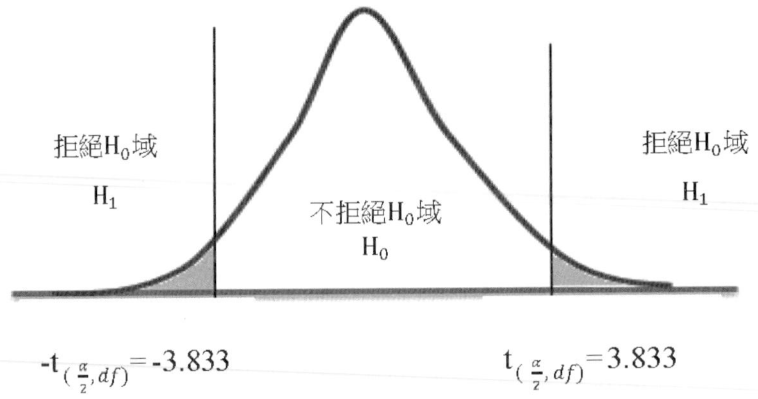

2. 使用軟體運算：

$\frac{\alpha}{2}=\frac{0.05}{2}=0.025$

畫拒絕區域

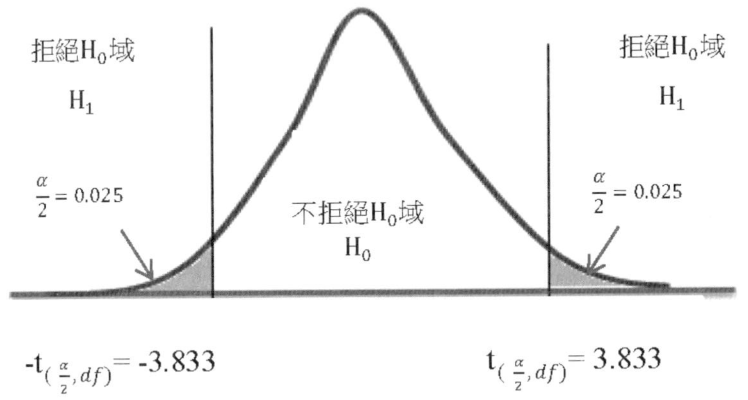

步驟四之三　檢定統計量。

$$t=\frac{r-0}{\sqrt{\frac{(1-r)^2}{n-2}}}$$

$$=\frac{0.116323-0}{\sqrt{\frac{(1-0.116323)^2}{8}}}$$

$$=\frac{0.116323}{\sqrt{\frac{(0.883677)^2}{8}}}$$

$$=\frac{0.116323}{0.312427}=0.37$$

df=n-2

查 t 表，df=8，t = 0.37，

t = 0.37<0.706，

得知 p >0. 25。

	α									
df	***0.25***	***0.20***	***0.15***	***0.10***	***0.05***	***0.025***	***0.02***	***0.01***	***0.005***	***0.0025***
1	1.000	1.376	1.963	3.078	6.314	12.710	15.890	31.820	63.660	127.30
2	0.816	1.061	1.386	1.886	2.920	4.303	4.849	6.965	9.925	14.090
3	0.765	0.978	1.250	1.638	2.353	3.182	3.482	4.541	5.841	7.453
4	0.741	0.941	1.190	1.533	2.132	2.776	2.999	3.747	4.604	5.598
5	0.727	0.920	1.156	1.476	2.015	2.571	2.757	3.365	4.032	4.773
6	0.718	0.906	1.134	1.440	1.943	2.447	2.612	3.143	3.707	4.317
7	0.711	0.896	1.119	1.415	1.895	2.365	2.517	2.998	3.499	4.029
8	0.706	0.889	1.108	1.397	1.860	2.306	2.449	2.896	3.355	3.833

Excel 函數 TDIST 得知 p=0.73。

輸入「0.37」於 A1 欄，輸入「p」於 B1 欄，將游標移置 C1，點「*fx*」選「TDIST」，按確定。在「TDIST」對話方塊中的「X」，輸入「ABS(A1)」。在「TDIST」對話方塊中的「Deg_freedom」，輸入「8」。在「TDIST」對話方塊中的「Tails」，輸入「2」。

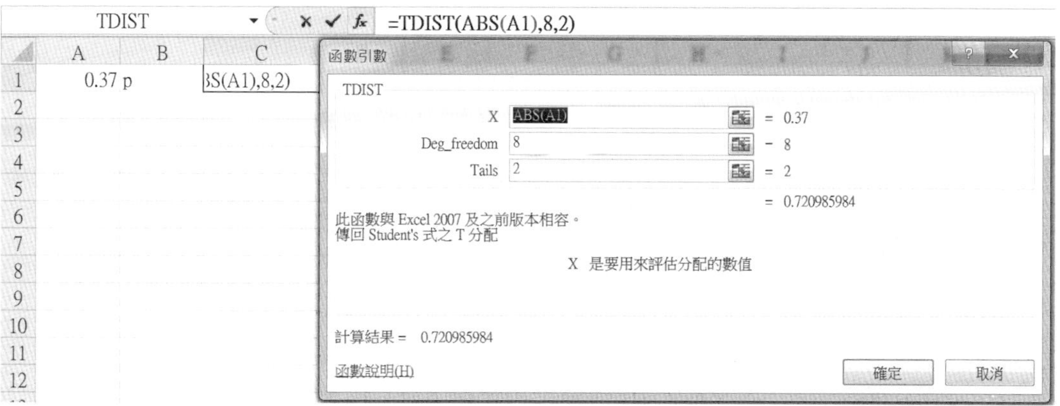

步驟四之四 做決策。

1. 樣本檢定統計量值與臨界值相比較（筆算或計算機運算）：

$$|t| = |0.37| < \left|t_{(\frac{\alpha}{2},\ df)}\right| = \left|t_{(0.025,\ 8)}\right| = |\pm 3.833|$$

2. p 與$\frac{\alpha}{2}$比相比較（使用軟體運算）：

p=0.73>$\frac{\alpha}{2} = \frac{0.05}{2} = 0.025 \rightarrow$ 則不拒絕H_0並且不支持H_1。

結論 t =0.37，自由度=8，$p>0.05$，由顯著水準可知 t 值未達顯著，表示第 3 組同學身高和體重之間無顯著的相關性。

14-3 課後實作

1. 相關分析的敘述何者有誤：(A)目的不在比較，而是分析兩個變項之間線性關係的程度與方向的方法 (B)如果變數間無法區分出所謂的自變項與依變數時，則使用相關分析來探討變項間的線性關係 (C)如果變項是可以區分出所謂的自變項與依變數時的話，則使用線性迴歸分析來探討變項間的線性關係 (D)當兩變項有相關存在，代表兩者一定存在因果關係。

2. 依研究假設中自變項及依變項種類所使用相關係數的敘述何者有誤：(A) Pearson Correlation（皮爾森氏相關係數）用在 x、y 兩個變項均為連續變項 (B)Phi-Correlation (Ψ)用在 x、y 兩個變項均為二元變項（如：是／否、男／女） (C)Point-Biserial 用在一個為連續變項和一個為二元變項 (D) Spearmen Correlation（斯皮爾曼相關係數）用在 x、y 兩個變項均為連續變項。

解答：1.D 2.D

15 迴歸分析

15-1 迴歸分析應用時機

15-1-1 迴歸分析應用時機

迴歸分析(regression analysis)是將研究的變項區分為依變項及自變項，並建立依變項(Y)為自變項(X)之函數模型，其主要目的為檢驗是否可用一些自變項之線性方程式來解釋或表示依變項(Y)，並檢測變項間之關係及關係之強度與方向和進行預測用途，且自變項與依變項必須都是連續變項。自變項通常是依前人的理論所挑選出來的，非隨機抽取。進行迴歸分析時迴歸模式必須符合迴歸分析的基本假設。

1. 誤差 $E(\varepsilon_i)$ 需呈常態，並且必須為獨立的，彼此間毫無相關。
2. 分散性假設(homoscedasticity)是指其變異量應相等。

15-1-2 迴歸分析類型

迴歸分析根據自變項之多寡，可分為以下二種：

1. **簡單線性迴歸模型**(simple linear regression model)：一個自變項(X)與一個依變項(Y)間的真正直線關係，稱之簡單線性迴歸模型。描述：$Y_i = B_0 + B_1 X_i + \varepsilon_i$，$B_0$、$B_1$迴歸係數，$B_0$為截距(intercept)，$B_1$為斜率(slope)，$\varepsilon_i$為隨機誤差(random error)，需呈常態，不同ε_i彼此獨立，彼此間毫無相關，ε_i分配 $N(0, \sigma^2)$。

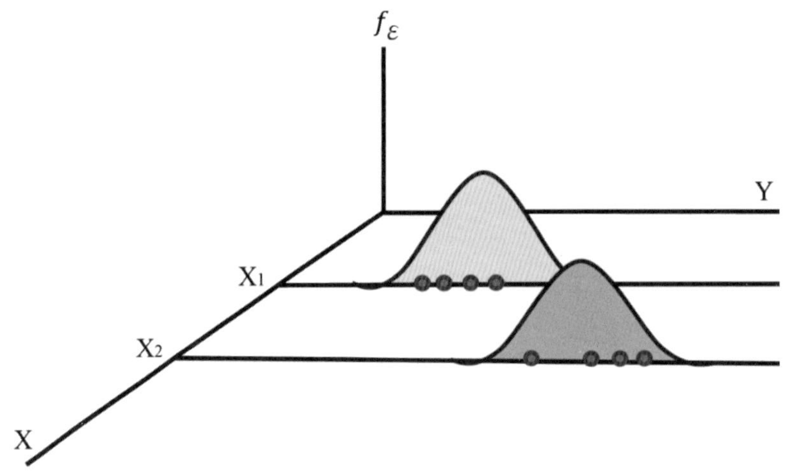

以$\hat{Y}_i$= b_0+b_1X_i來估母體迴歸線，$\hat{Y}_i$為最適配線(fitted regression line)。最常使用最小平方法$\sum(Y_i - \hat{Y})^2$，目的是找到能夠使得$\sum(Y_i - \hat{Y})^2$最小的b_0、b_1，$Y_i - \hat{Y}$為殘差(residual)，以e_i表示。

最小平方法的圖形表達，也就是簡單線性迴歸模型使得：

$\sum e^2 = \varepsilon_1{}^2 + \varepsilon_2{}^2 + \varepsilon_3{}^2 + \varepsilon_4{}^2 + \varepsilon_5{}^2$最小。

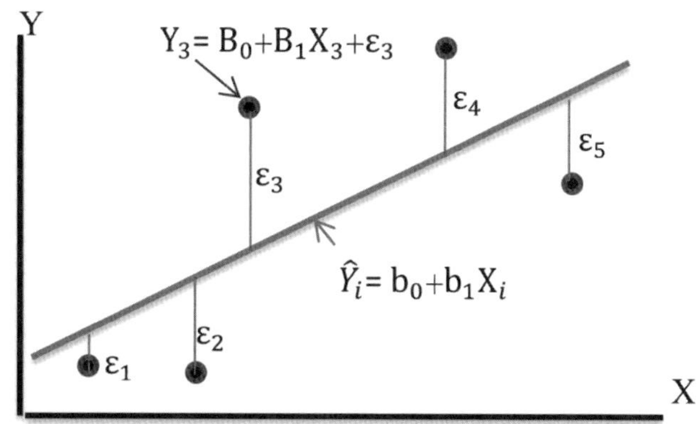

b_0、b_1分別是用來估計B_0、B_1，檢定自變項(X)與依變項(Y)間是否存在直線關係。當只考慮 Y 的變異大小可用平方和$\sum 9\,(Y_i - \bar{Y})^2$描述：

$$\sum(Y_i - \bar{Y})^2 = \sum(Y_i - \hat{Y})^2 + \sum(\hat{Y} - \bar{Y})^2。$$

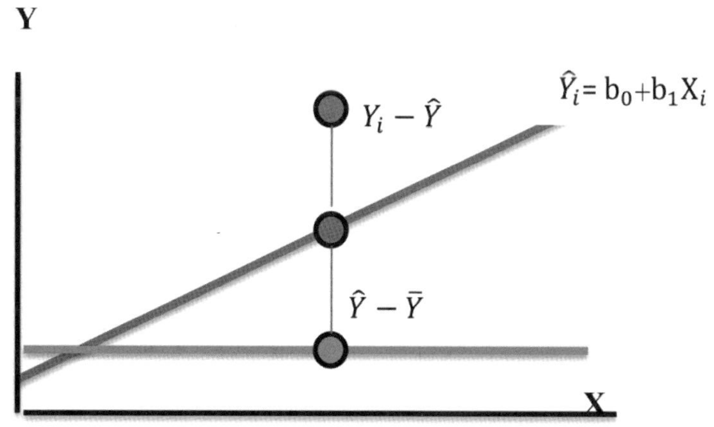

變異數分析表

變異原因	平方和	自由度	均方
迴歸	迴歸平方和(SSR) $=\sum(\hat{Y}-\bar{Y})^2$	1	迴歸均方(MSR) $=\frac{\mathbf{SSR}}{\mathbf{1}}$
誤差	誤差迴歸平方和(SSE) $=\sum(Y_i-\hat{Y})^2$	n-2	誤差均方(MSE) $=\frac{\mathbf{SSE}}{\mathbf{n-2}}$
總計	總平方和(SST) $=\sum(Y_i-\bar{Y})^2$	n-1	

2. 線性複迴歸分析：

用二個或二個以上自變項來解釋一個依變項的迴歸分析，此模型稱之為複迴歸分析(multiple linear regression)。複迴歸模型可為線型亦可為非線型，在此以線型複迴歸(multiple linear regression)為討論的重點。描述：$Y_i= B_0+B_1X_{1i}+B_2X_{2i}+\ldots+B_kX_{ki}+\varepsilon_i$，$B_0$、$B_i$迴歸係數，$B_0$為截距(intercept)，$B_i$為斜率(slope)，$\varepsilon_i$為隨機誤差(random error)，需呈常態，不同ε_i彼此獨立，彼此間毫無相關。

應檢視自變項間是否有多元共線性(multicollinearity)的問題，也就是自變項間是否有高度相關的問題。如果自變項間高度相關的話，會影響到對迴歸係數之假設測定。共線性(collinearity)的統計包括 Tolerance、VIF(variance inflation factor)和 condition index 等。Tolerance 與 VIF 就是互為倒數，變異波動因素(variance inflation factor, VIF)值越高，表示容忍度越小，共線性問題就越嚴重，或變異波動因素值> 10，表示自變項之間有高度線性重合的問題。迴歸模型之值檢定也越能達到顯著，迴歸模型達到顯著表示整個迴歸模型中，至少有一個自變項與依變項之關係達顯著 F。

15-1-3 決定係數

決定係數r^2(coefficient of determination)判定迴歸模型解釋能力，又稱判定係數。

Y 變異量被所有 X 變項同時解釋之比例：

$$r^2 = \frac{\text{解釋到的變異}}{\text{總變異量}}$$

$$= \frac{SSR}{SST}$$

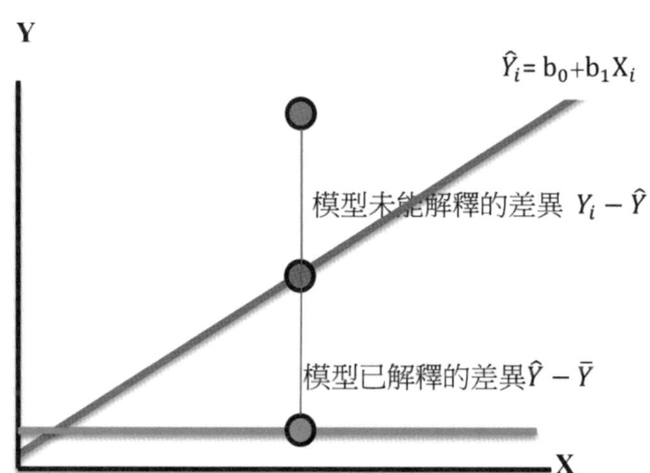

從決定係數r^2可以得知迴歸模型結果之解釋力高或低，介於 0 到 1 間，越接近 1，則迴歸模型之解釋能力越強，越接近 0，則迴歸模型之解釋能力越弱。

決定係數r^2如果越高，表示迴歸模型之解釋力越好，也就是說自變項對依變項之特性解釋力越好，且決定係數r^2越高。

15-2 迴歸分析-Excel 應用

15-2-1 簡單迴歸-Excel 應用

現今的體重是否會受到 1 年前的體重的影響，利用 Excel 來做迴歸分析以瞭解 1 年前的體重(X)和現今的體重(Y)的關係。

步驟一 將 1 年前的體重(X)和現今的體重(Y)資料輸入 AB 兩欄。

1年前體重	現在體重
82	77
78	67
68	73
91	76
64	74
74	79
83	71
68	56
57	55
64	56
90	91
58	59
80	50
86	74
99	77

步驟二 選取「資料」、「資料分析」，會出現一個「資料分析」的對話方塊，再點選「迴歸」，並按「確定」，如下圖所示。

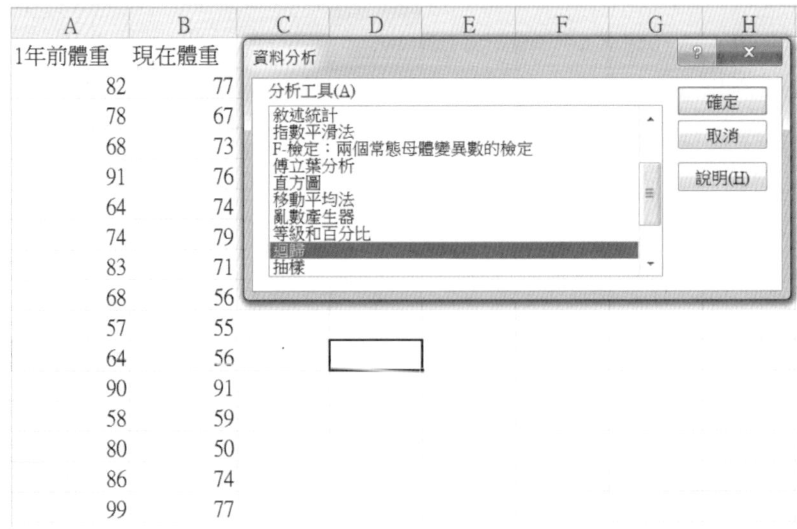

步驟三 「迴歸」對話方塊的「輸入 Y 的範圍」鍵入「$B$1:$B$16」,「輸入 *X* 的範圍」鍵入「$A$1:$A$16」,並勾選「標記 (L)」和「信賴度(O)」,此時信賴水準為 95%,點選「輸出範圍」,鍵入「$C$1」,最後按「確定」,則出現圖的結果。

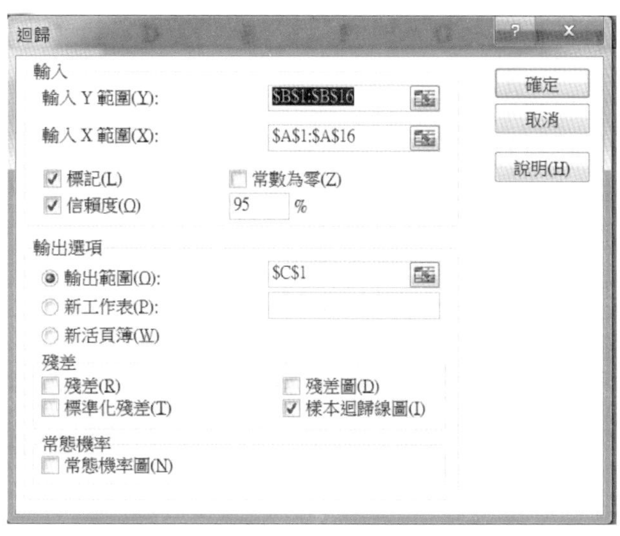

由此可知,1 年前的體重(X)和現今的體重(Y)的簡單迴歸關係為「Y=27.80+0.54X」,且 1 年前的體重(X)的估計係數為正,具有 95% 的信賴水準,表示當 1 年前的體重愈重,現今的體重成績也愈重。

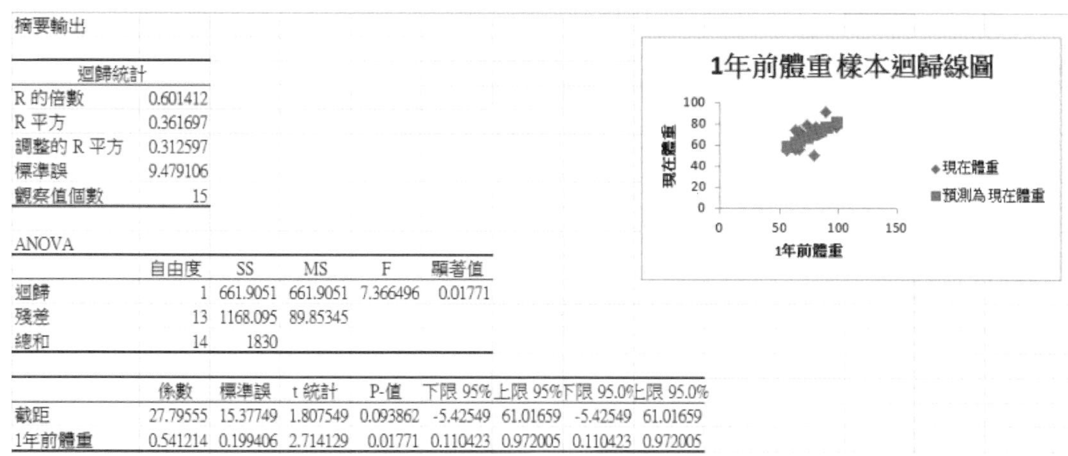

摘要輸出

迴歸統計	
R 的倍數	0.601412
R 平方	0.361697
調整的 R 平方	0.312597
標準誤	9.479106
觀察值個數	15

ANOVA

	自由度	SS	MS	F	顯著值
迴歸	1	661.9051	661.9051	7.366496	0.01771
殘差	13	1168.095	89.85345		
總和	14	1830			

	係數	標準誤	t 統計	P-值	下限 95%	上限 95%	下限 95.0%	上限 95.0%
截距	27.79555	15.37749	1.807549	0.093862	-5.42549	61.01659	-5.42549	61.01659
1年前體重	0.541214	0.199406	2.714129	0.01771	0.110423	0.972005	0.110423	0.972005

15-2-2 複迴歸-Excel 應用

利用 Excel 來瞭解 1 年前的體重(X_1)、運動習慣(X_2)和現今的體重(Y)的關係，此稱為複迴歸分析。

步驟一 資料輸入新的工作表如下圖所示。

運動習慣	1年前體重	現在體重	運動習慣
無運動	78	67	0
有運動	68	73	1
有運動	68	56	1
無運動	64	74	0
無運動	74	79	0
有運動	83	71	1
無運動	82	77	0
有運動	57	55	1
無運動	64	56	0
有運動	90	91	
無運動	58	59	
有運動	80	50	
無運動	86	74	0
無運動	99	77	0
有運動	91	76	1

步驟二 在欄位 A 和 B 之間「插入」空白欄，再根據運動習慣（因運動習慣是類別資料），無運動編碼 0，有運動編碼 1，如下圖。

運動習慣	運動習慣	1年前體重	現在體重
無運動	0	78	67
有運動	1	68	73
有運動	1	68	56
無運動	0	64	74
無運動	0	74	79
有運動	1	83	71
無運動	0	82	77
有運動	1	57	55
無運動	0	64	56
有運動	1	90	91
無運動	0	58	59
有運動	1	80	50
無運動	0	86	74
無運動	0	99	77
有運動	1	91	76

步驟三 選取「資料」、「資料分析」，會出現一個「資料分析」的對話方塊，再點選「迴歸」，並按下「確定」。

步驟四 在「迴歸」對話方塊的「輸入 Y 的範圍」鍵入「$D$1:$D$16」，「輸入 X 的範圍」鍵入「$B$1:$C$16」，並勾選「標記(L)」和「信賴度(O)」，此時信賴水準為 95%，點選「輸出範圍」，鍵入「$E$1」，最後按「確定」。

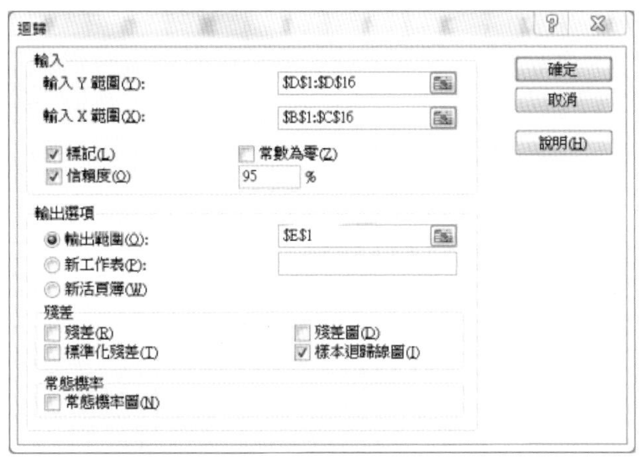

由此可知，1 年前的體重(X_1)、運動習慣(X_2)和現在體重(Y)的複迴歸關係為「$Y = 28.96+0.55X_1-3.54X_2$」，且 1 年前的體重($X_1$)的估計係數為正，具有 95%的信賴水準，表示當 1 年前的體重愈重，現在體重也愈重；而運動習慣(X_2)估計係數為負，但不具顯著性，亦即運動習慣不會影響現在體重。

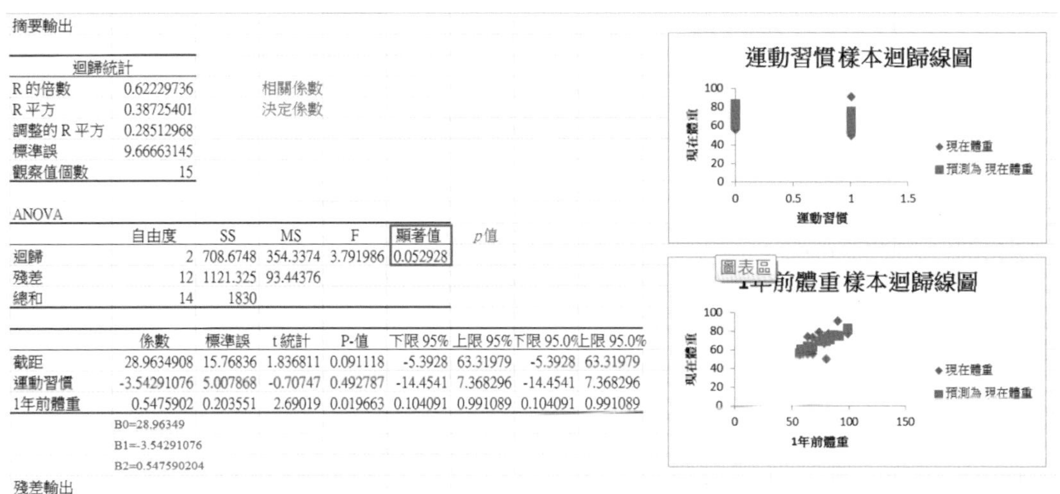
摘要輸出

迴歸統計		
R 的倍數	0.62229736	相關係數
R 平方	0.38725401	決定係數
調整的 R 平方	0.28512968	
標準誤	9.66663145	
觀察值個數	15	

ANOVA

	自由度	SS	MS	F	顯著值	
						p值
迴歸	2	708.6748	354.3374	3.791986	0.052928	
殘差	12	1121.325	93.44376			
總和	14	1830				

	係數	標準誤	t 統計	P-值	下限 95%	上限 95%	下限 95.0%	上限 95.0%
截距	28.9634908	15.76836	1.836811	0.091118	-5.3928	63.31979	-5.3928	63.31979
運動習慣	-3.54291076	5.007868	-0.70747	0.492787	-14.4541	7.368296	-14.4541	7.368296
1年前體重	0.5475902	0.203551	2.69019	0.019663	0.104091	0.991089	0.104091	0.991089

B0=28.96349

B1=-3.54291076

B2=0.547590204

殘差輸出

15-2-3 檢視線性複迴歸分析之結果的步驟

先檢視整體模式之適合度(goodness of fit)，這是看迴歸分析結果 ANOVA 表中的 F test 是否達到顯著。如果是可說此模式在母群體之 r^2 不是 0，或至少有一個自變項對應變項有解釋力。

ANOVA

	自由度	SS	MS	F	顯著值
迴歸	2	708.6748	354.3374	3.791986	0.052928
殘差	12	1121.325	93.44376		
總和	14	1830			

*p*值

r^2的意義是所有自變項解釋了多少比例之應變項的變異量。

迴歸統計		
R的倍數	0.62229736	相關係數
R的平方	0.38725401	決定係數
調整的R平方	0.28512968	
標準誤	9.66663145	
觀察值個數	15	

下一步是逐一檢視各自變項之斜率(slope)，也就是迴歸係數是否達到顯著（即測定其是否為 0 之虛無假設)。這是要看每一自變項迴歸係數的 *t*-test 及 *p* 值（通常應至少小於 0.05)。

	係數	標準誤	t統計	P-值
截距	28.9634908	15.7684	1.83681	0.09112
運動習慣	-3.54291076	5.00787	-0.70747	0.49279
1年前體重	0.5475902	0.20355	2.69019	0.01966

如果某一自變項之係數達顯著水準的話，則其意義是在控制其他自變項的情況下，此一自變項對依變項之獨特影響力。另一說法是，自變項每增加一個測量時用的單位，會改變多少依變項測量時之單位。可代入此自變項一個數值，然後計算在此數值和 B(unstandardized coefficient)乘積，這乘積就是此自變項在此數值時，依變項的數值有多大。

如果要知道哪一個自變項對應變項之**獨特影響力比較大**，則是要看 Beta (standardized coefficient)。

	係數
截距	28.9634908
運動習慣	-3.54291076
1年前體重	0.5475902

15-3 課後實作

1. 迴歸分析(regression analysis)的敘述何者有誤：(A)迴歸分析是將研究的變項區分為依變項及自變項，並建立依變項(Y)為自變項(X)之函數模型　(B)迴歸分析是檢測變項間之關係及關係之強度與方向和進行預測用途，且自變項與依變項必須都是不連續變項　(C)自變項通常是依前人的理論所挑選出來的，非隨機抽取　(D)進行迴歸分析時迴歸模式必須符合迴歸分析的基本假設，誤差需呈常態 $E(\varepsilon_i)=0$，並且必須為獨立的，彼此間毫無相關。

解答：1.B

MEMO

16 峰度與偏態

16-1　峰度

16-2　偏態系數

16-3　偏態與峰度-Excel 應用

16-4　課後實作

Biostatistics

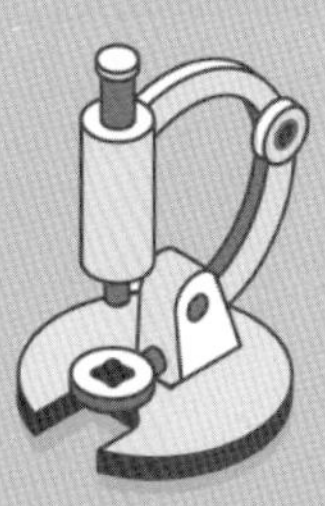

16-1 峰度

自然界的許多特質之分配狀態都是呈常態分配，常態分配之偏態係數(Skewness)為 0，峰度係數(Kurtosis)為 0。但非常態分配可以利用峰度與偏態二個指標來加以描述。

峰度係數(Kurtosis)公式如下：

$$\text{Kurtosis} = \frac{\sum(X_i - \overline{X})^4 / N}{(S^2)^2} = \frac{\sum(X_i - \overline{X})^4}{NS^4} = \frac{\sum Z^4}{N} = \overline{Z^4}$$

（s 是標準差，n 是樣本）

量測資料分布形狀峰度有多高的指標稱為峰度係數。如下圖所示，峰度係數 K>0 稱為高峻峰，峰度係數 K=0 稱為常態峰，峰度係數 K<0 稱為低闊峰。

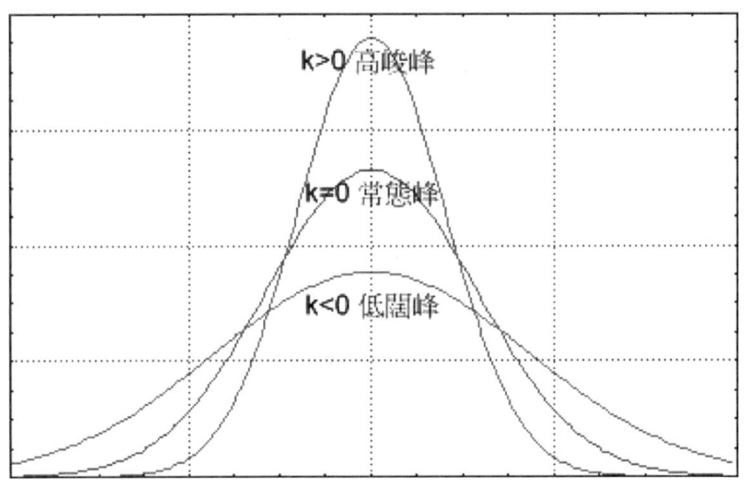

圖 16-1　三種不同的峰度

16-2 偏態係數

偏態係數(Skewness)公式如下：

$$\text{Skewness} = \frac{\sum(X_i - \overline{X})^3 / N}{S^2 \times S} = \frac{\sum(X_i - \overline{X})^3}{NS^3} = \frac{\sum Z^3}{N} = \overline{Z^3}$$

量測一組資料對稱與否的指標稱為偏態係數。圖形是對稱，則偏態係數 SK=0。圖形是右偏（正偏），表示有少數幾筆資料很大，故平均數>中位數，所以偏態係數 SK>0。圖形是左偏（負偏），表示有少數幾筆資料很小，故平均數<中位數，所以偏態係數 SK<0。

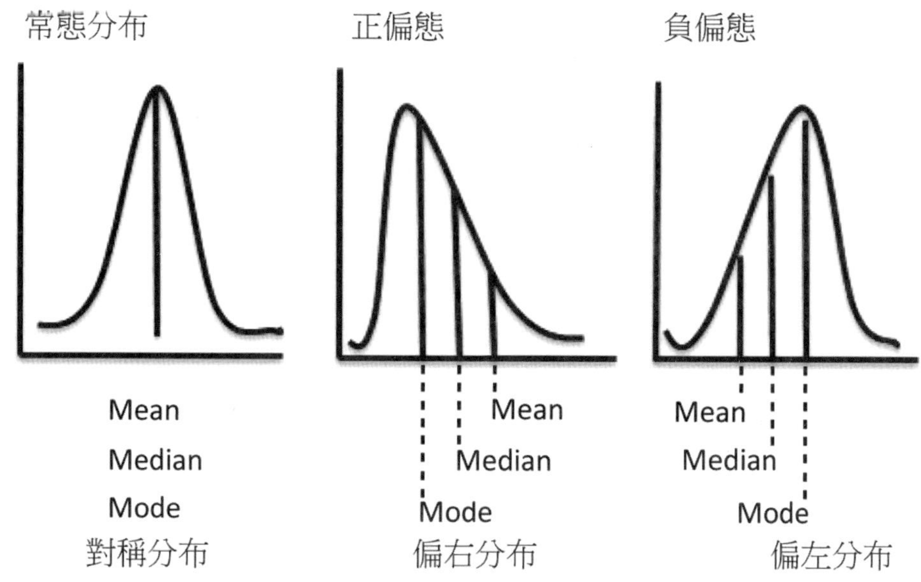

眾數=中位數=平均數　　眾數<中位數<平均數　　平均數<中位數< 眾數

16-3 偏態與峰度- Excel 應用

例題 下列資料的峰態：1, 5, 6, 6, 6, 8, 9, 10, 12。

步驟一 在 A1-A9 欄位分別輸入 1, 5, 6, 6, 6, 8, 9,10,12。

步驟二 點「*fx*」選「KURT」，按確定。

插入函數
搜尋函數(S):
請鍵入簡短描述來說明您要做的事，然後按一下 [開始]　開始(G)
或選取類別(C): 全部
選取函數(N):
ISNUMBER
ISODD
ISPMT
ISREF
ISTEXT
KURT

步驟三　在「KURT」對話方塊中的「Number 1」，按「 」輸入「A1：A9」，按「 」，得知峰態「0.624458231」。

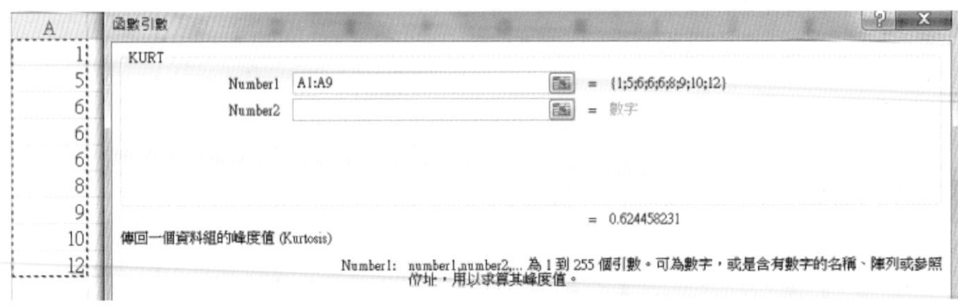

例題　下列資料的偏態：1, 5, 6, 6, 6, 8, 9, 10, 12。

步驟一　在 A1-A9 欄位分別輸入 1, 5, 6, 6, 6, 8, 9,10,12。

步驟二　點「*fx*」選「SKEW」，按確定。

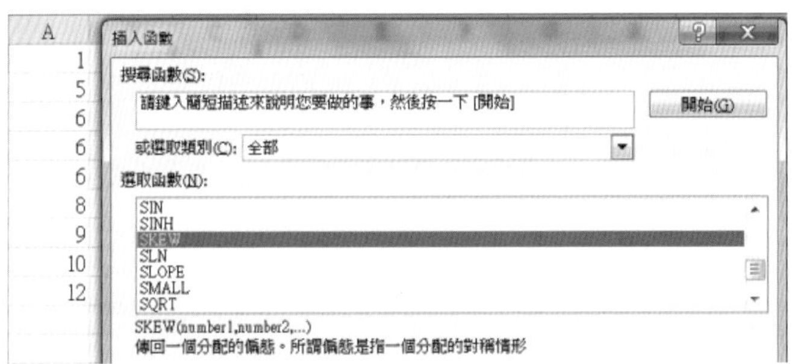

步驟三　在「SKEW」對話方塊中的「Number 1」，按「 」輸入「A1：A9」，按「 」，得知偏態「-0.323230713」。

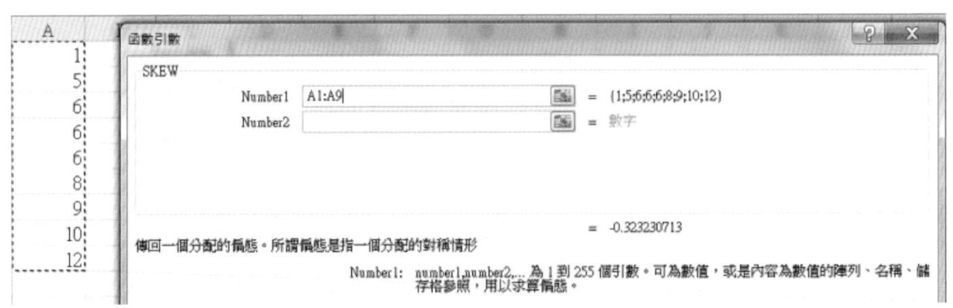

16-4 課後實作

1. 下列資料的峰度與偏態：1, 5, 6, 6, 6, 8, 9, 10, 12, 5, 6, 6, 6, 8, 9, 10, 16, 6, 6, 6, 8, 9, 10, 15。

2. 有關峰度的敘述何者有誤：(A)常態分配之峰度係數(Kurtosis)為0 (B)量測資料分布形狀峰度有多高的指標稱為峰度係數 (C)峰度係數K>0稱為高峻峰 (D)峰度係數K=0稱為低闊峰。

3. 有關偏態的敘述何者有誤：(A)常態分配之偏態係數(Skewness)為 0 (B)量測一組資料對稱與否的指標稱為偏態係數 (C)圖形是對稱，則偏態係數 SK=0 (D)（正偏）右偏，表示有少數幾筆資料很大，故平均數<中位數，所以偏態係數 SK>0。

解答：2.D 3.D

附錄一 Z 表（右尾機率）

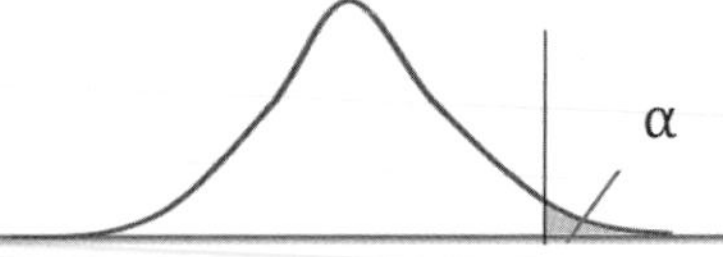

Z	右尾機率	Z	右尾機率	Z	右尾機率	Z	右尾機率	Z	右尾機率	Z	右尾機率
0	0.5000	0.5	0.3085	1	0.1587	1.5	0.0668	2	0.0228	2.5	0.0062
0.01	0.4960	0.51	0.3050	1.01	0.1563	1.51	0.0655	2.01	0.0222	2.51	0.0060
0.02	0.4920	0.52	0.3015	1.02	0.1539	1.52	0.0643	2.02	0.0217	2.52	0.0059
0.03	0.4880	0.53	0.2981	1.03	0.1515	1.53	0.0630	2.03	0.0212	2.53	0.0057
0.04	0.4841	0.54	0.2946	1.04	0.1492	1.54	0.0618	2.04	0.0207	2.54	0.0055
0.05	0.4801	0.55	0.2912	1.05	0.1469	1.55	0.0606	2.05	0.0202	2.55	0.0054
0.06	0.4761	0.56	0.2877	1.06	0.1446	1.56	0.0594	2.06	0.0197	2.56	0.0052
0.07	0.4721	0.57	0.2843	1.07	0.1423	1.57	0.0582	2.07	0.0192	2.57	0.0051
0.08	0.4681	0.58	0.2810	1.08	0.1401	1.58	0.0571	2.08	0.0188	2.58	0.0049
0.09	0.4641	0.59	0.2776	1.09	0.1379	1.59	0.0559	2.09	0.0183	2.59	0.0048
0.1	0.4602	0.6	0.2743	1.1	0.1357	1.6	0.0548	2.1	0.0179	2.6	0.0047
0.11	0.4562	0.61	0.2709	1.11	0.1335	1.61	0.0537	2.11	0.0174	2.61	0.0045
0.12	0.4522	0.62	0.2676	1.12	0.1314	1.62	0.0526	2.12	0.0170	2.62	0.0044
0.13	0.4483	0.63	0.2644	1.13	0.1292	1.63	0.0516	2.13	0.0166	2.63	0.0043
0.14	0.4443	0.64	0.2611	1.14	0.1271	1.64	0.0505	2.14	0.0162	2.64	0.0041
0.15	0.4404	0.65	0.2579	1.15	0.1251	1.65	0.0495	2.15	0.0158	2.65	0.0040
0.16	0.4364	0.66	0.2546	1.16	0.1230	1.66	0.0485	2.16	0.0154	2.66	0.0039
0.17	0.4325	0.67	0.2514	1.17	0.1210	1.67	0.0475	2.17	0.0150	2.67	0.0038
0.18	0.4286	0.68	0.2483	1.18	0.1190	1.68	0.0465	2.18	0.0146	2.68	0.0037
0.19	0.4247	0.69	0.2451	1.19	0.1170	1.69	0.0455	2.19	0.0143	2.69	0.0036
0.2	0.4207	0.7	0.2420	1.2	0.1151	1.7	0.0446	2.20	0.0139	2.7	0.0035
0.21	0.4168	0.71	0.2389	1.21	0.1131	1.71	0.0436	2.21	0.0136	2.71	0.0034
0.22	0.4129	0.72	0.2358	1.22	0.1112	1.72	0.0427	2.22	0.0132	2.72	0.0033
0.23	0.4091	0.73	0.2327	1.23	0.1094	1.73	0.0418	2.23	0.0129	2.73	0.0032
0.24	0.4052	0.74	0.2297	1.24	0.1075	1.74	0.0409	2.24	0.0125	2.74	0.0031
0.25	0.4013	0.75	0.2266	1.25	0.1057	1.75	0.0401	2.25	0.0122	2.75	0.0030
0.26	0.3974	0.76	0.2236	1.26	0.1038	1.76	0.0392	2.26	0.0119	2.76	0.0029
0.27	0.3936	0.77	0.2207	1.27	0.1020	1.77	0.0384	2.27	0.0116	2.77	0.0028
0.28	0.3897	0.78	0.2177	1.28	0.1003	1.78	0.0375	2.28	0.0113	2.78	0.0027
0.29	0.3859	0.79	0.2148	1.29	0.0985	1.79	0.0367	2.29	0.0110	2.79	0.0026
0.3	0.3821	0.8	0.2119	1.3	0.0968	1.8	0.0359	2.3	0.0107	2.8	0.0026
0.31	0.3783	0.81	0.2090	1.31	0.0951	1.81	0.0351	2.31	0.0104	2.81	0.0025
0.32	0.3745	0.82	0.2061	1.32	0.0934	1.82	0.0344	2.32	0.0102	2.82	0.0024
0.33	0.3707	0.83	0.2033	1.33	0.0918	1.83	0.0336	2.33	0.0099	2.83	0.0023
0.34	0.3669	0.84	0.2005	1.34	0.0901	1.84	0.0329	2.34	0.0096	2.84	0.0023
0.35	0.3632	0.85	0.1977	1.35	0.0885	1.85	0.0322	2.35	0.0094	2.85	0.0022
0.36	0.3594	0.86	0.1949	1.36	0.0869	1.86	0.0314	2.36	0.0091	2.86	0.0021
0.37	0.3557	0.87	0.1922	1.37	0.0853	1.87	0.0307	2.37	0.0089	2.87	0.0021
0.38	0.3520	0.88	0.1894	1.38	0.0838	1.88	0.0301	2.38	0.0087	2.88	0.0020
0.39	0.3483	0.89	0.1867	1.39	0.0823	1.89	0.0294	2.39	0.0084	2.89	0.0019
0.4	0.3446	0.9	0.1841	1.4	0.0808	1.9	0.0287	2.4	0.0082	2.9	0.0019
0.41	0.3409	0.91	0.1814	1.41	0.0793	1.91	0.0281	2.41	0.0080	2.91	0.0018
0.42	0.3372	0.92	0.1788	1.42	0.0778	1.92	0.0274	2.42	0.0078	2.92	0.0018
0.43	0.3336	0.93	0.1762	1.43	0.0764	1.93	0.0268	2.43	0.0075	2.93	0.0017
0.44	0.3300	0.94	0.1736	1.44	0.0749	1.94	0.0262	2.44	0.0073	2.94	0.0016
0.45	0.3264	0.95	0.1711	1.45	0.0735	1.95	0.0256	2.45	0.0071	2.95	0.0016
0.46	0.3228	0.96	0.1685	1.46	0.0722	1.96	0.0250	2.46	0.0069	2.96	0.0015
0.47	0.3192	0.97	0.1660	1.47	0.0708	1.97	0.0244	2.47	0.0068	2.97	0.0015
0.48	0.3156	0.98	0.1635	1.48	0.0694	1.98	0.0239	2.48	0.0066	2.98	0.0014
0.49	0.3121	0.99	0.1611	1.49	0.0681	1.99	0.0233	2.49	0.0064	2.99	0.0014

附錄二 *t* 表

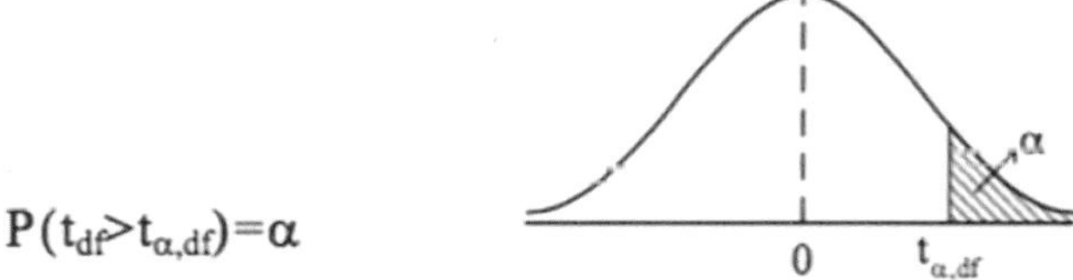

df	α 0.25	0.20	0.15	0.10	0.05	0.025	0.02	0.01	0.005	0.0025	0.001	0.0005
1	1.000	1.376	1.963	3.078	6.314	12.710	15.890	31.820	63.660	127.30	318.30	636.60
2	0.816	1.061	1.386	1.886	2.920	4.303	4.849	6.965	9.925	14.090	22.330	31.600
3	0.765	0.978	1.250	1.638	2.353	3.182	3.482	4.541	5.841	7.453	10.210	12.920
4	0.741	0.941	1.190	1.533	2.132	2.776	2.999	3.747	4.604	5.598	7.173	8.610
5	0.727	0.920	1.156	1.476	2.015	2.571	2.757	3.365	4.032	4.773	5.893	6.869
6	0.718	0.906	1.134	1.440	1.943	2.447	2.612	3.143	3.707	4.317	5.208	5.959
7	0.711	0.896	1.119	1.415	1.895	2.365	2.517	2.998	3.499	4.029	4.785	5.408
8	0.706	0.889	1.108	1.397	1.860	2.306	2.449	2.896	3.355	3.833	4.501	5.041
9	0.703	0.883	1.100	1.383	1.833	2.262	2.398	2.821	3.250	3.690	4.297	4.781
10	0.700	0.879	1.093	1.372	1.812	2.228	2.359	2.764	3.169	3.581	4.144	4.587
11	0.697	0.876	1.088	1.363	1.796	2.201	2.328	2.718	3.106	3.497	4.025	4.437
12	0.695	0.873	1.083	1.356	1.782	2.179	2.303	2.681	3.055	3.428	3.930	4.318
13	0.694	0.870	1.079	1.350	1.771	2.160	2.282	2.650	3.012	3.372	3.852	4.221
14	0.692	0.868	1.076	1.345	1.761	2.145	2.264	2.624	2.977	3.326	3.787	4.140
15	0.691	0.866	1.074	1.341	1.753	2.131	2.249	2.602	2.947	3.286	3.733	4.073
16	0.690	0.865	1.071	1.337	1.746	2.120	2.235	2.583	2.921	3.252	3.686	4.015
17	0.689	0.863	1.069	1.333	1.740	2.110	2.224	2.567	2.898	3.222	3.646	3.965
18	0.688	0.862	1.067	1.330	1.734	2.101	2.214	2.552	2.878	3.197	3.611	3.922
19	0.688	0.861	1.066	1.328	1.729	2.093	2.205	2.539	2.861	3.174	3.579	3.883
20	0.687	0.860	1.064	1.325	1.725	2.086	2.197	2.528	2.845	3.153	3.552	3.850
21	0.686	0.859	1.063	1.323	1.721	2.080	2.189	2.518	2.831	3.135	3.527	3.819
22	0.686	0.858	1.061	1.321	1.717	2.074	2.183	2.508	2.819	3.119	3.505	3.792
23	0.685	0.858	1.060	1.319	1.714	2.069	2.177	2.500	2.807	3.104	3.485	3.768
24	0.685	0.857	1.059	1.318	1.711	2.064	2.172	2.492	2.797	3.091	3.467	3.745
25	0.684	0.856	1.058	1.316	1.708	2.060	2.167	2.485	2.787	3.078	3.450	3.725
26	0.684	0.856	1.058	1.315	1.706	2.056	2.162	2.479	2.779	3.067	3.435	3.707
27	0.684	0.855	1.057	1.314	1.703	2.052	2.158	2.473	2.771	3.057	3.421	3.690
28	0.683	0.855	1.056	1.313	1.701	2.048	2.154	2.467	2.763	3.047	3.408	3.674
29	0.683	0.854	1.055	1.311	1.699	2.045	2.150	2.462	2.756	3.038	3.396	3.659
30	0.683	0.854	1.055	1.310	1.697	2.042	2.147	2.457	2.750	3.030	3.385	3.646
40	0.681	0.851	1.050	1.303	1.684	2.021	2.123	2.423	2.704	2.971	3.307	3.551
50	0.679	0.849	1.047	1.299	1.676	2.009	2.109	2.403	2.678	2.937	3.261	3.496
60	0.679	0.848	1.045	1.296	1.671	2.000	2.099	2.390	2.660	2.915	3.232	3.460
80	0.678	0.846	1.043	1.292	1.664	1.990	2.088	2.374	2.639	2.887	3.195	3.416
100	0.677	0.845	1.042	1.290	1.660	1.984	2.081	2.364	2.626	2.871	3.174	3.390
1000	0.675	0.842	1.037	1.282	1.646	1.962	2.056	2.330	2.581	2.813	3.098	3.300
z	0.674	0.841	1.036	1.282	1.645	1.960	2.054	2.326	2.576	2.807	3.091	3.291

附錄三 卡方表

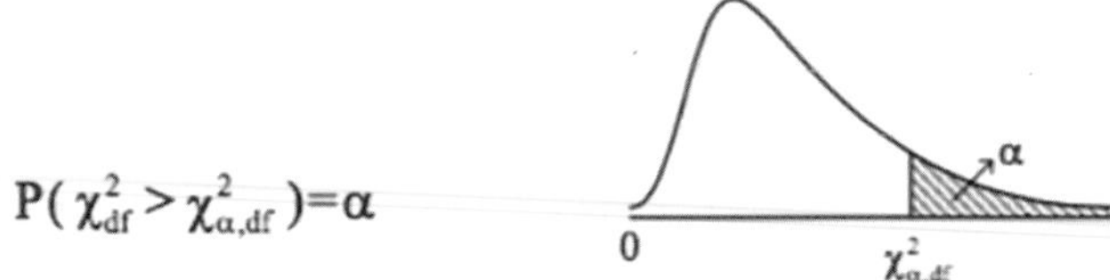

	α									
df	***0.995***	***0.990***	***0.975***	***0.950***	***0.900***	***0.100***	***0.050***	***0.025***	***0.010***	***0.005***
1	0.000	0.000	0.001	0.004	0.016	2.706	3.841	5.024	6.635	7.879
2	0.010	0.020	0.051	0.103	0.211	4.605	5.991	7.378	9.210	10.597
3	0.072	0.115	0.216	0.352	0.584	6.251	7.815	9.348	11.345	12.838
4	0.207	0.297	0.484	0.711	1.064	7.779	9.488	11.143	13.277	14.860
5	0.412	0.554	0.831	1.145	1.610	9.236	11.070	12.833	15.086	16.750
6	0.676	0.872	1.237	1.635	2.204	10.645	12.592	14.449	16.812	18.548
7	0.989	1.239	1.690	2.167	2.833	12.017	14.067	16.013	18.475	20.278
8	1.344	1.646	2.180	2.733	3.490	13.362	15.507	17.535	20.090	21.955
9	1.735	2.088	2.700	3.325	4.168	14.684	16.919	19.023	21.666	23.589
10	2.156	2.558	3.247	3.940	4.865	15.987	18.307	20.483	23.209	25.188
11	2.603	3.053	3.816	4.575	5.578	17.275	19.675	21.920	24.725	26.757
12	3.074	3.571	4.404	5.226	6.304	18.549	21.026	23.337	26.217	28.300
13	3.565	4.107	5.009	5.892	7.042	19.812	22.362	24.736	27.688	29.819
14	4.075	4.660	5.629	6.571	7.790	21.064	23.685	26.119	29.141	31.319
15	4.601	5.229	6.262	7.261	8.547	22.307	24.996	27.488	30.578	32.801
16	5.142	5.812	6.908	7.962	9.312	23.542	26.296	28.845	32.000	34.267
17	5.697	6.408	7.564	8.672	10.085	24.769	27.587	30.191	33.409	35.718
18	6.265	7.015	8.231	9.390	10.865	25.989	28.869	31.526	34.805	37.156
19	6.844	7.633	8.907	10.117	11.651	27.204	30.144	32.852	36.191	38.582
20	7.434	8.260	9.591	10.851	12.443	28.412	31.410	34.170	37.566	39.997
21	8.034	8.897	10.283	11.591	13.240	29.615	32.671	35.479	38.932	41.401
22	8.643	9.542	10.982	12.338	14.041	30.813	33.924	36.781	40.289	42.796
23	9.260	10.196	11.689	13.091	14.848	32.007	35.172	38.076	41.638	44.181
24	9.886	10.856	12.401	13.848	15.659	33.196	36.415	39.364	42.980	45.559
25	10.520	11.524	13.120	14.611	16.473	34.382	37.652	40.646	44.314	46.928
26	11.160	12.198	13.844	15.379	17.292	35.563	38.885	41.923	45.642	48.290
27	11.808	12.879	14.573	16.151	18.114	36.741	40.113	43.195	46.963	49.645
28	12.461	13.565	15.308	16.928	18.939	37.916	41.337	44.461	48.278	50.993
29	13.121	14.256	16.047	17.708	19.768	39.087	42.557	45.722	49.588	52.336
30	13.787	14.953	16.791	18.493	20.599	40.256	43.773	46.979	50.892	53.672
40	20.707	22.164	24.433	26.509	29.051	51.805	55.758	59.342	63.691	66.766
50	27.991	29.707	32.357	34.764	37.689	63.167	67.505	71.420	76.154	79.490
60	35.534	37.485	40.482	43.188	46.459	74.397	79.082	83.298	88.379	91.952
70	43.275	45.442	48.758	51.739	55.329	85.527	90.531	95.023	100.425	104.215
80	51.172	53.540	57.153	60.391	64.278	96.578	101.879	106.629	112.329	116.321
90	59.196	61.754	65.647	69.126	73.291	107.565	113.145	118.136	124.116	128.299
100	67.328	70.065	74.222	77.929	82.358	118.498	124.342	129.561	135.807	140.169

附錄四 F 分配表

一、F 分配表（右尾面積 0.025）

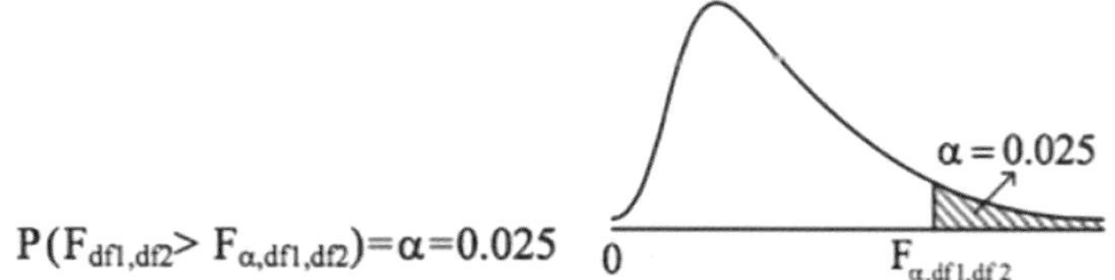

	df_1 分子自由度																		
df_2	1	2	3	4	5	6	7	8	9	10	12	15	20	24	30	40	60	120	∞
1	647.8	799.5	864.2	899.6	921.8	937.1	948.2	956.7	963.3	968.6	976.7	984.9	993.1	997.2	1001.4	1005.6	1009.8	1014.0	1018.3
2	38.51	39.00	39.17	39.25	39.30	39.33	39.36	39.37	39.39	39.40	39.41	39.43	39.45	39.46	39.47	39.47	39.48	39.49	39.50
3	17.44	16.04	15.44	15.10	14.88	14.73	14.62	14.54	14.47	14.42	14.34	14.25	14.17	14.12	14.08	14.04	13.99	13.95	13.90
4	12.22	10.65	9.98	9.60	9.36	9.20	9.07	8.98	8.90	8.84	8.75	8.66	8.56	8.51	8.46	8.41	8.36	8.31	8.26
5	10.01	8.43	7.76	7.39	7.15	6.98	6.85	6.76	6.68	6.62	6.52	6.43	6.33	6.28	6.23	6.18	6.12	6.07	6.02
6	8.81	7.26	6.60	6.23	5.99	5.82	5.70	5.60	5.52	5.46	5.37	5.27	5.17	5.12	5.07	5.01	4.96	4.90	4.85
7	8.07	6.54	5.89	5.52	5.29	5.12	4.99	4.90	4.82	4.76	4.67	4.57	4.47	4.42	4.36	4.31	4.25	4.20	4.14
8	7.57	6.06	5.42	5.05	4.82	4.65	4.53	4.43	4.36	4.30	4.20	4.10	4.00	3.95	3.89	3.84	3.78	3.73	3.67
9	7.21	5.71	5.08	4.72	4.48	4.32	4.20	4.10	4.03	3.96	3.87	3.77	3.67	3.61	3.56	3.51	3.45	3.39	3.33
10	6.94	5.46	4.83	4.47	4.24	4.07	3.95	3.85	3.78	3.72	3.62	3.52	3.42	3.37	3.31	3.26	3.20	3.14	3.08
11	6.72	5.26	4.63	4.28	4.04	3.88	3.76	3.66	3.59	3.53	3.43	3.33	3.23	3.17	3.12	3.06	3.00	2.94	2.88
12	6.55	5.10	4.47	4.12	3.89	3.73	3.61	3.51	3.44	3.37	3.28	3.18	3.07	3.02	2.96	2.91	2.85	2.79	2.73
13	6.41	4.97	4.35	4.00	3.77	3.60	3.48	3.39	3.31	3.25	3.15	3.05	2.95	2.89	2.84	2.78	2.72	2.66	2.60
14	6.30	4.86	4.24	3.89	3.66	3.50	3.38	3.29	3.21	3.15	3.05	2.95	2.84	2.79	2.73	2.67	2.61	2.55	2.49
15	6.20	4.77	4.15	3.80	3.58	3.41	3.29	3.20	3.12	3.06	2.96	2.86	2.76	2.70	2.64	2.59	2.52	2.46	2.40
16	6.12	4.69	4.08	3.73	3.50	3.34	3.22	3.12	3.05	2.99	2.89	2.79	2.68	2.63	2.57	2.51	2.45	2.38	2.32
17	6.04	4.62	4.01	3.66	3.44	3.28	3.16	3.06	2.98	2.92	2.82	2.72	2.62	2.56	2.50	2.44	2.38	2.32	2.25
18	5.98	4.56	3.95	3.61	3.38	3.22	3.10	3.01	2.93	2.87	2.77	2.67	2.56	2.50	2.45	2.38	2.32	2.26	2.19
19	5.92	4.51	3.90	3.56	3.33	3.17	3.05	2.96	2.88	2.82	2.72	2.62	2.51	2.45	2.39	2.33	2.27	2.20	2.13
20	5.87	4.46	3.86	3.51	3.29	3.13	3.01	2.91	2.84	2.77	2.68	2.57	2.46	2.41	2.35	2.29	2.22	2.16	2.09
21	5.83	4.42	3.82	3.48	3.25	3.09	2.97	2.87	2.80	2.73	2.64	2.53	2.42	2.37	2.31	2.25	2.18	2.11	2.04
22	5.79	4.38	3.78	3.44	3.22	3.05	2.93	2.84	2.76	2.70	2.60	2.50	2.39	2.33	2.27	2.21	2.15	2.08	2.00
23	5.75	4.35	3.75	3.41	3.18	3.02	2.90	2.81	2.73	2.67	2.57	2.47	2.36	2.30	2.24	2.18	2.11	2.04	1.97
24	5.72	4.32	3.72	3.38	3.15	2.99	2.87	2.78	2.70	2.64	2.54	2.44	2.33	2.27	2.21	2.15	2.08	2.01	1.94
25	5.69	4.29	3.69	3.35	3.13	2.97	2.85	2.75	2.68	2.61	2.51	2.41	2.30	2.24	2.18	2.12	2.05	1.98	1.91
26	5.66	4.27	3.67	3.33	3.10	2.94	2.82	2.73	2.65	2.59	2.49	2.39	2.28	2.22	2.16	2.09	2.03	1.95	1.88
27	5.63	4.24	3.65	3.31	3.08	2.92	2.80	2.71	2.63	2.57	2.47	2.36	2.25	2.19	2.13	2.07	2.00	1.93	1.85
28	5.61	4.22	3.63	3.29	3.06	2.90	2.78	2.69	2.61	2.55	2.45	2.34	2.23	2.17	2.11	2.05	1.98	1.91	1.83
29	5.59	4.20	3.61	3.27	3.04	2.88	2.76	2.67	2.59	2.53	2.43	2.32	2.21	2.15	2.09	2.03	1.96	1.89	1.81
30	5.57	4.18	3.59	3.25	3.03	2.87	2.75	2.65	2.57	2.51	2.41	2.31	2.20	2.14	2.07	2.01	1.94	1.87	1.79
40	5.42	4.05	3.46	3.13	2.90	2.74	2.62	2.53	2.45	2.39	2.29	2.18	2.07	2.01	1.94	1.88	1.80	1.72	1.64
60	5.29	3.93	3.34	3.01	2.79	2.63	2.51	2.41	2.33	2.27	2.17	2.06	1.94	1.88	1.82	1.74	1.67	1.58	1.48
120	5.15	3.80	3.23	2.89	2.67	2.52	2.39	2.30	2.22	2.16	2.05	1.95	1.82	1.76	1.69	1.61	1.53	1.43	1.31
∞	5.02	3.69	3.12	2.79	2.57	2.41	2.29	2.19	2.11	2.05	1.94	1.83	1.71	1.64	1.57	1.48	1.39	1.27	1.00

二、F 分配表（右尾面積 0.05）

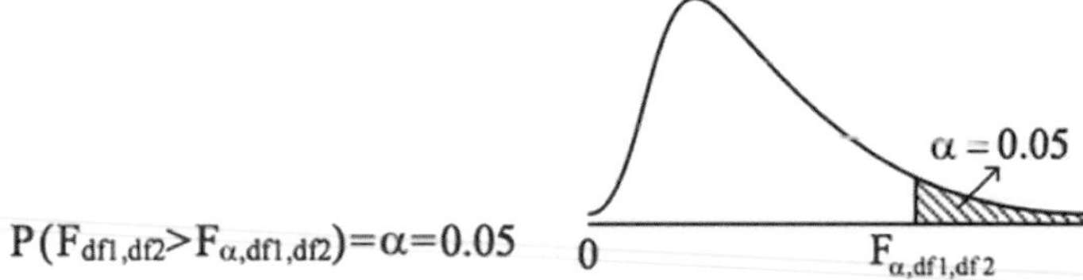

	df_1 分子自由度																		
df_2	1	2	3	4	5	6	7	8	9	10	12	15	20	24	30	40	60	120	∞
1	161.4	199.5	215.7	224.6	230.2	234.0	236.8	238.9	240.5	241.9	243.9	245.9	248.0	249.1	250.1	251.1	252.2	253.3	254.3
2	18.51	19.00	19.16	19.25	19.30	19.33	19.35	19.37	19.38	19.40	19.41	19.43	19.45	19.45	19.46	19.47	19.48	19.49	19.50
3	10.13	9.55	9.28	9.12	9.01	8.94	8.89	8.85	8.81	8.79	8.74	8.70	8.66	8.64	8.62	8.59	8.57	8.55	8.53
4	7.71	6.94	6.59	6.39	6.26	6.16	6.09	6.04	6.00	5.96	5.91	5.86	5.80	5.77	5.75	5.72	5.69	5.66	5.63
5	6.61	5.79	5.41	5.19	5.05	4.95	4.88	4.82	4.77	4.74	4.68	4.62	4.56	4.53	4.50	4.46	4.43	4.40	4.37
6	5.99	5.14	4.76	4.53	4.39	4.28	4.21	4.15	4.10	4.06	4.00	3.94	3.87	3.84	3.81	3.77	3.74	3.70	3.67
7	5.59	4.74	4.35	4.12	3.97	3.87	3.79	3.73	3.68	3.64	3.57	3.51	3.44	3.41	3.38	3.34	3.30	3.27	3.23
8	5.32	4.46	4.07	3.84	3.69	3.58	3.50	3.44	3.39	3.35	3.28	3.22	3.15	3.12	3.08	3.04	3.01	2.97	2.93
9	5.12	4.26	3.86	3.63	3.48	3.37	3.29	3.23	3.18	3.14	3.07	3.01	2.94	2.90	2.86	2.83	2.79	2.75	2.71
10	4.96	4.10	3.71	3.48	3.33	3.22	3.14	3.07	3.02	2.98	2.91	2.85	2.77	2.74	2.70	2.66	2.62	2.58	2.54
11	4.84	3.98	3.59	3.36	3.20	3.09	3.01	2.95	2.90	2.85	2.79	2.72	2.65	2.61	2.57	2.53	2.49	2.45	2.40
12	4.75	3.89	3.49	3.26	3.11	3.00	2.91	2.85	2.80	2.75	2.69	2.62	2.54	2.51	2.47	2.43	2.38	2.34	2.30
13	4.67	3.81	3.41	3.18	3.03	2.92	2.83	2.77	2.71	2.67	2.60	2.53	2.46	2.42	2.38	2.34	2.30	2.25	2.21
14	4.60	3.74	3.34	3.11	2.96	2.85	2.76	2.70	2.65	2.60	2.53	2.46	2.39	2.35	2.31	2.27	2.22	2.18	2.13
15	4.54	3.68	3.29	3.06	2.90	2.79	2.71	2.64	2.59	2.54	2.48	2.40	2.33	2.29	2.25	2.20	2.16	2.11	2.07
16	4.49	3.63	3.24	3.01	2.85	2.74	2.66	2.59	2.54	2.49	2.42	2.35	2.28	2.24	2.19	2.15	2.11	2.06	2.01
17	4.45	3.59	3.20	2.96	2.81	2.70	2.61	2.55	2.49	2.45	2.38	2.31	2.23	2.19	2.15	2.10	2.06	2.01	1.96
18	4.41	3.55	3.16	2.93	2.77	2.66	2.58	2.51	2.46	2.41	2.34	2.27	2.19	2.15	2.11	2.06	2.02	1.97	1.92
19	4.38	3.52	3.13	2.90	2.74	2.63	2.54	2.48	2.42	2.38	2.31	2.23	2.16	2.11	2.07	2.03	1.98	1.93	1.88
20	4.35	3.49	3.10	2.87	2.71	2.60	2.51	2.45	2.39	2.35	2.28	2.20	2.12	2.08	2.04	1.99	1.95	1.90	1.84
21	4.32	3.47	3.07	2.84	2.68	2.57	2.49	2.42	2.37	2.32	2.25	2.18	2.10	2.05	2.01	1.96	1.92	1.87	1.81
22	4.30	3.44	3.05	2.82	2.66	2.55	2.46	2.40	2.34	2.30	2.23	2.15	2.07	2.03	1.98	1.94	1.89	1.84	1.78
23	4.28	3.42	3.03	2.80	2.64	2.53	2.44	2.37	2.32	2.27	2.20	2.13	2.05	2.01	1.96	1.91	1.86	1.81	1.76
24	4.26	3.40	3.01	2.78	2.62	2.51	2.42	2.36	2.30	2.25	2.18	2.11	2.03	1.98	1.94	1.89	1.84	1.79	1.73
25	4.24	3.39	2.99	2.76	2.60	2.49	2.40	2.34	2.28	2.24	2.16	2.09	2.01	1.96	1.92	1.87	1.82	1.77	1.71
26	4.23	3.37	2.98	2.74	2.59	2.47	2.39	2.32	2.27	2.22	2.15	2.07	1.99	1.95	1.90	1.85	1.80	1.75	1.69
27	4.21	3.35	2.96	2.73	2.57	2.46	2.37	2.31	2.25	2.20	2.13	2.06	1.97	1.93	1.88	1.84	1.79	1.73	1.67
28	4.20	3.34	2.95	2.71	2.56	2.45	2.36	2.29	2.24	2.19	2.12	2.04	1.96	1.91	1.87	1.82	1.77	1.71	1.65
29	4.18	3.33	2.93	2.70	2.55	2.43	2.35	2.28	2.22	2.18	2.10	2.03	1.94	1.90	1.85	1.81	1.75	1.70	1.64
30	4.17	3.32	2.92	2.69	2.53	2.42	2.33	2.27	2.21	2.16	2.09	2.01	1.93	1.89	1.84	1.79	1.74	1.68	1.62
40	4.08	3.23	2.84	2.61	2.45	2.34	2.25	2.18	2.12	2.08	2.00	1.92	1.84	1.79	1.74	1.69	1.64	1.58	1.51
60	4.00	3.15	2.76	2.53	2.37	2.25	2.17	2.10	2.04	1.99	1.92	1.84	1.75	1.70	1.65	1.59	1.53	1.47	1.39
120	3.92	3.07	2.68	2.45	2.29	2.18	2.09	2.02	1.96	1.91	1.83	1.75	1.66	1.61	1.55	1.50	1.43	1.35	1.25
∞	3.84	3.00	2.60	2.37	2.21	2.10	2.01	1.94	1.88	1.83	1.75	1.67	1.57	1.52	1.46	1.39	1.32	1.22	1.00

三、F 分配表（右尾面積 0.1）

$P(F_{df1,df2} > F_{\alpha,df1,df2}) = \alpha = 0.1$

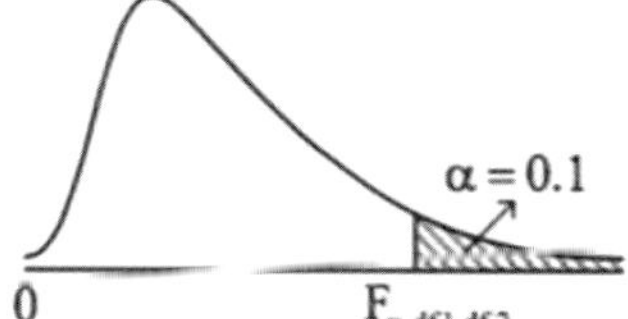

df_2	df_1 分子自由度																		
	1	2	3	4	5	6	7	8	9	10	12	15	20	24	30	40	60	120	∞
1	39.9	49.5	53.6	55.8	57.2	58.2	58.9	59.4	59.9	60.2	60.7	61.2	61.7	62.0	62.3	62.5	62.8	63.1	63.3
2	8.53	9.00	9.16	9.24	9.29	9.33	9.35	9.37	9.38	9.39	9.41	9.42	9.44	9.45	9.46	9.47	9.47	9.48	9.49
3	5.54	5.46	5.39	5.34	5.31	5.28	5.27	5.25	5.24	5.23	5.22	5.20	5.18	5.18	5.17	5.16	5.15	5.14	5.13
4	4.54	4.32	4.19	4.11	4.05	4.01	3.98	3.95	3.94	3.92	3.90	3.87	3.84	3.83	3.82	3.80	3.79	3.78	3.76
5	4.06	3.78	3.62	3.52	3.45	3.40	3.37	3.34	3.32	3.30	3.27	3.24	3.21	3.19	3.17	3.16	3.14	3.12	3.11
6	3.78	3.46	3.29	3.18	3.11	3.05	3.01	2.98	2.96	2.94	2.90	2.87	2.84	2.82	2.80	2.78	2.76	2.74	2.72
7	3.59	3.26	3.07	2.96	2.88	2.83	2.78	2.75	2.72	2.70	2.67	2.63	2.59	2.58	2.56	2.54	2.51	2.49	2.47
8	3.46	3.11	2.92	2.81	2.73	2.67	2.62	2.59	2.56	2.54	2.50	2.46	2.42	2.40	2.38	2.36	2.34	2.32	2.29
9	3.36	3.01	2.81	2.69	2.61	2.55	2.51	2.47	2.44	2.42	2.38	2.34	2.30	2.28	2.25	2.23	2.21	2.18	2.16
10	3.29	2.92	2.73	2.61	2.52	2.46	2.41	2.38	2.35	2.32	2.28	2.24	2.20	2.18	2.16	2.13	2.11	2.08	2.06
11	3.23	2.86	2.66	2.54	2.45	2.39	2.34	2.30	2.27	2.25	2.21	2.17	2.12	2.10	2.08	2.05	2.03	2.00	1.97
12	3.18	2.81	2.61	2.48	2.39	2.33	2.28	2.24	2.21	2.19	2.15	2.10	2.06	2.04	2.01	1.99	1.96	1.93	1.90
13	3.14	2.76	2.56	2.43	2.35	2.28	2.23	2.20	2.16	2.14	2.10	2.05	2.01	1.98	1.96	1.93	1.90	1.88	1.85
14	3.10	2.73	2.52	2.39	2.31	2.24	2.19	2.15	2.12	2.10	2.05	2.01	1.96	1.94	1.91	1.89	1.86	1.83	1.80
15	3.07	2.70	2.49	2.36	2.27	2.21	2.16	2.12	2.09	2.06	2.02	1.97	1.92	1.90	1.87	1.85	1.82	1.79	1.76
16	3.05	2.67	2.46	2.33	2.24	2.18	2.13	2.09	2.06	2.03	1.99	1.94	1.89	1.87	1.84	1.81	1.78	1.75	1.72
17	3.03	2.64	2.44	2.31	2.22	2.15	2.10	2.06	2.03	2.00	1.96	1.91	1.86	1.84	1.81	1.78	1.75	1.72	1.69
18	3.01	2.62	2.42	2.29	2.20	2.13	2.08	2.04	2.00	1.98	1.93	1.89	1.84	1.81	1.78	1.75	1.72	1.69	1.66
19	2.99	2.61	2.40	2.27	2.18	2.11	2.06	2.02	1.98	1.96	1.91	1.86	1.81	1.79	1.76	1.73	1.70	1.67	1.63
20	2.97	2.59	2.38	2.25	2.16	2.09	2.04	2.00	1.96	1.94	1.89	1.84	1.79	1.77	1.74	1.71	1.68	1.64	1.61
21	2.96	2.57	2.36	2.23	2.14	2.08	2.02	1.98	1.95	1.92	1.87	1.83	1.78	1.75	1.72	1.69	1.66	1.62	1.59
22	2.95	2.56	2.35	2.22	2.13	2.06	2.01	1.97	1.93	1.90	1.86	1.81	1.76	1.73	1.70	1.67	1.64	1.60	1.57
23	2.94	2.55	2.34	2.21	2.11	2.05	1.99	1.95	1.92	1.89	1.84	1.80	1.74	1.72	1.69	1.66	1.62	1.59	1.55
24	2.93	2.54	2.33	2.19	2.10	2.04	1.98	1.94	1.91	1.88	1.83	1.78	1.73	1.70	1.67	1.64	1.61	1.57	1.53
25	2.92	2.53	2.32	2.18	2.09	2.02	1.97	1.93	1.89	1.87	1.82	1.77	1.72	1.69	1.66	1.63	1.59	1.56	1.52
26	2.91	2.52	2.31	2.17	2.08	2.01	1.96	1.92	1.88	1.86	1.81	1.76	1.71	1.68	1.65	1.61	1.58	1.54	1.50
27	2.90	2.51	2.30	2.17	2.07	2.00	1.95	1.91	1.87	1.85	1.80	1.75	1.70	1.67	1.64	1.60	1.57	1.53	1.49
28	2.89	2.50	2.29	2.16	2.06	2.00	1.94	1.90	1.87	1.84	1.79	1.74	1.69	1.66	1.63	1.59	1.56	1.52	1.48
29	2.89	2.50	2.28	2.15	2.06	1.99	1.93	1.89	1.86	1.83	1.78	1.73	1.68	1.65	1.62	1.58	1.55	1.51	1.47
30	2.88	2.49	2.28	2.14	2.05	1.98	1.93	1.88	1.85	1.82	1.77	1.72	1.67	1.64	1.61	1.57	1.54	1.50	1.46
40	2.84	2.44	2.23	2.09	2.00	1.93	1.87	1.83	1.79	1.76	1.71	1.66	1.61	1.57	1.54	1.51	1.47	1.42	1.38
60	2.79	2.39	2.18	2.04	1.95	1.87	1.82	1.77	1.74	1.71	1.66	1.60	1.54	1.51	1.48	1.44	1.40	1.35	1.29
120	2.75	2.35	2.13	1.99	1.90	1.82	1.77	1.72	1.68	1.65	1.60	1.55	1.48	1.45	1.41	1.37	1.32	1.26	1.19
∞	2.71	2.30	2.08	1.94	1.85	1.77	1.72	1.67	1.63	1.60	1.55	1.49	1.42	1.38	1.34	1.30	1.24	1.17	1.00

國家圖書館出版品預行編目資料

生物統計學/林美玲編著. -- 五版. -- 新北市:新文京開發出版股份有限公司, 2022.08
面； 公分

ISBN 978-986-430-859-0（平裝）

1. CST：生物統計學

360.13 111011638

生物統計學（第五版）

（書號:**B360e5**）

編著者 林美玲
出版者 新文京開發出版股份有限公司
地址 新北市中和區中山路二段 362 號 9 樓
電話 (02) 2244-8188（代表號）
FAX (02) 2244-8189
郵撥 1958730-2
初版 西元 2017 年 09 月 15 日
二版 西元 2018 年 09 月 15 日
三版 西元 2019 年 09 月 15 日
四版 西元 2020 年 09 月 20 日
五版 西元 2022 年 08 月 10 日

建議售價：430 元
法律顧問：蕭雄淋律師
ISBN 978-986-430-859-0

NEW WCDP
New Wun Ching Developmental Publishing Co., Ltd.
New Age · New Choice · The Best Selected Educational Publications — NEW WCDP

新文京開發出版股份有限公司

新世紀．新視野．新文京 — 精選教科書．考試用書．專業參考書